高等学校交通运输与工程类专业规划教材

# 水 力 学

（第二版）

王亚玲　主编
田伟平　谢雪芬　主审

人民交通出版社股份有限公司
China Communications Press Co.,Ltd.

## 内 容 提 要

本书根据高等学校道路桥梁与渡河工程专业以及土木工程专业道路、桥梁、岩土与隧道等方向水力学课程的基本要求以及少学时教学要求编写。全书共分九章，内容包括：绪论、水静力学、水动力学基本定律、水流阻力、明渠均匀流、明渠非均匀流、堰流、小桥与涵洞水力计算及渗流。

本书主要适于道路桥梁与渡河工程专业以及土木工程专业道路、桥梁、岩土与隧道等方向的本科生使用，还可作为相关专业的选修课教材，亦可供研究生参考。

#### 图书在版编目(CIP)数据

水力学/王亚玲主编. —2版. —北京：人民交通出版社股份有限公司,2015.5
ISBN 978-7-114-12223-1

Ⅰ.①水… Ⅱ.①王… Ⅲ.①水力学-高等学校-教材 Ⅳ.①TV13

中国版本图书馆 CIP 数据核字(2015)第 093711 号

---

高等学校交通运输与工程类专业规划教材

| | |
|---|---|
| 书　名： | 水力学（第二版） |
| 著　作　者： | 王亚玲 |
| 责任编辑： | 郑蕉林 |
| 出版发行： | 人民交通出版社股份有限公司 |
| 地　　址： | (100011) 北京市朝阳区安定门外外馆斜街 3 号 |
| 网　　址： | http://www.ccpress.com.cn |
| 销售电话： | (010) 59757973 |
| 总 经 销： | 人民交通出版社股份有限公司发行部 |
| 经　销： | 各地新华书店 |
| 印　　刷： | 北京虎彩文化传播有限公司 |
| 开　　本： | 787×1092　1/16 |
| 印　　张： | 12 |
| 字　　数： | 284 千 |
| 版　　次： | 2005 年 6 月　第 1 版　2015 年 6 月　第 2 版 |
| 印　　次： | 2023 年 6 月　第 5 次　总第 10 次印刷 |
| 书　　号： | ISBN 978-7-114-12223-1 |
| 定　　价： | 25.00 元 |

（有印刷、装订质量问题的图书由本公司负责调换）

# 高等学校交通运输与工程(道路、桥梁、隧道与交通工程)教材建设委员会

主 任 委 员：沙爱民　（长安大学）

副主任委员：梁乃兴　（重庆交通大学）
　　　　　　陈艾荣　（同济大学）
　　　　　　徐　岳　（长安大学）
　　　　　　黄晓明　（东南大学）
　　　　　　韩　敏　（人民交通出版社股份有限公司）

委　　　员：（按姓氏笔画排序）

| | |
|---|---|
| 马松林（哈尔滨工业大学） | 王云鹏（北京航空航天大学） |
| 石　京（清华大学） | 申爱琴（长安大学） |
| 朱合华（同济大学） | 任伟新（合肥工业大学） |
| 向中富（重庆交通大学） | 刘　扬（长沙理工大学） |
| 刘朝晖（长沙理工大学） | 刘寒冰（吉林大学） |
| 关宏志（北京工业大学） | 李亚东（西南交通大学） |
| 杨晓光（同济大学） | 吴卫国（武汉理工大学） |
| 吴瑞麟（华中科技大学） | 何　民（昆明理工大学） |
| 何东坡（东北林业大学） | 张顶立（北京交通大学） |
| 张金喜（北京工业大学） | 陈　红（长安大学） |
| 陈　峻（东南大学） | 陈宝春（福州大学） |
| 陈静云（大连理工大学） | 邵旭东（湖南大学） |
| 项贻强（浙江大学） | 郭忠印（同济大学） |
| 黄　侨（东南大学） | 黄立葵（湖南大学） |
| 黄亚新（解放军理工大学） | 符锌砂（华南理工大学） |
| 葛耀君（同济大学） | 裴玉龙（东北林业大学） |
| 戴公连（中南大学） | |

秘 书 长：孙　玺　（人民交通出版社股份有限公司）

# 第二版前言

《水力学》(第一版)作为面向21世纪交通版全国高等学校道路与铁道工程、桥梁与隧道工程的专业教材,于2005年6月出版。为顺应高等教育改革的形势,注重学生基本素质、基本技能的培养,把握好技术发展与教学内容的关系,使教材先进性与实用性兼备,需要对第一版教材进行修订。

此次修订力求体现"重基础、宽专业、讲实用",形成以理论分析为主、理论与实践相统一的教材体系,充分反映专业特色。除保持原书体系、注重加强基本理论和基本概念以外,调整了部分内容,适当增加了一些新内容。为了巩固理论联系实际和培养学生计算能力,各章均配备了例题和习题。

全书共分九章,其中第一章、第五章、第六章和第九章由王亚玲教授编写,第二章、第三章由张艳杰副教授编写,第四章、第七章和第八章由李家春副教授编写。全书由王亚玲教授统稿。

衷心感谢长安大学田伟平教授、中交第一公路勘察设计研究院谢雪芬教授级高工为本书所做的审稿工作,并提出了具体的修改意见。

由于编者水平所限,书中错误和不妥之处在所难免,恳请读者指正。

编 者

2015年1月

# 第一版前言

水力学是道路与铁道工程、桥梁工程专业的技术基础课。它的主要任务是使学生掌握必要的水力学基本概念、基本原理、基本计算方法和基本实验技能，并为以后学习专业课程和从事科学研究工作打下一定的基础。

随着高等学校教学改革和课程建设的不断进行，水力学课程的授课学时有了较大幅度的减少。本书贯彻"少而精"的原则，编写时力求做到内容精练，本着道路和铁道工程、桥梁工程专业密切结合的宗旨来阐述水力学的基本概念、基本原理和基本方法，授课学时控制在40学时内，并且做到结构合理、重点突出。

全书共分八章，前三章为理论基础部分，其他章节为不同水力现象的具体分析。为了巩固理论联系实际和培养学生分析问题和水力计算的能力，各章均配备了一定数量的例题和习题。

参加本书编写工作的有王亚玲（第一、五、六章）、张艳杰（第二、三章）、李家春（第四、七、八章）。全书由王亚玲统稿、主编。本书由长安大学田伟平教授、中交第一公路勘察设计院谢雪芬教授级高工主审，在审稿过程中，两位教授提出了很多宝贵意见和建议，在此致以衷心的感谢。由于编者水平有限，书中缺点和错误在所难免，恳请读者多予指正。

编　者
2005 年 4 月

# 目录

第一章 绪论 ………………………………………………………………………… 1
  第一节 水力学及其应用 …………………………………………………………… 1
  第二节 液体的主要物理性质 ……………………………………………………… 2
  第三节 连续介质和理想液体 ……………………………………………………… 7
  第四节 作用在液体上的力 ………………………………………………………… 8
  习题 ………………………………………………………………………………… 9

第二章 水静力学 …………………………………………………………………… 11
  第一节 静水压强及其特性 ………………………………………………………… 12
  第二节 重力作用下水静力学基本方程 …………………………………………… 14
  第三节 静水压强的测量 …………………………………………………………… 16
  第四节 静水压强分布图 …………………………………………………………… 19
  第五节 作用于平面上的静水总压力 ……………………………………………… 20
  第六节 作用于曲面上的静水总压力 ……………………………………………… 24
  第七节 浮力、浮体及浮体的稳定 ………………………………………………… 27
  习题 ………………………………………………………………………………… 32

第三章 水动力学基本定律 ………………………………………………………… 35
  第一节 描述液体运动的两种方法 ………………………………………………… 36
  第二节 液体运动的基本概念 ……………………………………………………… 38
  第三节 液体运动的分类 …………………………………………………………… 42

第四节　连续方程 ································································ 45

   第五节　理想液体的运动微分方程（欧拉运动微分方程）············· 49

   第六节　恒定元流的能量方程 ················································· 50

   第七节　水头线和水头线坡度 ················································· 53

   第八节　实际液体恒定总流的能量方程 ···································· 55

   第九节　能量方程的应用 ······················································· 61

   第十节　实际液体恒定总流的动量方程 ···································· 67

   习题 ····················································································· 72

第四章　水流阻力 ········································································ 75

   第一节　水流阻力与水头损失的分类 ······································· 75

   第二节　液体流动的两种形态及判别 ······································· 77

   第三节　均匀流的基本方程 ···················································· 81

   第四节　层流均匀流 ······························································ 83

   第五节　紊流特征 ································································· 85

   第六节　紊流均匀流的计算公式及其沿程阻力系数 ·················· 91

   第七节　局部水头损失 ··························································· 98

   第八节　短管的水力计算 ······················································· 103

   习题 ····················································································· 108

第五章　明渠均匀流 ···································································· 110

   第一节　明渠均匀流的水力特性和基本公式 ····························· 110

   第二节　水力最优断面 ··························································· 113

   第三节　允许流速 ································································· 115

   第四节　明渠均匀流的水力计算 ············································· 116

   第五节　无压圆管均匀流 ······················································· 119

   习题 ····················································································· 122

第六章　明渠非均匀流 ································································· 123

   第一节　概述 ······································································· 123

   第二节　明渠中的三种水流状态判别 ······································· 124

   第三节　临界水深和临界坡度 ················································· 128

   第四节　渐变流水面曲线形状的定性分析 ································ 132

    第五节　渐变流水面曲线的绘制 ······················································· 137
    第六节　水跃 ··········································································· 139
    习题 ······················································································ 144
第七章　堰流 ················································································· 146
    第一节　堰的类型 ······································································ 146
    第二节　薄壁堰 ········································································· 148
    第三节　实用堰 ········································································· 151
    第四节　宽顶堰 ········································································· 151
    习题 ······················································································ 155
第八章　小桥与涵洞水力计算 ···························································· 156
    第一节　小桥水力计算 ································································ 156
    第二节　涵洞水力计算 ································································ 160
    第三节　跌水和急流槽 ································································ 165
    习题 ······················································································ 168
第九章　渗流 ················································································· 169
    第一节　概述 ··········································································· 169
    第二节　无压均匀渗流 ································································ 171
    第三节　无压渐变渗流 ································································ 171
    第四节　渐变渗流的实例 ····························································· 175
    习题 ······················································································ 177
参考文献 ······················································································ 178

# 第一章

# 绪 论

【学习目的与要求】

通过"水力学及其应用"学习,了解水力学的发展史、学习目的和任务,掌握液体的主要物理性质,熟悉作用在液体上的力的分类。

## 第一节 水力学及其应用

水力学是用实验与理论分析的方法,研究以水为代表的液体平衡和机械运动规律的一门实用科学,可依据这些规律来解决实际工程中有关水的问题。

作为实用科学的水力学,要解决工程实践中急需解决的很多问题。对于复杂的水力现象除了进行必要的理论分析外,还必须借助水力实验以弥补理论分析的不足。因此,水力学中的实验研究具有很重要的地位。

从水力学的发展史来看,水力学大致沿着两个方向发展:一是在古典力学的基础上,运用严格的数学分析来描述液体运动的普遍规律,称为理论的或经典的水动力学,经典水动力学是以完全没有阻力的水流作为研究对象,对于管流、明渠水流等以阻力为主的情况,则不能得到符合实际的结果;二是主要依靠实验方法而建立的实验水力学,实验水力学用实验手段进行有实用意义的探索,但有忽视理论的偏向。

我们不能忽视经典水动力学的作用，因为从假定完全没有阻力的所谓"理想液体"概念导出的运动规律，在很多情况下能起到指导作用，而且有些还能接近实际。

现代水力学是在经典水动力学理论的基础上，对有阻力的所谓"实际液体"进行实验，常用的实验方法有两种：一种是原型观测，即对实际工程建筑物进行观测，可获得第一手资料，但操作难度较大；另一种是模型实验，即对按一定比例将原型缩小或放大的实物或工程建筑物进行实验观测，不仅可以验证理论分析结果，而且还可预演各种设计条件的结果，是水力学中不可缺少的研究手段。通过实验，既可以对理论分析进行验证或加以纠正、补充，也可以对一些液体的复杂运动特性通过一些经验系数加以粗略描述，运用经验公式进行简化的理论分析。因此，理论分析与实验研究的结合，形成了现代水力学。一般说来，水力学的结论是建立在简化了的水流现象基础之上的，在水力学的理论公式中，常常列入一些由实验得到的系数，实际使用中其准确程度尚能使人满意。

现代水力学一般可分为水静力学和水动力学两大部分。前者研究液体在平衡状态下作用于液体上各种力之间的关系；后者研究液体处于运动状态时作用于液体上的各种力与运动要素（如水流速度、加速度等）之间的关系、液体的运动特性以及能量转换规律等；同时，研究工程实际中的有关水力计算问题，例如管流、明渠流、堰流以及地下水的水力计算等。水力学是力学的一个分支，在研究水力学问题时，需要应用物理学和理论力学中关于物体平衡及运动规律的理论，如液体处于平衡状态时，各液体质点间不存在相对运动，作用于液体上的各种力遵循力系的平衡理论；液体处于运动状态时，其动量及能量均发生变化，这些变化遵循物理学中的动量定理和动能定理等普遍原理。因此，物理学和理论力学等是学习水力学的必要基础课。

水力学广泛应用于各种工程实践中，例如水利、交通、环保、化工、冶金、机械等。在道路、桥梁、岩土与隧道工程中的各种建筑物，从工程勘测、设计、施工到维修养护都会遇到许多与水力学有关的工程问题，例如排水沟的尺寸确定、桥梁涵洞孔径的设计、沿河路基防护工程、隧道通风以及排水的设计等，都必须正确地运用水力学知识来解决，以提高和保证建筑物泄水能力，减少并尽可能防止水害事故发生，达到输水畅通、工程安全与造价合理的经济效果。这就要求工程技术人员必须通晓有关的水力学原理，善于根据工程特点因地制宜地解决有关工程问题。因而，水力学是公路与城市道路工程、桥梁与隧道工程等专业十分重要的一门技术基础课。

水力学的研究对象是以水为代表的液体。为了适应航空、气象、石油化工和暖气通风等工程的需要，将研究对象扩大到包括液体和气体（液体和气体的机械运动规律有很多相似之处）的流体机械运动规律及其应用，从而形成了另一门学科，即流体力学。流体力学具有比较严密的数学特征，并力求获得普遍的和精确的解答；但是由于数学上的困难限制了其实用范围。

## 第二节　液体的主要物理性质

液体是一种流动性物质，在一定的条件下，具有一定大小的体积，其形状随容器形状而变化，并在容器中与气体的交界处形成自由表面。在常温下，主要的液体有水、油类、酒精、水银等。

在水力学中主要的研究对象是水，但水力学的基本定律对其他与水性质相近的液体也同样适用。当所研究的气流运动速度远远小于音速时,气体的密度变化很小,运动规律与水流相同,因而,水力学的一些定律在一定条件下还可应用于气体。

液体机械运动的规律不仅与作用于液体的外部因素和边界条件有关,更取决于液体本身所具有的物理性质。在水力学中常涉及的液体主要物理性质有密度、重度、压缩性与膨胀性、黏滞性、表面张力等。

## 一、密度和重度

液体与其他物体一样,也具有质量和重力,分别用密度和重度反映其性质。液体密度是指单位体积液体的质量,用符号 $\rho$ 表示。若均质液体的质量为 $m$,体积为 $V$,则其密度为:

$$\rho = \frac{m}{V} \tag{1-1}$$

密度的量纲为 $[M][L]^{-3}$,国际制单位为千克/立方米($kg/m^3$)。

液体的重度是指单位体积液体的重力,用符号 $\gamma$ 表示。对于重力为 $G$、体积为 $V$ 的均质液体,其重度为:

$$\gamma = \frac{G}{V} \tag{1-2}$$

重度的量纲为 $[L]^{-2}[M][T]^{-2}$,国际制单位为牛/立方米($N/m^3$)或千牛/立方米($kN/m^3$)。

根据牛顿第二定律,可知:

$$G = mg \tag{1-3}$$

则有

$$\rho = \frac{\gamma}{g} \quad \text{或} \quad \gamma = \rho g \tag{1-4}$$

式中:$g$——重力加速度,在水力学计算中一般采用 $g = 9.8 \text{m/s}^2$。

纯净的水在一个标准大气压条件下,其密度和重度随温度而变化,如表 1-1 所示。不同液体的密度和重度是不相同的,在一个标准大气压下,几种常见液体的重度如表 1-2 所示。

**水的密度和重度**(标准大气压下)　　　　　　　　　　表 1-1

| 温度(℃) | 0° | 4° | 10° | 20° | 30° |
|---|---|---|---|---|---|
| 密度($kg/m^3$) | 999.87 | 1 000.00 | 999.73 | 998.23 | 995.67 |
| 重度($N/m^3$) | 9 798.73 | 9 800.00 | 9 797.35 | 9 782.65 | 9 757.57 |
| 温度(℃) | 40° | 50° | 60° | 80° | 100° |
| 密度($kg/m^3$) | 992.24 | 988.07 | 983.24 | 971.83 | 958.38 |
| 重度($N/m^3$) | 9 723.95 | 9 683.09 | 9 635.75 | 9 523.94 | 9 392.12 |

**几种常见流体的重度**(标准大气压下)　　　　　　　　表 1-2

| 流体名称 | 空气 | 水银 | 汽油 | 酒精 | 四氧化碳 | 海水 |
|---|---|---|---|---|---|---|
| 重度($N/m^3$) | 11.82 | 133 280 | 6 664~7 350 | 7 778.3 | 15 600 | 9 996~10 084 |
| 测定温度(℃) | 20° | 0° | 15° | 15° | 20° | 15° |

由表 1-1 可知,液体的密度和重度在压强变化不是很大时,主要随温度而变化。在路桥工程中的大多数水力计算问题中,一般不考虑因压强和温度所引起的体积变化,通常将密度和重

度视为常数。对于水,采用 $\rho = 1\,000\text{kg/m}^3$,$\gamma = \rho g = 9\,800\text{N/m}^3 = 9.8\text{kN/m}^3$。

## 二、液体的压缩性和膨胀性

液体几乎不能承受拉力,但可以承受压力。液体受到压力作用,其宏观体积减小,密度增大;除去压力后,则能消除变形而恢复原有体积和密度,这种性质称为液体的压缩性。

液体的压缩性以体积压缩系数 $\beta_p$ 度量。若压缩前液体的体积为 $V$,压强增加 $\Delta p$ 以后,体积减小 $\Delta V$,则其体积压缩系数 $\beta_p$ 为:

$$\beta_p = -\frac{\frac{\Delta V}{V}}{\Delta p} \tag{1-5}$$

式中:$\frac{\Delta V}{V}$——体积的相对变化量。

$\beta_p$ 越大,表明液体越易压缩。因液体的体积随着压强增大而减小,$\Delta V$ 与 $\Delta p$ 的符号相反,故式(1-5)右端有一负号,而保持 $\beta_p$ 为正值。$\beta_p$ 的单位为平方米/牛顿($\text{m}^2/\text{N}$)。

体积弹性模数 $E$ 是体积压缩系数的倒数,即:

$$E = \frac{1}{\beta_p} = -\frac{\Delta p}{\frac{\Delta V}{V}} \tag{1-6}$$

体积弹性模数 $E$ 的单位为 $\text{N/m}^2$。水的体积弹性模数 $E$ 可近似地取为 $2 \times 10^9 \text{N/m}^2$。$E$ 越大,表明液体越不易压缩。

不同种类的液体具有不同的 $\beta_p$ 值和 $E$ 值;同一种液体,$\beta_p$ 值和 $E$ 值随温度和压强略有变化。

水的压缩性很小,压强每增加一个大气压($98\,000\text{N/m}^2$),水体积的相对压缩量($\Delta V/V$)只有两万分之一,因此,在 $\Delta p$ 变化不大的条件下,工程上一般都可以忽略水的压缩性,认为水的密度和重度为常数;但是,在某些特殊情况下,如讨论管道中的水击问题时,由于压强变化很大,则要考虑水的压缩性。

液体体积随温度而变化的性质称为膨胀性。温度每增加1℃,体积的相对增量称为体积膨胀系数,用 $\beta_t$ 表示,即:

$$\beta_t = \frac{\frac{\Delta V}{V}}{\Delta t} \tag{1-7}$$

水的体积膨胀系数也随温度和压强而变化。在常温下,水的膨胀性很小,例如,温度从0℃到30℃,水的体积变化仅约为0.4%。因此,在温度变化不大的情况下,一般不考虑水的膨胀性。但是,在温差较大的热水循环系统中,与4℃的水(体积最小)相比,如果将水加热到80℃,体积增大约2.5%;加热到100℃,体积增大达4%,此时需设膨胀接头或膨胀水箱,防止管道和容器被水胀裂。

值得注意的是,当水结冰时,冰的体积要比水的体积增大约10%,所以在寒冷地区需要注意水管、水泵、盛水容器及公路路基等的防冻胀问题。

## 三、黏滞性

黏滞性是液体抵抗剪切变形(或相对运动)的一种性质。水具有易流动性,而静止的水没有抵抗剪切变形的能力；但是一旦液体因流动而发生切向变形，液体质点之间就存在着相对运动，则质点之间会产生内摩擦力抵抗其相对运动。运动液体的内摩擦力主要由分子内聚力和分子间的动量交换产生，液体分子间的内聚力随着温度升高而减小，分子的动量交换则随着温度升高而增大。但是，液体分子的动量交换对液体黏滞性的影响不大，所以液体的温度升高时，黏滞性减小。

早在1686年，牛顿就提出了有关黏滞性的牛顿内摩擦定律，现用牛顿平板实验说明液体的黏滞性。

当液体沿着一个平面固壁做平行的直线运动时（图1-1），设液体质点是有规则地一层一层向前运动而不相互混掺，由于液体具有黏滞性，最底层的液体分子因黏滞性的作用而黏在固定边界上不动，其他各层的质点距离固定边界越远，受固壁的约束作用越小，流速越大，所以各液层的流速不相等。设距固定边界为$y$处的流速为$u$，在相邻的$y+\mathrm{d}y$处的流速为$u+\mathrm{d}u$［图1-1a)］，由于两相邻液层的流速不同，在两液层之间将成对地出现切向阻力［图1-1b)］，下面一层液体对上面一层液体作用了一个与流速方向相反的内摩擦力，具有使上面一层液体运动减缓的趋势；而上面一层液体对下面一层液体则作用了一个与流速方向一致的内摩擦力，具有使下面一层液体运动加速的趋势。这两个内摩擦力大小相等、方向相反。阻碍两相邻液层相对运动的切向阻力称为黏滞力或内摩擦力。

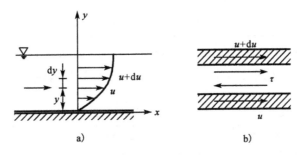

图1-1 黏滞性实验示意

实验表明，当液体做平行直线运动时，相邻液层接触面上的内摩擦力$T$的大小与液体的种类有关，与接触面积呈正比，与液层间的速度梯度呈正比。用数学公式可表示为：

$$T = \mu \frac{\mathrm{d}u}{\mathrm{d}y} A \quad \text{或} \quad \tau = \frac{T}{A} = \mu \frac{\mathrm{d}u}{\mathrm{d}y} \tag{1-8}$$

式中：$T$——内摩擦力（或黏滞力）；

$\tau$——单位面积上的内摩擦力，称为内摩擦切应力；

$A$——相邻液层的接触面积；

$\dfrac{\mathrm{d}u}{\mathrm{d}y}$——相邻两液层之间的液体流动速度差与距离的比值，称为流速梯度；

$\mu$——动力黏滞系数，其值随液体的种类、温度及压强的不同而变化。

液体的黏滞性用动力黏滞系数$\mu$来度量，黏滞性大的液体$\mu$值大，黏滞性小的液体$\mu$值小。$\mu$的国际制单位为牛顿·秒/平方米（$\mathrm{N \cdot s/m^2}$）或帕斯卡·秒（$\mathrm{Pa \cdot s}$）。

在水力学中，液体的黏滞性$\mu$经常和密度$\rho$同时出现。为了能够综合反映液体的黏滞性和惯性性质，引入运动黏滞系数$\nu$。运动黏滞系数是动力黏滞系数$\mu$和液体密度$\rho$的比值，即：

$$\nu = \frac{\mu}{\rho} \tag{1-9}$$

因为 $\nu$ 不包含力的量纲,而仅具有运动量的量纲$[L]^2[T]$,故称 $\nu$ 为运动黏滞系数,其国际制单位为平方米/秒($m^2/s$)。

对于同一种液体,$\mu$ 和 $\nu$ 通常是压力和温度的函数,但主要是对温度的变化较为敏感,而压力的影响很小。

水的运动黏滞系数一般按下列经验公式计算:

$$\nu = \frac{0.01775}{1 + 0.0337t + 0.000221t^2} \tag{1-10}$$

式中:$t$——水的温度,℃。

$\nu$ 的单位为 $cm^2/s$,工程应用中可以直接查表1-3。

不同水温时的 $\nu$ 值    表1-3

| 温度(℃) | 0° | 2° | 4° | 6° | 8° | 10° | 12° |
|---|---|---|---|---|---|---|---|
| $\nu(cm^2/s)$ | 0.01775 | 0.01674 | 0.01568 | 0.01473 | 0.01387 | 0.01310 | 0.01239 |
| 温度(℃) | 14° | 16° | 18° | 20° | 22° | 24° | 26° |
| $\nu(cm^2/s)$ | 0.01176 | 0.01108 | 0.01062 | 0.01010 | 0.00989 | 0.00919 | 0.00877 |
| 温度(℃) | 28° | 30° | 35° | 40° | 45° | 50° | 60° |
| $\nu(cm^2/s)$ | 0.00839 | 0.00803 | 0.00725 | 0.00659 | 0.00603 | 0.00556 | 0.00478 |

[例1-1] 试求:水温为21℃时,水的运动黏性系数 $\nu$ 和动力黏滞系数 $\mu$。

解:求解 $\nu$ 和 $\mu$,可以采用式(1-10)计算或者查表1-3,进行线性内插求得水温为21℃时的 $\nu$ 和 $\mu$:

$$\nu = \frac{0.01775}{1 + 0.0337t + 0.000221t^2} = \frac{0.01775}{1 + 0.0337 \times 21 + 0.00021 \times 21^2} = 0.00986(cm^2/s)$$

因水的密度 $\rho = 1000 kg/m^3 = 1000 N \cdot s^2/m^4$,则:

$$\mu = \rho\nu = 1000 \times 0.00986 \times 10^{-4} = 9.86 \times 10^{-4}(N \cdot s/m^2)$$

查表1-3,$t = 20℃$ 时,$\nu = 0.01010 cm^2/s$;$t = 22℃$ 时,$\nu = 0.00989 cm^2/s$。由线性内插得:$t = 21℃$ 时,$\nu = 0.009999 cm^2/s$,相应的 $\mu = 1000 \times 0.009999 \times 10^{-4} = 9.999 \times 10^{-4}(N \cdot s/m^2)$。

牛顿内摩擦定律有其适用范围,大多数常见流体(如水、空气等)的内摩擦力符合牛顿内摩擦定律,这类流体称为牛顿流体;某些特殊流体(如油漆、泥浆等)不服从牛顿内摩擦定律,称为非牛顿流体。本书只讨论牛顿流体。

### 四、表面张力和毛细现象

液体的自由表面具有微弱的抗拉能力,称为表面张力。表面张力能够使水滴悬在水龙头口上,水面稍高出碗口而不外溢、钢针浮在液面上而不下沉,所有这些现象都是液体在和另一种不相混合的液体或气体的分界面上分子间内聚力作用的结果。表面张力的大小可用表面张力系数 $\sigma$ 来度量。$\sigma$ 是指自由表面单位长度上所受的拉力,国际制单位为牛顿/米(N/m)。$\sigma$ 的值随液体种类和温度而变化,且随温度的升高而变小,对20℃的水,$\sigma = 0.074 N/m$,对水银,$\sigma = 0.54 N/m$。

表面张力很小,在水力学中通常是不考虑的;只有在实验室和地下水中表面张力才呈现显著的作用,如很细的玻璃管或很狭窄的缝隙中微小液滴的运动、水深很小的明渠水流和堰流等,表面张力影响较为明显,其影响不能忽略。

在水力学实验中,经常使用盛水或水银的细玻璃管做测压管,这时表面张力的影响十分显著。将直径很小、两端开口的管子插入盛有水的容器中,当固、液间附着力较大时,管内液面由于靠近管壁处的液面向上弯曲而成为凹形[图1-2a)],使液面的表面扩大。由于表面张力的作用要使液面尽量缩小,中间液面向上鼓起而成为平面;同时又由于附着力较大的作用,液面又向上弯曲,新的凹形面又形成了。如此不断进行,直至上升液柱重力与表面张力的垂直分量平衡为止。这种液体上升的现象就是毛细现象,升高的高度称为毛细管高度。毛细管高度 $h$ 的大小与管内径大小以及液体的性质有关。设液面和管壁面接触的交角为 $\theta$,管直径为 $d$,液体的重度为 $\gamma$,表面张力为 $\sigma$,则可以根据受力平衡关系,得到液体毛细现象的上升高度 $h$:

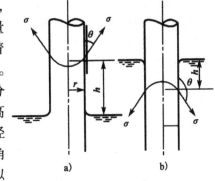

图1-2 表面张力示意

$$h = \frac{4\sigma\cos\theta}{d\gamma} \tag{1-11}$$

对于水和玻璃,$\theta = 0°$。当水银和玻璃接触时,由于水银的内聚力很大,管中液面向上凸,而成为凸形弯曲面,由于表面张力的作用,使管中的液柱下降[图1-2b)]。水银和玻璃的 $\theta = 140°$。

由式(1-11)可看出,毛细管高度 $h$ 的大小与管径大小以及液体的性质有关。在20℃时,直径为 $d$ 的玻璃管中水面高出容器水面的高度 $h$ 约为:

$$h = \frac{29.8}{d}(\text{mm}) \tag{1-12}$$

对于水银,玻璃管中水银液面低于容器液面的高度 $h$ 约为:

$$h = \frac{10.2}{d}(\text{mm}) \tag{1-13}$$

由此可见,管径越小,则毛细管高度 $h$ 越大。为避免毛细现象影响而使测压管读数产生误差,测压管的直径一般不应小于10mm。

## 第三节 连续介质和理想液体

### 一、连续介质

由物理学可知,液体是由大量不断做无规则运动的分子所组成的,分子之间有很大的空隙,即使液体处于静止状态,液体的分子仍在剧烈地运动着,并且运动是极不规则的。从微观的角度看,分子之间的真空区是随机变化的,并且其尺度远大于分子本身的尺度,因此,液体分子运动的物理量(如流速、压强等)的空间分布是不连续的;另外,由于液体分子运动的随机性,其运动物理量在时间过程中也是不连续的。但从宏观的角度看,液体分子的体积极小,在标准状态下,每1cm³的水中,约有$3.34 \times 10^{22}$个水分子,分子之间的距离约为$3 \times 10^{-8}$cm。如此众多而密集的水分子,各自做不规则的随机运动,导致分子之间不断地发生碰撞,从而进行充分的能量和动量交换。因此,液体的宏观运动体现了众多液体分子微观运动的统计平均情况,明显地呈现出均匀性、连续性和确定性。

水力学是从宏观角度研究液体的机械运动,而不研究分子的运动规律。由于在工程实际问题中,所涉及的液体运动的特征尺度及特征时间,均远远大于分子间距及分子碰撞时间,个别分子的行为几乎不影响大量液体分子统计平均后的宏观物理量(如质量、流速、压力等),可见从宏观角度去研究液体运动规律,能够满足工程问题所要求的精度,所以在水力学中假定:液体质点完全充满所占空间而没有任何空隙存在,其物理性质和运动要素在空间和时间上都是连续分布的,即连续介质。根据连续介质假定,就可以充分运用数学中的连续函数来解决水力学问题,而不影响其结论的真实性,同时还避开了复杂的分子运动。

### 二、理想液体

由于液体具有黏滞性,使得液体运动规律变得十分复杂。为了研究方便,在水力学中提出了理想液体的概念。理想液体是一种假想的液体,仅有质量和重力,没有黏滞性和表面张力,不考虑压缩性与膨胀性。因为实际液体的压缩性、膨胀性和表面张力在大多数情况下都可以忽略不计,所以理想液体与实际液体相比,主要差别是没有黏滞性,即$\mu = 0$。因理想液体中不存在任何摩擦阻力(即绝对易流动性),在理论上分析研究相对简单一些。所以,水力学的研究方法是:首先对理想液体的运动进行理论分析,然后再用实验研究方法检验,并做必要的修正后,即可应用到实际液体中去。

静止和相对静止的液体,由于液体质点间没有相对运动(即流速梯度$du/dy = 0$),不产生内摩擦力,所以在水静力学中,理想液体和实际液体完全相同。理想液体的概念,只有在水动力学中才有意义。

## 第四节 作用在液体上的力

液体能承受很大的压力,不能承受拉力。静止或相对静止的液体不能抵抗切向力,但运动的液体却能承受一定的切向力。

在水力学中,研究液体的平衡或运动规律时,一般是从液体中分离出一封闭表面所包围的液体作为隔离体进行分析研究。所谓作用在液体上的力,就是作用在隔离体上的外力。作用在液体(不论静止或运动)上的力,按其物理性质可以分为惯性力、重力、黏滞力、压力和表面张力等。为了便于分析,可将作用于液体的力分为表面力和质量力两类。

### 一、表面力

作用在隔离体表面上的力称为表面力,表面力是相邻液体或其他介质作用的结果。根据连续介质假定,表面力连续分布在隔离体的表面上,表面力的大小与作用面的面积呈正比,一般采用单位面积上所受的表面力,即应力的概念进行分析。通常,将表面力分为垂直于作用面的法向力和平行于作用面的切向力。

## 1. 法向力

法向力是指垂直于隔离体表面的表面力。由于液体不能承受拉力,故法向力只能是压力,单位面积上的压力称为压应力或压强。如图 1-3 所示,在隔离体表面上取包含 $A$ 点的微小面积 $\Delta\omega$,作用在 $\Delta\omega$ 上的法向力为 $\Delta P$,则在微小面积 $\Delta\omega$ 上的平均压强为:

$$p = \frac{\Delta P}{\Delta\omega} \quad (1\text{-}14)$$

图 1-3 作用在液体上的表面力

## 2. 切向力

切向力是指与作用面平行的力,切向力与液体的黏滞力有关。对于平行流动的液体而言,切向力就是内摩擦力。如图 1-3 所示,作用在 $\Delta\omega$ 上的切向力为 $\Delta T$,则 $A$ 点的切应力为:

$$\tau = \frac{\Delta T}{\Delta\omega} \quad (1\text{-}15)$$

### 二、质量力

质量力是指作用在隔离体内每一个液体质点上的力,其大小与液体的质量呈正比,在均质液体中,质量与体积呈正比,故质量力又称为体积力。水力学中常遇的质量力有重力和惯性力两类,其方向与加速度方向相反,大小与作用力相等且同作用于一点。

通常用单位质量力来反映质量力的特性。若隔离体中的液体是均质的,其质量为 $m$,总质量力为 $F$,则:

$$f = \frac{F}{m} \quad (1\text{-}16)$$

式中:$f$ ——单位质量力,即单位质量液体所受的质量力,具有与加速度相同的量纲 $[L][T]^2$。

若总质量力 $F$ 在空间坐标三个轴上的投影分别为 $F_x$、$F_y$、$F_z$,单位质量力 $f$ 在相应坐标轴上的投影分别为 $X$、$Y$、$Z$,则:

$$X = \frac{F_x}{m}, Y = \frac{F_y}{m}, Z = \frac{F_z}{m}$$

即

$$f = X_i + Y_j + Z_k \quad (1\text{-}17)$$

水力学中常采用的是单位质量力。

## 【习题】

1-1 液体的压缩性与什么因素有关?

1-2 何为牛顿内摩擦定律?

1-3 静止的液体能否抵抗剪切变形?

1-4 为什么运动的液体有一定抵抗剪切变形的能力?这种能力以什么形式表现出来?

1-5 动力黏滞系数与运动黏滞系数分别反映液体的什么性质？它们的量纲分别是什么？

1-6 什么是液体的连续介质假定？

1-7 理想液体忽略了什么因素？

1-8 什么是液体的表面力？什么是液体的质量力？它们的大小分别与什么因素有关？

1-9 如习题1-9图所示，试分析在图中所示三种情况下，水体分别受到哪些表面力和质量力作用？

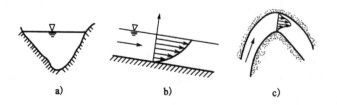

习题1-9 图
a) 水池中静止的水；b) 渠道中的水流；c) 弯曲河道中的水流

1-10 某种液体的重度为 $8kN/m^3$，求它的密度。

1-11 体积为 $4m^3$ 的水，温度不变，当压强从 1 个大气压（98kPa）增加到 5 个大气压时，体积减小 $1\ dm^3$，求该水的体积压缩系数及弹性系数。

1-12 水在温度18℃时，如 $\rho = 1\ 000 kg/m^3$，求水的动力黏滞系数 $\mu$ 及运动黏滞系数 $\nu$。

1-13 如习题1-13图所示，一个 $0.8m \times 0.2m$ 的平板在油面上做水平运动，已知运动速度 $u = 1\ m/s$，板与固定边界的距离 $\delta = 1mm$，油的动力黏滞系数 $\mu$ 为 $1.15\ N \cdot s/m^2$，由平板所带动的油的运动速度在板的垂直线方向上呈直线分布。求作用在平板上的黏滞阻力为多少？

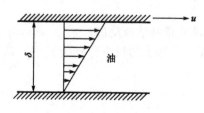

习题1-13 图

1-14 压强为 $3\ 500 kN/m^2$ 时水的体积为 $1m^3$，当压强增加到 $24\ 000 kN/m^2$ 时其体积为 $0.99m^3$，试问：当压强增加到 $7\ 000 kN/m^2$ 时水的体积为多少？

1-15 两平板相距25mm，其间水的运动黏滞系数为 $0.009\ 86 cm^2/s$，距一平板8.4mm处有一薄平板，面积为 $0.38m^2$，若速度分布是一直线形，薄板运动速度为 $0.3m/s$，求薄平板所受的力。

# 第二章 水静力学

【学习目的与要求】

通过"水静力学"学习,了解静水压强的定义及其特性,掌握水静力学基本方程的物理意义和工程应用,掌握受压面上静水压强的分布规律,以及作用在平面和曲面上的静水总压力的计算方法。

水静力学是研究液体处于平衡状态下的规律及其在工程中的应用。

液体的平衡状态包括静止和相对静止状态。静止状态是指液体质点之间没有相对运动,液体整体相对于地球也没有运动,处于静止状态的液体,所受的质量力只有重力,故也称为重力液体;如果液体整体相对于地球虽在运动,但相对于参考系(容器或者液体质点之间)没有相对运动,这时的液体处于相对静止状态,又称为相对平衡状态,如沿直线等加速行驶的车厢中所盛的液体、等角速度旋转容器中的液体,都属于相对平衡状态。

液体在平衡状态下,内部质点之间没有相对运动,没有内摩擦力出现,所以在水静力学问题中液体的黏滞性并不显现出来。同时,液体在平衡状态下,内摩擦力为零,作用于平衡液体的表面力只有法向力(即垂直于作用面的压力)。因此,水静力学的主要任务就是:根据液体的平衡规律,计算静水中的点压强,确定受压面上静水压强的分布规律,求解各种固体边壁上(平面和曲面)的静水总压力。

# 第一节 静水压强及其特性

水静力学的基本问题是研究作用在工程建筑物上的静水压强大小及分布。一般情况下，静水压力荷载多呈非均匀分布；某些特定条件下，水流中动水压强的分布规律也符合或近似符合静水压强分布规律。因此，静水压强的概念及计算，对于水力学的学习具有重要意义。

## 一、静水压强与静水总压力的定义

### 1. 静水总压力

静水总压力是指平衡液体内部相邻两部分之间相互作用的力或者指液体对固体壁面的作用力，常以字母 $\Delta P$ 表示。在国际单位制中，静水总压力的单位为牛顿（N）或千牛顿（kN）。

### 2. 静水压强

在均质的静止（或相对平衡）状态的液体中任取一微小面积 $\Delta \omega$，作用在 $\Delta \omega$ 上的静水总压力为 $\Delta P$，则 $\Delta \omega$ 面上的平均静水压强（用 $\bar{p}$ 表示）为：

$$\bar{p} = \frac{\Delta P}{\Delta \omega} \tag{2-1}$$

当 $\Delta \omega$ 无限缩小并趋于一点时，平均静水压强 $\bar{p} = \Delta P / \Delta \omega$ 的极限值定义为该点的静水压强（用小写字母 $p$ 表示），表示为：

$$p = \lim_{\Delta \omega \to 0} \frac{\Delta P}{\Delta \omega} \tag{2-2}$$

## 二、静水压强的特性

### 1. 特性一

静水压强的方向与作用面垂直并指向作用面。这一特性可以由平衡液体不能抵抗切向力得到证明。如果静水压力 $\Delta P$ 不垂直于作用面，则可将 $\Delta P$ 分解为两个分力，一个力垂直于作用面，另一个力与作用面平行，这个与作用面平行的力为切力。根据液体的易流动性，在一个平行于作用面的切力作用下，液体将失去平衡而开始流动，静止状态将被破坏。所以，平行于作用面的切力应等于零，即静水压强必须与其作用面垂直。同时，如果与作用面垂直的静水压强不是指向作用面，而是指向作用面的外法线方向，则液体将受到拉力，平衡也要受到破坏。因而，静水压强唯一可能的方向是垂直并指向受压面。

### 2. 特性二

任一点静水压强的大小和作用面方向无关，作用于同一点处各个方向的静水压强大小相等。为证明这一特性，在平衡液体中任取一个包括 $M$ 点在内的微小四面体 $MABC$（图2-1），倾斜面 $ABC$ 的方向任意选取，面积为 $dS$。为简单起见，让四面体的三个棱边分别与坐标轴平行，长度分别为 $dx$、$dy$、$dz$。以 $p_x$、$p_y$、$p_z$ 和 $p_n$

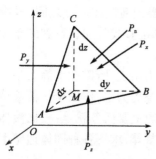

图 2-1 微小四面体的平衡

分别表示微小四面体三个正交面和倾斜面 ABC 上的静水压强。由于是微小四面体,可认为各微小面积上的静水压强均匀分布。当四面体 MABC 无限地缩小到 M 点时,若等式 $p_x = p_y = p_z = p_n$ 成立,则说明静水中任意一点 M 各个方向静水压强大小均相等。

微小四面体在各种外力作用下处于平衡状态,作用于微小四面体上的力有表面力和质量力。

(1) 表面力

以 $P_x$、$P_y$、$P_z$ 和 $P_n$ 分别表示垂直于 $x$、$y$、$z$ 轴的平面及倾斜面上的静水总压力,则作用于微小四面体上的表面力分别为:

$$\left. \begin{array}{l} P_x = \dfrac{1}{2}\mathrm{d}y\mathrm{d}z \cdot p_x \\ P_y = \dfrac{1}{2}\mathrm{d}z\mathrm{d}x \cdot p_y \\ P_z = \dfrac{1}{2}\mathrm{d}x\mathrm{d}y \cdot p_z \\ P_n = \mathrm{d}S \cdot p_n \end{array} \right\} \quad (2\text{-}3)$$

(2) 质量力

微小四面体 MABC 除了受到上述表面力的作用外,还受质量力作用。四面体的体积为 $1/6\mathrm{d}x\mathrm{d}y\mathrm{d}z$,液体密度为 $\rho$。设单位质量的质量力在 $x$、$y$、$z$ 轴上的分量分别为 $X$、$Y$、$Z$,则质量力在各坐标轴方向的分量为:

$$\left. \begin{array}{l} F_x = \dfrac{1}{6}\rho\mathrm{d}x\mathrm{d}y\mathrm{d}z \cdot X \\ F_y = \dfrac{1}{6}\rho\mathrm{d}x\mathrm{d}y\mathrm{d}z \cdot Y \\ F_z = \dfrac{1}{6}\rho\mathrm{d}x\mathrm{d}y\mathrm{d}z \cdot Z \end{array} \right\} \quad (2\text{-}4)$$

因微小四面体取自于平衡液体,根据平衡条件,所有作用于微小四面体上的外力在各坐标轴上投影的代数和应分别为零。

以 $x$ 方向为例,微小四面体在 $x$ 轴方向上的平衡方程为:

$$P_x - P_n \cos(n,x) + F_x = 0 \quad (2\text{-}5)$$

式中:$(n,x)$——倾斜面 ABC 法线方向 $n$ 与 $x$ 轴的夹角。

$P_n \cos(n,x) = p_n \mathrm{d}S\cos(n,x) = p_n \cdot \dfrac{1}{2}\mathrm{d}y\mathrm{d}z$,将式(2-3)和式(2-4)中有关方程代入式(2-5)中,得:

$$\dfrac{1}{2}p_x\mathrm{d}y\mathrm{d}z - \dfrac{1}{2}p_n\mathrm{d}y\mathrm{d}z + \dfrac{1}{6}\rho\mathrm{d}x\mathrm{d}y\mathrm{d}z \cdot X = 0$$

等式两边同时除以 $1/2\mathrm{d}y\mathrm{d}z$,得:

$$p_x - p_n + \dfrac{1}{3}\rho\mathrm{d}x X = 0$$

当微小四面体无限地缩小到 M 点时,因 $\mathrm{d}x \to 0$,上式中的最后一项便趋于零,则有:

$$p_x = p_n$$

同理,对 $y$、$z$ 方向分别列出平衡方程,可得 $p_y = p_n$ 和 $p_z = p_n$,由此可得:

$$p_x = p_y = p_z = p_n \tag{2-6}$$

由于微小四面体倾斜面的方向是任意选取的,所以式(2-6)就证明了静止液体中同一点上各个方向的静水压强值均相等,静水压强的大小与作用面的方向无关,可以把各个方向的压强均写成 $p$。

静水压强的第二个特性表明,看作连续介质的平衡液体内,任一点的静水压强 $p$ 仅是空间坐标的连续函数,与作用面方向无关,即 $p = p(x, y, z)$。

## 第二节 重力作用下水静力学基本方程

工程实际中最常见的质量力是重力,因此研究重力作用下静止液体中压强的分布规律更具实际意义。静止液体中任意一点静水压强的数值可以通过水静力学基本方程确定。

### 一、水静力学基本方程

一般情况下,将液体视为均质液体,密度处处相等,重度为常量。设在重力作用下处于静止状态的均质液体,如图2-2a)所示。在静止液体中,任取一微小截面积为 $d\omega$、高为 $h$ 的竖直圆柱水体来分析其受力情况。在重力作用下,圆柱水体在水平方向上没有质量力作用。在竖直方向上,圆柱水体在自身重力和表面力的作用下处于平衡,合力等于零。

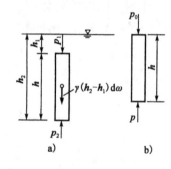

图2-2 竖直圆柱水体的平衡

圆柱水体的上表面静水总压力为 $P_1 = p_1 d\omega$(取向下方向为正),圆柱水体的下表面静水总压力为 $P_2 = -p_2 d\omega$,负号表示 $P_2$ 方向向上;质量力为重力,大小为 $\gamma(h_2 - h_1) d\omega$,方向竖直向下。根据平衡条件,液体竖直方向上所受的合力应为零,即:

$$p_1 d\omega + \gamma(h_2 - h_1) d\omega - p_2 d\omega = 0$$

将上式两边同时除以 $d\omega$,则有:

$$p_2 = p_1 + \gamma(h_2 - h_1) = p_1 + \gamma h \tag{2-7}$$

由式(2-7)可知,若已知静止液体中某一点的静水压强值及两点的深度差,就可以求得另一点的静水压强值。

如果取 $h_1 = 0$,即自由表面处,设自由表面处的气体压强为 $p_0$,如图2-2b)所示,则位于自由表面以下深度为 $h$ 的相应点的静水压强为:

$$p = p_0 + \gamma h \tag{2-8}$$

式(2-8)称为水静力学基本方程,是计算静水压强的基本公式。该式表明,在重力作用下,静止液体中任一点的静水压强由两部分组成:一部分是自由表面上的气体压强 $p_0$(当自由表面与大气相通时,表面压强 $p_0$ 等于当地大气压强 $p_a$),气体压强遵从物理学著名的帕斯卡原理,可以等值地传递到液体内部的各点;另一部分是 $\gamma h$,相当于单位面积上高度为 $h$ 的液体重力。由式(2-8)可知,当将液体看作均质时,静水压强 $p$ 随水深 $h$ 的增加而增大,呈线性变化。

## 二、等压面

在相互连通的同一种液体中,由压强相等的各点组成的面称为等压面,在等压面上,压强 $p$ 为常量。由式(2-8)可以看出,在重力作用下的静止均质液体中,水深相等的点静水压强相等,即静止液体中的水平面是等压面。需要强调的是,这一结论只适用于相互连通的同一种液体,对于互不连通的液体则不适用。两种不相混溶液体的分界面也是等压面。

利用等压面原理及水静力学基本方程,可以分析工程上或实验室中常用的液体测压仪器的工作原理。

## 三、静水压强的表示方法

计算静水压强大小时,根据起算基准的不同,可有三种不同的表示方法,即绝对压强、相对压强和真空压强,视具体情况选用。

### 1. 绝对压强

以假想的没有任何气体存在的绝对真空状态作为计算零点所得到的压强,称为绝对压强,用符号 $p'$ 表示。绝对压强没有负值,即在液体中不存在比绝对真空还低的压强。绝对压强一般只用来计算大气的压强,工程上不常用。

### 2. 相对压强

以当地大气压强作为计算零点所得到的压强,称为相对压强,用符号 $p$ 表示。通常压力表(压强表)和测压管量测的压强都是相对压强,所以相对压强又称为计示压强或表压强,简称表压。

对某一点来说,其绝对压强与相对压强的关系如图2-3所示,即:

$$\left. \begin{array}{l} p = p' - p_a \\ p' = p_a + p \end{array} \right\} \quad (2\text{-}9)$$

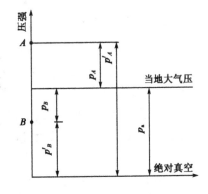

图 2-3 绝对压强与相对压强的关系

在式(2-9)中,若液体自由表面与大气连通,则 $p_0 = p_a$,该静止液体内任一点的相对压强为 $p = \gamma h$。

绝对压强和相对压强只是因起算点不同,从而导致压强的数值大小不同而已。工程上使用的压强值,一般不加说明指的是相对压强。

需要说明的是,海拔不同,大气压强也有所不同。

### 3. 真空及真空压强

绝对压强总是正值,而相对压强可正可负。当液体中某点的绝对压强大于当地大气压强时,其相对压强为正值(图2-3中的 $p_A$);当某点绝对压强小于当地大气压强时,其相对压强为负值(图2-3中的 $p_B$),则认为该点出现了真空,也称负压。

真空压强是指存在真空点的绝对压强小于当地大气压强的数值,其大小常用真空压强 $p_v$ 表示,即:

$$p_v = -p = p_a - p'$$

根据真空的定义,某点的真空压强是指该点的绝对压强不足一个大气压强的数值,不足之值以正值表示。理论上，真空压强的最大值就是绝对压强为零的时候，即 $p_v$ 等于大气压强，称为完全真空或绝对真空，但实际工程中一般无法达到这个数值。例如，常温下的水，在 $p_v$ = 7～8m 水柱时，便开始汽化使真空状态受到破坏。工程上，水泵吸水管或虹吸管的运行需要利用真空条件，为避免真空状态受破坏，必须充分考虑液体的汽化特性。

### 四、静水压强的计量单位

在水力学中常用的压强计量单位有如下三种。

1. 用应力单位表示

从压强的定义出发，用单位面积上的力来表示，国际制单位为牛顿/平方米（$N/m^2$）或帕（Pa），$1\text{Pa} = 1\text{N/m}^2$；工程制单位为千克力/平方米（$kgf/m^2$）。两种单位的换算关系为：$1\text{kgf/m}^2 = 9.8\text{N/m}^2$。工程上也常采用千帕（kPa）或兆帕（MPa）表示压强的单位。

2. 用工程大气压强表示

大气压强是地面以上的大气层的重力所产生的。大气压强与当地的纬度、海拔及温度有关，海拔越高，大气压强越小。在纬度 45°的海平面上，4℃时的平均大气压强称为一个标准大气压强。一个标准大气压强 = 101.325kPa，相当于 760mm 水银柱在其底部所产生的压强。

为了便于计算，工程中常采用工程大气压强。一个工程大气压强 = 98kPa，相当于纬度为 45°、海拔 270m 处的平均大气压强。

3. 用液柱高表示

压强也常用水柱高或水银柱高表示。由于敞口容器自由表面的压强就是当地大气压强，因此该液体的相对压强为 $p = \gamma h$ 或 $h = p/\gamma$。

对于均质液体（$\gamma$ 是常数）而言，液柱高 $h$ 和该点压强值 $p$ 一一对应，因而可以用液柱高表示压强值。例如，一个工程大气压强（$98\text{kN/m}^2$）= 10m 水柱高产生压强 = 736mm 水银柱高产生压强。

[**例2-1**] 一封闭水箱（图2-4）所处位置的当地大气压强为一个工程大气压强，容器内液体自由表面处的绝对压强 $p_0$ 为 $85\text{kN/m}^2$，求液面下淹没深度 $h$ 为 1m 处 $C$ 点的绝对压强、相对压强和真空压强。

**解**：由式（2-8），$C$ 点的绝对压强为：
$$p' = p_0 + \gamma h = 85 + 9.8 \times 1 = 94.8(\text{kN/m}^2)$$

$C$ 点的相对压强为：
$$p = p' - p_a = 94.8 - 98 = -3.2(\text{kN/m}^2)$$

相对压强为负值，说明 $C$ 点存在真空，则该点的真空压强为：
$$p_v = p_a - p' = 98 - 94.8 = 3.2(\text{kN/m}^2)$$

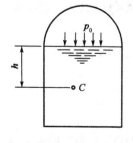

图2-4 封闭水箱

## 第三节 静水压强的测量

在实际工程中，特别是在水力学实验和水工模型实验中，往往需要测量液体中某一点的压强或两点的压强差。测量液体（或气体）压强的仪器有多种，本节仅介绍根据水静力学基本方程设计的液体测压计。

在重力作用下,静止均质液体中的等压面是水平面,即同一种液体中同一个水平面上所有点的压强相等,两个水平面的压强差等于两平面间液柱所产生的压强。

## 一、测压管

测压管是直接用液柱高测量静水压强的仪器。如图 2-5 所示,若欲测容器中 $M$ 点的液体压强,可将开口的玻璃细管(即测压管)接在与被测点高度相同的容器侧壁上。如果 $M$ 点压强大于大气压强,测压管中液面将沿测压管上升一个高度 $h$,则该点的相对压强为:

$$p = \gamma h$$

如果 $M$ 点压强小于大气压强,测压管液面将比 $M$ 点下降一个高度 $h$。

为防止毛细现象影响测量精度,测压管直径不宜过小,通常控制在 10mm 左右。

测压管只适用于量测较小的压强,否则需要的玻璃管过长,应用不方便。所以量测较大的压强,一般用 U 形水银测压计。

对于较小的压强值,为提高量测精度,放大测压管标尺读数,可以在测压管中放入轻质液体(如油),也可以将测压管倾斜放置,如图 2-5b)所示,此时标尺读数为 $l$,而压强为铅直高度 $h$,所以:

$$p = \gamma h = \gamma l \sin\alpha \tag{2-10}$$

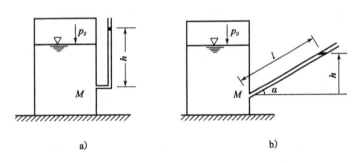

图 2-5 测压管

## 二、U 形水银测压计

对于较大压强值的量测,使用重度较大的水银,沉于被量测液体的下部,测压计做成 U 形。在压差的作用下,水银面出现高差。

U 形水银测压计是一根内装水银的 U 形玻璃管,两端均开口,其中一端与大气相通,另一端与需量测压强的容器相连接,如图 2-6 所示。如容器中液体 $A$ 点的压强大于大气压强,在液体压力作用下,U 形管右侧支管的水银液面上升,直到压力平衡为止,水银柱高度差为 $h_p$。

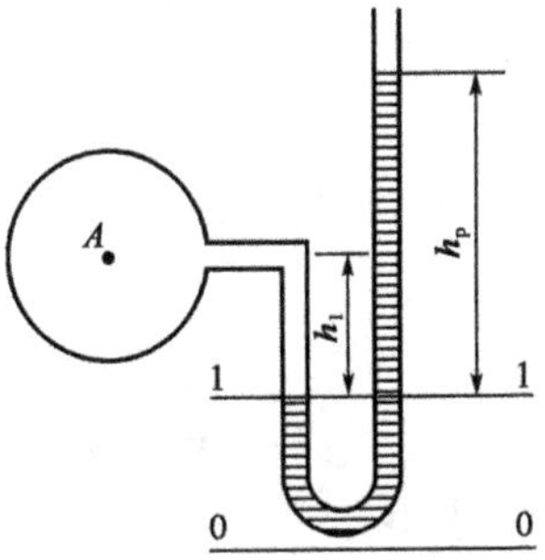

为求 $A$ 点的压强 $p_A$,在 U 形管中找等压面 1-1,等压面上各点压强均相等,即:

左侧支管中 $\quad p_1 = p_A + \gamma_水 h_1 \tag{2-11}$

图 2-6 U 形水银测压计

右侧支管中
$$p_1 = \gamma_{水银} h_p \tag{2-12}$$
所以
$$p_A + \gamma_水 h_1 = \gamma_{水银} h_p$$
则
$$p_A = \gamma_{水银} h_p - \gamma_水 h_1 \tag{2-13}$$

### 三、压差计

在实际工程中，有时需要直接量测两点之间的压强差，并不涉及两点的压强大小，这时可用压差计。

压差计通常是一个 U 形弯管，如图 2-7 所示，管中充以水银（或其他大于被测液体重度的液体，如四氯化碳）。量测 A、B 两点的压强差时，两侧支管分别接通被测点 A、B，由于 A 点的压强较大，使左侧支管的水银液面下降，右侧支管的水银液面上升。设水银柱高度差为 $h_p$，取等压面 1-1，则根据等压面原理和水静力学基本方程，得：

左侧支管中　　$p_1 = p_A + \gamma h_1 + \gamma h_p$
右侧支管中　　$p_1 = p_B + \gamma h_2 + \gamma_{水银} h_p$
所以
$$p_A - p_B = (\gamma_{水银} - \gamma) h_p + \gamma(h_2 - h_1) \tag{2-14}$$

如果 A、B 两点等高，即 $h_1 = h_2$，则有：
$$p_A - p_B = (\gamma_{水银} - \gamma) h_p \tag{2-15}$$

若 $\gamma_{水银} = 133.3 \text{kN/m}^3$，$\gamma = 9.8 \text{kN/m}^3$，$h_p$ 用米计，则有：
$$p_A - p_B = 123.5 h_p (\text{kN/m}^2) \tag{2-16}$$

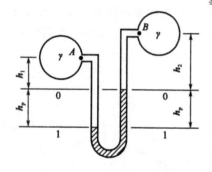

图 2-7　压差计

上述各种液压计不仅可以用来量测静水压强，也可用于量测流动液体中某点的压强（动水压强）。测量时，保证测压管与流动液体接通处垂直于液体流速方向，受测压管进口阻水作用，测压管内液体流速分量为零，即静止状态。

[例 2-2]　盛水的封闭容器（图 2-8），装有两支水银测压计。已知 $h_1 = 60\text{cm}$，$\Delta h_1 = 25\text{cm}$，$\Delta h_2 = 30\text{cm}$，设 $\gamma_p$ 为水银的重度，求水深 $h_2$。

解：采用相对压强计算。

先作 N-N 等压面，求出容器内液体自由表面处的压强为：
$$p_0 = \gamma_p \Delta h_1 - \gamma h_1$$

再作 M-M 等压面，有：
$$p_0 + \gamma h_2 = \gamma_p \Delta h_2$$

于是
$$\gamma h_2 = \gamma_p \Delta h_2 - p_0 = \gamma_p \Delta h_2 - \gamma_p \Delta h_1 + \gamma h_1$$

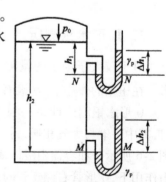

图 2-8　盛水的封闭容器

最后求得：
$$h_2 = \frac{\gamma_p}{\gamma}(\Delta h_2 - \Delta h_1) + h_1 = \frac{133.28}{9.8} \times (0.3 - 0.25) + 0.6 = 1.28(\text{m})$$

也可由已知 $p_N = \gamma_p \Delta h_1$ 及 $p_M = \gamma_p \Delta h_2$,利用两点压强差公式求解,即:

$$\gamma_p(\Delta h_2 - \Delta h_1) = \gamma(h_2 - h_1)$$

$$h_2 = \frac{\gamma_p}{\gamma}(\Delta h_2 - \Delta h_1) + h_1$$

## 第四节　静水压强分布图

在工程实际中,只需计算相对压强。根据水静力学基本方程 $p = p_0 + \gamma h$,当液体的表面压强为大气压强时,相对压强 $p = \gamma h$,这表明静水压强只是水深的线性函数(将液体的重度看作常数),那么就可以用几何图形来直观地表示任一受压面上静水压强的大小、方向及分布规律,这样的图形称为静水压强分布图。其绘制规则为:按一定比例,用线段长度表示不同水深处静水压强的大小;用线段箭头方向表示静水压强的方向,并与作用面垂直。

对于受压面是平面的情况,其沿水深方向静水压强按直线分布,只要绘出两个表示压强大小和方向的线段即可确定压强的分布直线。根据静水压强的特性及水静力学基本方程,算出某些特殊点的静水压强的大小,例如自由表面处,$h = 0$,$p = p_0$;水深为 $H$ 处,$p = p_0 + \gamma H$,连接两线段起点所得直线,即为该受压平面静水压强随水深变化的分布直线。

在实际工程中,建筑物迎水面和背水面均受大气压强作用,可相互抵消,因而水力学中一般只绘制相对压强分布图,而且只画出与作用面相垂直的铅直剖面图,如图2-9所示。

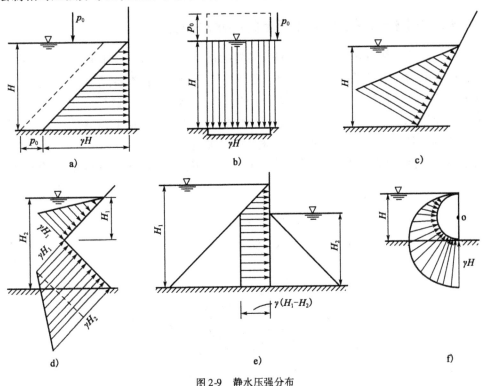

图2-9　静水压强分布

绘制静水压强分布图时,应注意以下几点:

(1) 表面压强 $p_0$ 沿水深呈矩形或平行四边形分布，即等值传递；$\gamma h$ 沿水深呈三角形分布 [图 2-9a)、c)]；受压面水平放置时，静水压强分布图呈矩形分布，即为均匀荷载[图 2-9b)]。

(2) 任一点静水压强的大小具有各向等值性，与受压面的方向无关，如图 2-9d) 所示。

(3) 图 2-9e) 所示为一矩形闸门，两侧均有水，其水深分别为 $H_1$ 和 $H_2$。这种情况由于上下游静水压强方向不同，可分别绘出受压面的压强分布图，然后将压强分布图叠加，消去大小相等方向相反的部分，余下的梯形即为该矩形闸门的静水压强分布图。

(4) 压强方向永远垂直并指向受压面，如图 2-9f) 所示。若受压面为圆曲面时，各点压强的作用线为通过圆心 $O$ 的内法线。当受压面为曲面时，一般只画出静水压强分布图的水平方向和铅直方向的分力分布图，该内容将在本章第六节中详细说明。

## 第五节　作用于平面上的静水总压力

在工程实际中，不仅需要了解液体内部的压强分布规律，而且常常需要计算液体作用在受压平面上的静水总压力，因而需要研究静水总压力的计算问题，如水箱、水池、水坝、闸门、防洪堤、浸水路基等的受力分析与结构设计问题。

静水总压力的计算，就是要确定总压力的大小、方向和作用点的位置(也称为压力中心)。

由于静水压强方向永远垂直并指向受压面，则作用于平面上的静水总压力的计算，实质上是求平行力系的合力问题。计算方法有解析法和压力图法两种。

### 一、解析法求任意形状倾斜平面上的静水总压力

图 2-10 所示为一放置在静止液体中任意位置的任意形状的倾斜受压平面 $AB$，平面与水面倾斜成任意角度 $\alpha$，并垂直于纸面，$AB$ 为其侧投影线。设平面的面积为 $\omega$，左侧承受水压力作用，表面压强为大气压强。下面计算作用于该平面上的静水总压力大小并确定压力中心的位置。

取平面 $AB$ 的延长面与液面的交线为横坐标轴 $ox$，过 $o$ 点垂直于 $ox$ 轴沿平面向下取纵坐标轴 $oy$。平面上任一点的位置可由该点坐标 $(x,y)$ 确定。

为了便于分析，图 2-10 中所示的是将 $xoy$ 平面与受压平面 $AB$ 绕 $oy$ 轴旋转 90°至纸面的情况。

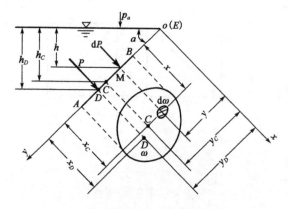

图 2-10　任意形状倾斜平面上的静水总压力

## 1. 静水总压力的大小

因为静水总压力是由每一部分面积上的静水压力构成的，先在 AB 平面内取任一微小面积 $d\omega$，其中心点 M 在水面以下的深度为 h。由于 $d\omega$ 无限小，可认为其上各点的压强近似相等，即 $p = \gamma h$，则作用在 $d\omega$ 上的静水压力 $dP$ 为：

$$dP = pd\omega = \gamma h d\omega \tag{2-17}$$

由图 2-10 可知：

$$h = y\sin\alpha$$

根据静水压强的性质，所有微小面积上的压力方向都是互相平行且指向 AB 平面的内法线方向。根据平行力系求和的方法，则作用在受压面 AB 上的静水总压力 P 为：

$$P = \int_\omega dp = \int_\omega \gamma h d\omega = \gamma \int_\omega h d\omega = \gamma \sin\alpha \int_\omega y d\omega \tag{2-18}$$

由理论力学知，式(2-18)中的积分 $\int_\omega y d\omega$ 是面积 $\omega$ 对 ox 轴的静矩，其值等于受压面面积 $\omega$ 与其形心 C 点的坐标 $y_C$ 的乘积。因此，受压面 AB 上的静水总压力 P 可以写成：

$$P = \gamma \sin\alpha \cdot y_C \omega = \gamma h_C \cdot \omega = p_C \omega \tag{2-19}$$

式中：$p_C$——受压面形心 C 点的静水压强；

$h_C$——受压面形心 C 点在液面下的深度。

式(2-19)表明，作用在任意形状平面上的静水总压力 P 等于该平面面积 $\omega$ 与平面形心点的静水压强 $p_C$ 的乘积。

## 2. 静水总压力的方向

静水总压力 P 的方向垂直并指向受压平面 AB。

## 3. 静水总压力的作用点(压力中心)

静水总压力 P 的作用点 D 称为压力中心。为了确定 D 的位置，必须求其坐标 $x_D$ 和 $y_D$。根据理论力学中的合力矩定理，即合力对任一轴的力矩等于各分力对该轴的力矩之和。先将静水总压力对 ox 轴取力矩，得到：

$$Py_D = \int_\omega y dP = \int_\omega y \gamma h d\omega = \gamma \sin\alpha \int_\omega y^2 d\omega \tag{2-20}$$

式中：$\int_\omega y^2 d\omega$——面积 $\omega$ 对 ox 轴的惯性矩，记为 $I_x$。根据理论力学中的惯性矩平行移轴定理，$I_x = I_{xC} + y_C^2 \omega$，即 $I_x = \int_\omega y^2 d\omega$ 等于面积 $\omega$ 对通过形心 C 与 ox 轴平行轴线的惯性矩 $I_{xC}$ 加上面积 $\omega$ 与 $y_C^2$ 的乘积，则：

$$y_D = \frac{\gamma \sin\alpha \cdot I_x}{\gamma h_C \omega} = \frac{\gamma \sin\alpha (I_{xC} + y_C^2 \omega)}{\gamma y_C \sin\alpha \cdot \omega} = y_C + \frac{I_{xC}}{y_C \omega} \tag{2-21}$$

或

$$h_D = h_C + \frac{I_{xC}}{h_C \omega}\sin^2\alpha \tag{2-22}$$

式中：$I_x$ 仅与受压面形状有关，而与受压面在液体中的位置无关。

一般而言，式(2-21)右端第二项 $I_{xC}/y_C\omega$ 大于零，故 $y_D > y_C$ 或 $h_D > h_C$，即压力中心 D 在受

压面形心 $C$ 点以下。当 $\alpha = 90°$ 时,即铅垂平面情况,$C$、$D$ 间的距离为最大;当 $\alpha = 0°$ 时,即受压面为水平面的情况下,平面上的压强分布是均匀的,即压力中心 $D$ 与受压面形心 $C$ 点重合。

同理,对 $oy$ 轴取力矩,可以得到压力中心 $D$ 在水平方向的坐标 $x_D$。

在工程实际中,受压平面大多为对称的规则平面(一般具有与 $oy$ 轴平行的对称轴),此时静水总压力 $P$ 的压力中心 $D$ 必位于纵向对称轴上,因此无须计算压力中心的横坐标 $x_D$。确定了 $y_D$ 的数值,压力中心 $D$ 点的位置就确定了。

在工程结构物设计中,因建筑物两侧都要受到大气压强的作用,它们大小相等,方向相反,所以在设计工程结构物时,仅计算相对压强产生的静水总压力。

**[例 2-3]** 如图 2-11 所示,$h = 18\text{m}$,$b = 1.0\text{m}$,求每米宽围墙上所受的静水总压力和压力作用点 $D$ 处的水深。

**解:** 按式(2-19),$\alpha = 90°$,$h_C = y_C = \dfrac{h}{2}$,$x_C = x_D = \dfrac{b}{2}$,$I_C = \dfrac{bh^3}{12}$,$b = 1.0$,则:

$$P = p_C \omega = \gamma h_C b h = 9.8 \times 9 \times 1 \times 18 = 1\,587.6\,(\text{kN})$$

$$y_D = h_D = y_C + \frac{I_C}{y_C \omega} = \frac{h}{2} + \frac{\dfrac{bh^3}{12}}{\dfrac{h}{2} bh} = \frac{2}{3}h = \frac{2 \times 18}{3} = 12\,(\text{m})$$

**[例 2-4]** 如图 2-12 所示桥头路堤,水深 $h = 4\text{m}$,边坡角 $\alpha = 60°$,取 $1\text{m}(b = 1\text{m})$ 堤长计算,试用解析法计算路堤所受的静水总压力。

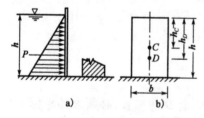

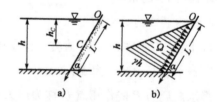

图 2-11 矩形围堰平面静水总压力  　　图 2-12 倾斜桥头路堤矩形平面静水总压力

**解:** 由题意可知,路堤淹没面积(即其受压面积)为一矩形平面,有:

$$L = \frac{h}{\sin\alpha} = \frac{4}{\sin 60°} = \frac{8}{3}\sqrt{3}\,\text{m}, \quad \omega = b \cdot L = 1 \times \frac{8}{3}\sqrt{3} = \frac{8}{3}\sqrt{3}\,\text{m}^2, \quad x_C = 0 \text{(取 } y \text{ 轴与受压平面对称轴重合)}。$$

$$y_C = \frac{L}{2} = \frac{4}{3}\sqrt{3}\,(\text{m})$$

$$h_C = \frac{h}{2} = \frac{4}{2} = 2\,(\text{m}), \quad I_C = \frac{bL^3}{12} = \frac{1 \times \left(\dfrac{8}{3}\sqrt{3}\right)^3}{12} = 8.21\,(\text{m}^4)$$

单位路堤长度所受静水总压力为:

$$P = p_C \omega = \gamma h_C \omega = 9.8 \times 2 \times \frac{8}{3}\sqrt{3} = 90.5\,(\text{kN})$$

压力中心 $D(x_D, y_D)$ 的位置:

$$x_D = 0$$

$$y_D = y_C + \frac{I_C}{y_C \omega} = \frac{4}{3}\sqrt{3} + \frac{8.21}{\frac{4}{3}\sqrt{3} \times \frac{8}{3}\sqrt{3}} = 3.08(\text{m})$$

## 二、用压力图法计算作用在矩形平面上的静水总压力

在工程实际中,常见的受压面大多是矩形平面,对上、下边与水面平行的矩形平面采用压力图法求解静水总压力及其作用点的位置较为方便。该方法是根据静水压强分布图,采用图解法进行求解,所以称此方法为压力图法。

使用压力图法计算矩形平面上的静水总压力时,首先应绘出矩形受压面上的静水压强分布图。如图 2-13 所示,一个任意倾斜放置的矩形平面 ABEF,矩形平面长为 l,宽为 b,其上边在水面以下 $h_1$ 处,下边在水面以下 $h_2$ 处。根据静水压强分布规律,按相对压强计,液面相对压强为零,水深为 $h_1$ 的 A 点处压强为 $\gamma h_1$,水深为 $h_2$ 的 B 点处压强为 $\gamma h_2$,将 A、B 两点压强以直线相连,则绘出矩形受压平面的压强分布图(如图 2-13 中所示梯形)。

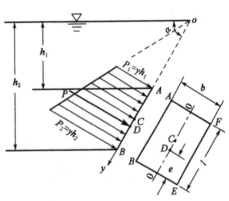

图 2-13 倾斜矩形闸门平面静水总压力

### 1. 静水总压力的大小

平面上静水总压力的大小,应等于分布在平面上各点静水压强的总和。因而,作用在单位宽度受压面上的静水总压力,应等于静水压强分布图的面积;整个矩形受压平面上的静水总压力,则等于矩形平面宽度 b 乘以静水压强分布图的面积(用 Ω 表示)。

如图 2-13 所示,静水压强分布图为梯形,其面积 Ω 等于 $\gamma(h_1+h_2)l/2$,即为矩形受压平面单位宽度上的总压力。作用在矩形平面 ABEF 上的静水总压力的大小应等于静水压强分布图的面积 Ω 乘以矩形受压平面的宽度 b,即矩形平面 ABEF 上静水压强分布体的体积:

$$P = \Omega \cdot b = \frac{1}{2}\gamma(h_1+h_2)lb \tag{2-23}$$

### 2. 静水总压力的作用线和压力中心

矩形平面上静水总压力 P 的作用线通过静水压强分布体的重心(也就是矩形半宽处的压强分布图的形心),P 的方向垂直并指向受压面,作用线与矩形平面的交点就是压力中心 D。

因矩形平面有纵向对称轴,故 P 的作用点 D(压力中心)必位于纵向对称轴 0-0 上。压力中心 D 距平面底边距离为 e,其大小可由理论力学中的合力矩定理求得。

对于压强分布图为三角形的情况,其压力中心 D 距 $h_2$ 底边的距离 e 等于矩形平面长 l 的 1/3,即 l/3;压力中心位于水面下深度 $h_D = 2h_2/3$ 处,如图 2-11 所示。

对于压强分布图为梯形分布的情况,如图 2-13 所示,其压力中心 D 距平面底边的距离 e 为:

$$e = \frac{l}{3} \cdot \left(\frac{2p_1+p_2}{p_1+p_2}\right) = \frac{l}{3} \cdot \left(\frac{2h_1+h_2}{h_1+h_2}\right) \tag{2-24}$$

[例 2-5] 某路基涵洞进口有一矩形闸门(图 2-13),其边长 l=6m,宽度 b=4m,闸门倾角

$\alpha = 60°$,顶边水深 $h_1 = 10\text{m}$,试用压力图法求解闸门所受静水总压力 $P$ 的大小和压力中心 $D$ 的位置。

**解**:首先绘制闸门 $AB$ 所受的静水压强分布图(图 2-13)。

门顶处的静水压强为:

$$\gamma h_1 = 9.8 \times 10 = 98(\text{kN/m}^2)$$

门底处的静水压强为:

$$\gamma h_2 = \gamma(h_1 + L\sin 60°) = 9.8 \times (10 + 6 \times \frac{\sqrt{3}}{2}) = 149(\text{kN/m}^2)$$

因静水压强分布图为梯形,则压强分布图面积 $\Omega$ 为:

$$\Omega = \frac{1}{2}(\gamma h_1 + \gamma h_2)L = \frac{1}{2} \times (98 + 149) \times 6 = 741(\text{kN/m})$$

根据压力图法,矩形闸门所受的静水总压力为:

$$P = b \cdot \Omega = 4 \times 741 = 2\,964(\text{kN})$$

静水总压力 $P$ 距门底边的距离为:

$$e = \frac{l}{3}\left(\frac{2p_1 + p_2}{p_1 + p_2}\right) = \frac{6}{3} \times \left(\frac{2 \times 98 + 149}{98 + 149}\right) = 2.79(\text{m})$$

则静水总压力 $P$ 距水面的斜距(即压力中心 $D$ 的位置)为:

$$y_D = \left(L + \frac{h_1}{\sin 60°}\right) - e = \left(6 + \frac{10}{0.866}\right) - 2.79 = 14.75(\text{m})$$

即压力中心 $D$ 点在水下的深度为:

$$h_D = y_D \sin 60° = 14.75 \times 0.866 = 12.77(\text{m})$$

## 第六节 作用于曲面上的静水总压力

在工程实际中,承受静水压力的面除平面外,还常常会遇到曲面的情况,例如拱坝坝面、弧形渡槽、U 形渡槽、隧洞进水口、输水管、弧形闸墩等。其中,以母线相互平行的二向曲面较为多见,且较简单。因此,本节重点分析作用于具有水平母线的二向曲面上的静水总压力大小、方向和作用点。

作用于曲面上任一点处的相对静水压强,其大小仍等于该点的淹没深度乘以液体的重度,其方向也是垂直并指向作用面。

在计算平面上静水总压力大小时,可以把各部分面积上所受的静水压力直接求其代数和,相当于一个平行力系的合力。然而,对于曲面,由于各部分面积上所受的静水总压力的大小及方向各不相同,故不能用求代数和的方法来求静水总压力。为了把它转化为一个求平行力系的合力问题,可以分别计算作用在曲面上的水平方向分力 $P_x$ 和铅垂方向分力 $P_z$,然后将 $P_x$ 和 $P_z$ 合成为总压力 $P$。在许多情况下,求出水平方向和铅垂方向两个分力就能满足工程需要。

### 一、静水总压力的大小

如图 2-14 所示,为一母线与 $oy$ 轴平行的二向曲面,母线长为 $b$。取坐标平面 $xoy$ 与液面重合,$z$ 轴铅垂向下。二向曲面在 $xoz$ 面上的投影为曲线 $AB$(垂直于纸面方向的形状一致),曲面右侧受静水压力的作用。

设在曲面 $AB$ 上任取一微小柱面,其面积为 $d\omega$,形心点对应的水深为 $h$,形心点处压强为 $p = \gamma h$。把微小柱面看成是倾斜平面,则作用在 $d\omega$ 的静水压力为:
$$dP = pd\omega = \gamma h d\omega$$
该力垂直于微小面积 $d\omega$,并与水平方向成 $\alpha$ 夹角。

将 $dP$ 分解为水平方向和铅垂方向两个分力:

水平分力　　$dP_x = pd\omega\cos\alpha = \gamma h d\omega_z$

铅垂分力　　$dP_z = pd\omega\sin\alpha = \gamma h d\omega_x$

式中: $d\omega_z$、$d\omega_x$——$d\omega$ 在铅垂平面和水平面上的投影。

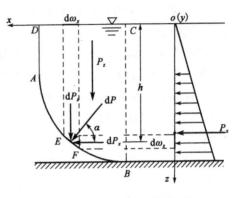

图 2-14　作用在曲面上的静水压力

整个曲面 $AB$ 所受的静水总压力,其水平分力等于各微小面积 $d\omega$ 水平分力的总和;其铅垂分力等于各微小面积上铅垂分力的总和。即可以利用平行力系求合力的方法,分别求出整个曲面上的水平方向分力 $P_x$ 和铅垂方向分力 $P_z$,分别为:

$$P_x = \int_{\omega_z} dP_x = \int_{\omega_z} \gamma h d\omega_z = \gamma \int_{\omega_z} h d\omega_z \tag{2-25}$$

$$P_z = \int_{\omega_x} dP_z = \int_{\omega_x} \gamma h d\omega_x = \gamma \int_{\omega_x} h d\omega_x \tag{2-26}$$

式(2-25)右端的积分 $\int_{\omega_z} h d\omega_z$ 为曲面 $AB$ 在铅垂平面上的投影面积 $\omega_z$ 对 $ox$ 轴的静矩。由理论力学原理,设 $h_C$ 为投影面积 $\omega_z$ 的形心 $C$ 点在液面下的淹没深度,则 $\int_{\omega_z} h d\omega_z = h_C \omega_z$。因此,曲面水平方向的总压力为:

$$P_x = \gamma h_C \omega_z \tag{2-27}$$

式(2-27)表明,作用在曲面上静水总压力 $P$ 的水平分力 $P_x$ 等于该曲面在 $yoz$ 上的铅垂投影面积 $\omega_z$ 所受的静水总压力。二向曲面的铅垂投影面是矩形平面,故曲面上静水总压力的水平分力的大小、方向和作用点,就可以应用第五节所述的平面上静水总压力计算的解析法或压力图法。

水平分力的作用线,应通过投影平面的压力中心。若曲面 $AB$ 的宽度(垂直于纸面方向)为单位宽度时,$P_x$ 就是铅垂投影面积上压强分布图形的面积;若曲面 $AB$ 的宽度为 $b$,$P_x$ 就是压强分布图形的体积。

式(2-26)右端的积分 $\int_{\omega_x} h d\omega_x$ 代表曲面 $AB$ 及自由水面(或水面的延伸面)之间的柱体体积,以 $V$ 表示,该柱体称为压力体。对于二向曲面,柱体体积为压力体的剖面面积(图中为 $ABCD$ 面积)与柱面长度(垂直于纸面)$b$ 的乘积。因此,曲面铅垂分力 $P_z$ 为:

$$P_z = \gamma \int_{\omega_x} h d\omega_x = \gamma V \tag{2-28}$$

式(2-28)表明,作用在曲面上的静水总压力 $P$ 的铅垂分力 $P_z$ 等于该曲面上的压力体所包含的液体的重力。

铅垂分力 $P_z$ 的作用线通过压力体的体积重心,其方向铅直指向受压面。

值得注意,压力体只是作为计算曲面上铅垂分力的一个数值当量,不一定是由实际液体所构成的。如图 2-15a)所示的曲面,压力体为液体所充实,此时的压力体称为实压力体;但在如

图 2-15b)所示的压力体内并无液体,此时的压力体称为虚压力体,虚压力体的上表面为自由液面的延伸面。

尽管铅垂方向分力 $P_z$ 的大小与液体在曲面哪一侧无关,但 $P_z$ 的方向却与之有关,应根据液体与压力体的关系而定。当液体和压力体位于曲面的同侧[图 2-15a)]时,$P_z$ 的方向向下;当液体与压力体各在曲面一侧[图 2-15b)]时,$P_z$ 的方向向上。对于简单圆柱面,铅垂分力的方向也可以通过作用在曲面的静水总压力的方向确定,即总压力垂直并指向受压作用面。

当曲面为如图 2-15c)所示的凹凸相间的复杂柱面时,可在曲面与铅垂面相切的 $C$ 点将曲面分开,分为 $BC$ 曲面和 $AC$ 曲面,分别确定 $BC$ 曲面和 $AC$ 曲面的压力体及各自曲面铅垂水压力的方向,然后合成,即可得出总压力的铅垂分力方向。

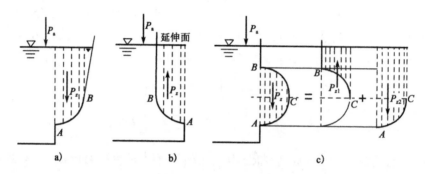

图 2-15 曲面上压力体的类型

求出了 $P_x$ 和 $P_z$ 后,由力的合成定理,便可求出曲面上的静水总压力 $P$ 为:

$$P = \sqrt{P_x^2 + P_z^2} \tag{2-29}$$

## 二、静水总压力的方向

静水总压力 $P$ 与水平面之间的夹角为 $\alpha$(图 2-14),则:

$$\tan\alpha = \frac{P_z}{P_x} \tag{2-30}$$

求得 $\alpha$ 角后,便可确定出 $P$ 的作用线方向。

## 三、静水总压力的作用点

静水总压力 $P$ 的作用线必然通过 $P_x$ 和 $P_z$ 的交点,这个交点不一定在曲面上。过该交点做与水平面交角为 $\alpha$ 的直线,即总压力 $P$ 的作用线,该作用线与曲面的交点 $D$ 就是总压力 $P$ 在曲面 $AB$ 上的作用点。

工程上常用的曲面多为圆柱面,因圆柱面上所有点的静水压强分布构成汇交力系,交点就在圆心,而汇交力系的合力(即总压力 $P$)的作用线也必通过同一点,所以可直接通过圆心做与水平面交角为 $\alpha$ 的总压力 $P$ 的作用线,该作用线与圆柱曲面的交点就是静水总压力的作用点。

当受压面为三向曲面时,曲面不仅在 $yoz$ 平面上有投影,而且在 $xoz$ 平面上也有投影,所以曲面上所受的水平分力,除有与 $x$ 轴方向平行的 $P_x$ 外,还存在与 $y$ 轴方向平行的 $P_y$。$P_y$ 的计

算原理与 $P_x$ 相同,等于曲面在 $xoz$ 平面的投影面上的静水总压力。铅垂分力 $P_z$ 的计算方法则和二向曲面一样。静水总压力应由 $P_x$、$P_y$ 和 $P_z$ 三个分力合成。

[**例 2-6**] 如图 2-16 所示,剖面形状为 3/4 圆的圆柱面 $abcd$。半径 $r=0.8\text{m}$,圆柱面宽为 1.0m,中心点位于水面以下 $h=2.4\text{m}$ 处。求该曲面所受的静水总压力的水平分力 $P_x$ 和铅垂分力 $P_z$。

**解:**将受压曲面分为 $ab$、$bc$ 及 $cd$ 三个曲面分别讨论。

(1) 水平压力

曲面 $bc$ 和 $cd$ 位于相同的水深处,所以它们的水平压力大小相等、方向相反,互相抵消。曲面 $ab$ 上的水平压力等于其铅直投影面 $ao$ 上的静水总压力,其方向向右,大小为:

$$P_x = \gamma\left(h - \frac{r}{2}\right)rb = 9.8 \times \left(2.4 - \frac{0.8}{2}\right) \times 0.8 \times 1.0 = 15.7(\text{kN})$$

(2) 铅垂压力

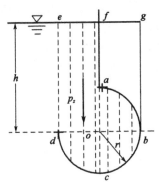

图 2-16 圆柱面上的静水总压力

曲面 $ab$ 上的压力体为 $abgf$,其铅垂方向的静水压力方向向上(虚压力体);曲面 $bc$ 上的压力体为 $cbgf$,其铅垂方向的静水压力方向向下(实压力体);曲面 $cd$ 上的压力体为 $cdef$,其铅垂方向的静水压力方向向下(实压力体)。将以上三部分曲面上的铅垂方向静水压力求代数和,总压力体如图 2-16 所示的阴影线范围,铅垂方向的静水压力方向向下,大小为:

$$P_z = \gamma\left(hr + \frac{3}{4}\pi r^2\right)b = 9.8 \times \left(2.4 \times 0.8 + \frac{3}{4}\pi \times 0.8^2\right) \times 1.0 = 33.59(\text{kN})$$

## 第七节 浮力、浮体及浮体的稳定

### 一、浮力

当物体淹没于静止液体之中时,物体的整个表面均承受液体的压力,因而作用在物体上的静水总压力等于该物体表面上所受静水压力的总和。

如图 2-17 所示,有一任意形状物体完全浸没在静止液体中。根据第六节曲面上静水总压力的计算方法,假定整个物体表面(看作是三维曲面)上的静水总压力可分为水平分力 $P_x$、$P_y$ 和铅垂分力 $P_z$。

取坐标平面 $xoy$ 与液面重合。水平分力 $P_x$ 和 $P_y$ 的计算方法一致,现以 $P_x$ 的计算为例说明。

对于淹没在静止液体中的物体(其表面为封闭曲面),以平行于 $yoz$ 轴的平面将物体表面切成左右两半,平面与物体表面相交于曲线 $abdc$,作用于物体表面的静水总压力的水平分力 $P_x$,应为左右两部分表面水平分力 $P_{x1}$ 和 $P_{x2}$ 之代数和。由于左右两部分表面面积在铅垂平面 $yoz$ 上的投影面积 $\omega_x$ 相等、在液面以下的淹没深度相同,因此作用在物体左右表面上的水平方向的静水压力 $P_{x1}$ 和 $P_{x2}$ 大小相等、方向相反,互相抵消,物体在 $ox$ 轴方向的水平分力 $P_x$ 为零。同理,物体表面在 $oy$ 轴方向的水平分力 $P_y$ 也等于零。

因此,淹没在静止液体中的物体在 $ox$ 轴与 $oy$ 轴方向的静水压力均等于零,物体在静水中不会做水平位移。

为了求解作用在物体上的铅垂方向压力,以与 $xoy$ 坐标面平行的平面(即水平面)将物体表面分为上、下两部分,与物体表面相交封闭曲线 $ebgc$。作用于上半部分曲面的压力体 $V_1$,为实压力体,如图 2-17a)所示,铅垂压力等于该表面以上液体的总重力,即 $P_{z1} = \gamma V_1$,方向向下;作用于下半部分曲面的压力体 $V_2$,为虚压力体,如图 2-17b)所示,铅垂压力 $P_{z2} = \gamma V_2$,方向向上。合成后的压力体为 $V$,如图 2-17c)所示,$V$ 即为物体的体积,则物体所受的铅垂方向静水总压力为:

$$P_z = P_{z2} - P_{z1} = \gamma V \tag{2-31}$$

式(2-31)表明,淹没在静止液体中的物体所受静水总压力的铅垂分力 $P_z$,其大小等于物体在液体中所排开的同体积的液体重力,铅垂分力方向向上。

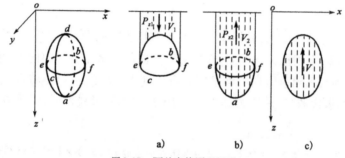

图 2-17 阿基米德原理证明

以上分析说明:作用在淹没物体上的静水总压力只有一个铅垂方向的力,其大小等于物体排开的同体积的液体重力。这便是人们熟悉的阿基米德原理,它是由希腊科学家阿基米德(Archimedes)于公元前 250 年提出的。这个结论是假定物体全部淹没于静止液体中得出的,但对于物体只有一部分淹没于液体中的情况仍然适用。

由于 $P_z$ 方向向上,液体对淹没物体的作用力,也称为浮力。浮力 $P_z$ 的作用点在物体被淹没部分体积的形心(即被物体所排开液体的重心),该点称为浮力中心,简称浮心。由于物体的质量多呈不均匀分布,所以物体的重心与浮心通常是不重合的;只有当物体为均质且整个物体都淹没在水中时,浮心才与重心重合。

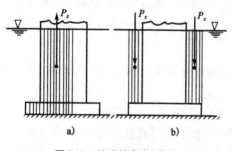

图 2-18 基础所受浮力状况

桥墩、水坝等水工建筑物的基础都有可能遇到液体施加给它们的浮力问题,这与建筑物基础和不透水岩层的结合情况有关。若基础与不透水岩层之间有裂缝时,如图 2-18a)所示,则裂缝部分的底板将构成虚压力体,水工建筑物的基础将受到自下而上的浮力 $P_z$ 作用,这种情况对于建筑物的稳定是不利的;若基础与不透水岩层结合良好无裂缝时,如图 2-18b)所示,则底板不受液体浮力作用,基础上表面构成实压力体,铅垂分力 $P_z$ 方向向下,加大了建筑物的重力,对建筑物稳定是有利的。因此,在工程实际中,应加强建筑物基础与不透水岩层的结合质量或将基础嵌入不透水岩层中,这样能有效消除基础所受的浮力影响,从而增加建筑物的稳定性。

## 二、物体在静止液体中的浮沉

物体在静止液体中,除受重力作用外,还受到液体施加给它的浮力作用。若物体在空气中的自重为 $G$,其体积为 $V$,则物体全部淹没在液体中时,物体所受的浮力为 $\gamma V P_z$。物体在液体中的浮沉取决于物体重力 $G$ 与浮力 $P_z$ 的大小。可能出现下列三种情况:

(1)当 $G > P_z$ 时,物体下沉,直至沉到底部才停止下来,该物体称为沉体。

(2)当 $G = P_z$ 时,物体可以潜没于液体中任何深度而保持平衡,该物体称为潜体。

(3)当 $G < P_z$ 时,物体会上浮,直到部分物体浮出液面,减少其所排开液体的体积,从而使浮力减小。当物体所受浮力与物体重力相等(即 $G = P_z$)时,物体就不再上浮,保持平衡状态。这样漂浮在液体表面的物体称为浮体,例如船舶、浮标等。

## 三、潜体的平衡及其稳定性

潜体的平衡,是指潜体在液体中既不发生上浮或下沉,也不发生转动的平衡状态。假定物体内部质量不均匀,重心和浮心并不在同一位置,这时,潜体在浮力及重力的作用下保持平衡的条件是:

(1)作用于潜体上的浮力和重力相等,即 $G = P_z$。

(2)重力和浮力对任意一点的力矩代数和为零。要满足这一条件,必须使潜体的重心和浮心位于同一条铅垂线上。

潜体平衡的稳定性是指已经处于平衡状态的潜体,因为某种外来干扰使之脱离平衡状态时潜体自身恢复平衡的能力。保持潜体平衡稳定的条件是使物体重心位于浮心之下。当潜体的重心与浮心重合时,潜体处于任何位置都是平衡的,此种平衡状态称为随遇平衡。

## 四、浮体的平衡及其稳定性

浮体的稳定性是指浮体在受外力干扰倾斜后所具有的恢复到原来平衡状态的能力。浮体的平衡条件和潜体一样,但浮体平衡的稳定要求和潜体有所不同。

当物体重心位于浮心之下、浮体发生倾斜后,浮力与重力所形成的力偶使浮体可以恢复平衡状态;但当浮体重心位于浮心之上时,只有在一定的条件下,浮体才能保持稳定。

浮体与液面相交的平面,称为浮面;浮体的最大浸水深度,称为吃水深度。对于质量分布不均匀的物体,浮体的重心与浮心不重合。如图 2-19a)所示为一处于平衡状态的浮体,其重心 $D$ 位于浮心 $C$ 之上。通过重心 $D$ 与浮心 $C$ 的直线 $n-n$ 称为浮轴。在平衡状态下,浮轴为一条铅垂直线。

当浮体受到如风浪等外来作用力干扰时,浮体将发生倾斜,浮体被淹没部分的形状也发生改变,原浮心 $C$ 将偏离浮轴移至新的位置 $C'$ 处,如图 2-19b)所示,此时浮力 $P'_z$ 与原有的浮力 $P_z$ 仍然相等,即 $P'_z = P_z$。通过浮心 $C'$ 的浮力 $P'_z$ 的作用线与浮轴有一交点 $M$,$M$ 称为定倾中心;定倾中心 $M$ 与浮心 $C$ 的距离,称为定倾半径,以 $\rho$ 表示。当浮体倾角 $\alpha$ 较小时($\alpha < 15°$,也有的书上是 $\alpha < 10°$),实用上可近似认为 $C$ 点是绕 $M$ 点做圆弧运动,$M$ 点在浮轴上的位置是不变化的。

假定浮体重心 $D$ 点的位置也保持不变,重心 $D$ 与浮心 $C$ 的距离,称为偏心距,用 $e$ 表示。当 $\rho > e$(即定倾中心高于重心)时,浮体平衡是稳定的,此时浮力与重力所形成的力偶方向与浮体倾斜方向相反，可以使浮体自动恢复到原来的平衡状态，故此力偶称为扶正力偶。当 $\rho < e$（即定倾中心低于重心）时，浮力与重力所形成的力偶方向与浮体倾斜方向一致，该力偶有使浮体倾斜继续增大的趋势，此时的力偶称为倾覆力偶，这种浮体的平衡属于不稳定平衡。当 $\rho = e$（即定倾中心与浮体的重心重合）时，浮力与重力不会形成力偶，浮体将保持倾斜状态而不能恢复到原来的平衡位置，这种浮体的平衡属随遇平衡。

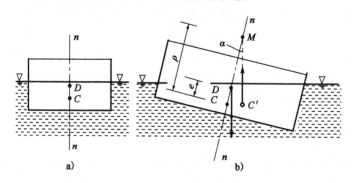

图 2-19 浮体的平衡及稳定性示意

定倾半径 $\rho$ 可以按下式计算：

$$\rho = \frac{I}{V} \quad (\alpha < 15°) \tag{2-32}$$

式中：$V$——浮体浸没的体积，又称为排水量；

$I$——浮面对倾斜时的水平轴（垂直于纸面）的惯性矩。

由上可知，浮体的平衡条件与潜体相同，且能自动满足，即 $G = P_z$。但稳定性条件不同，浮体平衡的稳定条件中可以出现重心高于浮心的情况，这是浮体与潜体的重要区别。但该情况下的定倾中心一定要高于重心，或者说定倾半径大于偏心距。

不难看出，浮体的稳定性还与浮面形状有关。当排水量 $V$ 一定时，浮面越宽，$I$ 越大，浮体稳定性越好；但过宽的船舶灵活性较差，且阻力大，因此，船体设计一般多做成长条形。浮体与潜体的平衡稳定性，对于潜艇、船舶及沉井浮运等都具有重要意义。

[例 2-7] 如图 2-20 所示，钢筋混凝土沉箱长 $L = 6$m，宽 $B = 4$m，高 $H = 5$m，底厚 $\delta = 0.5$m，侧壁厚 $t = 0.3$m，钢筋混凝土的重度 $\gamma_s = 23.5$kN/m³，海水重度 $\gamma = 10.1$kN/m³。试验算沉箱浮运的稳定性。

解：(1) 沉箱重力 $G$：

$$G = \gamma_s [HBL - (H-\delta)(B-2t)(L-2t)]$$
$$= 23.5 \times [5 \times 4 \times 6 - (5-0.5) \times (4-2 \times 0.3) \times (6-2 \times 0.3)]$$
$$= 879 (\text{kN})$$

(2) 沉箱吃水深度 $y$：

由 $G = P_z$（平衡条件）

$$P_z = \gamma V = 10.1 \times (6 \times 4 \times y) = 242.4y$$

得

$$y = \frac{G}{242.4} = \frac{879}{242.4} = 3.63 (\text{m})$$

(3)偏心距 $e$:

浮心 $C$ 距沉箱底的高度:

$$y_C = \frac{y}{2} = \frac{3.63}{2} = 1.82(\text{m})$$

重心 $D$ 距沉箱底的高度 $y_D$:

$$Gy_D = HBL\gamma_s \frac{H}{2} - (H-\delta)(B-2t)(L-2t)\gamma_s \left(\frac{H-0.5}{2}+\delta\right)$$

$$= 5 \times 4 \times 6 \times 23.5 \times \frac{5}{2} - (5-0.5) \times (4-2\times0.3) \times$$

$$(6-2\times0.3) \times 23.5 \times \left(\frac{5-0.5}{2}+0.5\right)$$

得

$$y_D = 1.95(\text{m})$$

$$e = y_D - y_C = 1.95 - 1.82 = 0.13(\text{m}), y_D > y_C。$$

这一计算结果表明沉箱的重心高于浮心,需做平衡稳定性验算。

如图 2-20 所示,沉箱绕其纵轴(长轴)的惯性矩小于绕其横轴(短轴)的惯性矩,因此只需验算绕长轴的平衡稳定性。

绕长轴惯性矩 $\quad I_0 = \frac{LB^3}{12} = \frac{6 \times 4^3}{12} = 32(\text{m}^4)$

沉箱排水量 $\quad V = LBy = 6 \times 4 \times 3.63 = 87.12(\text{m}^3)$

沉箱定倾半径 $\quad \rho = \frac{I_0}{V} = \frac{32}{87.12} = 0.37(\text{m}) > e$

计算结果表明,沉箱在海水中漂浮可满足平衡稳定性条件。

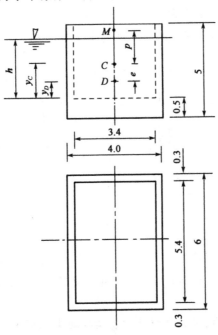

图 2-20 钢筋混凝土沉箱的稳定性(尺寸单位:m)

【习题】

2-1 静水压强有哪些表示方法和计量单位？

2-2 静止液体中某一点压强，为什么可以从该点前、后、左、右方向去测量？测压管安装在容器侧壁处，为什么可以测量液体内部距测压管较远处的静水压强？

2-3 在工程上，为什么采用工程大气压强而不用标准大气压强计量？

2-4 如习题2-4图所示，开口容器内盛装了两种液体，且$\gamma_1 < \gamma_2$，试分析1、2两个测压管中液柱高度的相互关系？

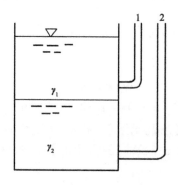

习题2-4图

2-5 如何用图解法对作用在曲面上的静水总压力进行计算？

2-6 试将1.30工程大气压强换算成水柱高度、水银柱高度和千帕(kPa)。

2-7 静水压强分布图与压力体在概念上有什么区别？实压力体和虚压力体如何构成？

2-8 试简述等压面的定义，静止液体等压面有何特性？

2-9 如习题2-9图所示的四个容器，容器的底面积$\omega$相同，盛水的高度$h$也相同，液面均通大气，但由于其形状不同，四个容器内所容纳的水量各不相同，试问水对这四个容器底平面的总压力是否相同？

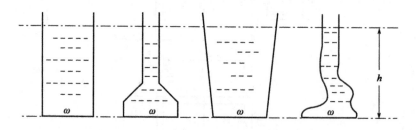

习题2-9图

2-10 如习题2-10图所示，已知大气压强$p_a = 98\text{kPa}$，液体重度$\gamma = 9.8\text{kN/m}^3$，水银重度$\gamma_p = 133.28\text{kN/m}^3$，$y = 20\text{cm}$，$h_p = 10\text{cm}$。求$A$点的绝对压强$p'$、相对压强$p$，并分别用三种度量单位表示。

2-11 如习题2-11图所示，水箱侧壁压力表读数为40.2kPa，压力表中心距水箱底部的高度$h = 4.0\text{m}$，求水箱中的水深$H$。

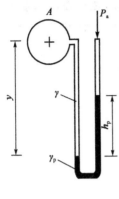

习题 2-10 图

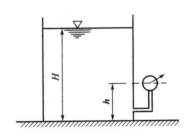

习题 2-11 图

2-12 如习题 2-12 图所示,敞开容器内注有三种不相混的液体,求侧壁三根测压管内液面至容器底部的高度 $h_1$、$h_2$、$h_3$。

2-13 如习题 2-13 图所示,一个长方形平面闸门,高 3m,宽 2m,上游水位高出门顶 3m,下游水位高出门顶 2m,求:

(1) 闸门所受静水总压力的大小及作用点的位置;

(2) 若上下游水位同时上涨 1m 时,总压力作用点是否会有变化?

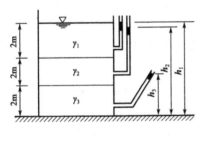

习题 2-12 图

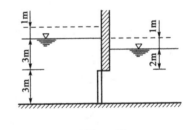

习题 2-13 图

2-14 如习题 2-14 图所示,桥墩施工围堰用钢板桩,当水 $h=5m$ 时,求每米宽板桩所受的静水总压力及其对 $C$ 点的力矩 $M$。

2-15 如习题 2-15 图所示输水涵洞进口,为满足农业灌溉蓄水需要,涵洞进口设圆形平板闸门,其直径 $d=1.0m$,闸门与水平面成 $\alpha=60°$ 倾角,并铰接于 $B$ 点,闸门中心点位于水下 4.0m,闸门重为 $G=980N$。求:当门后无水时,启动闸门的力 $T$(不计摩擦力)。

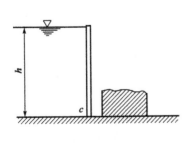

习题 2-14 图

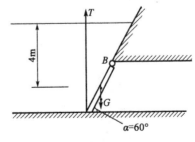

习题 2-15 图

33

2-16 一个圆柱形桥墩,如习题2-16图所示,半径$R=2\text{m}$,埋设在透水层内,其基础为正方形,边长$b=4.3\text{m}$,高$h=2\text{m}$,水深$H=10\text{m}$,试求整个桥墩及基础所受静水总压力。

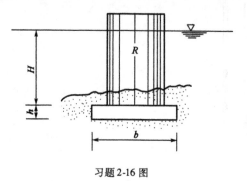

习题2-16图

2-17 如习题2-17图所示平板和曲板,试绘出图中侧壁$AB$的静水压强分布图。

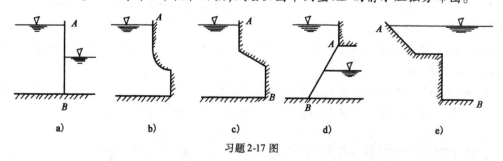

习题2-17图

2-18 如习题2-18图所示不同圆柱体受到静水压强的作用情况,试绘出各圆柱体水平方向和竖直方向的静水压强分布图。

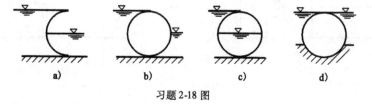

习题2-18图

# 第三章
# 水动力学基本定律

【学习目的与要求】

通过"水动力学基本定律"学习,了解液体运动的基本概念,掌握实际液体恒定总流的三个基本方程,即连续方程、能量方程与动量方程的应用条件及主要问题。

第二章介绍了有关水静力学的基本原理及其应用。但是,无论在自然界还是在工程实际中,经常遇到的还是处于运动状态的液体,如输水管道中的水流、河道或渠道中的水流等,静止的液体只是一种特殊的存在形式。因此,对运动液体进行分析研究,更具有普遍性和实际意义。从本章开始,我们将讨论水动力学的一些基本理论及其应用。

水动力学是水力学的主要部分,本章将介绍水动力学的基本运动定律,以后各章将分别讨论具有边界条件的特定形式的水流现象(有压管流、明渠水流、堰流等),即研究水动力学基本定律在实际工程中的具体应用问题。

液体做机械运动,其运动特性可以用动水压强 $p$、流速 $u$、加速度 $a$ 和切应力 $\tau$ 等物理量来表征,这些物理量通称为液流的运动要素。水动力学的基本任务就是确定这些运动要素随时间和空间的变化规律,建立运动要素之间的关系式,即基本方程,并利用这些基本方程解决工程实际中的水流问题。

液体做机械运动必须遵循物理学及力学中的质量守恒定律、能量守恒定律及动量守恒等普遍规律。本章在介绍液体运动的有关基本概念的基础上,根据运动液体的特点建立描述液体运动规律的三个基本方程,即从质量守恒定律建立水流的连续方程、从能量守恒定律建立水流的能量方程、从动量守恒定律建立水流的动量方程。

由于实际液体具有黏滞性,其运动规律十分复杂,所以工程上通常先以忽略了黏滞性影响的理想液体为研究对象,然后在此基础上进一步探求实际液体的运动规律。

# 第一节 描述液体运动的两种方法

液体流动时,表征运动特性的运动要素一般都随时间和空间变化,而液体又是由无数多质点组成的连续介质。通常描述液体运动的方法有两种:拉格朗日(J. L. Lagrange)法和欧拉(L. Euler)法。

## 一、拉格朗日法

拉格朗日法着眼于液体单个质点的运动情况,观察和分析各个质点的运动历程,通过对每个液体质点运动规律的研究来全面获得整个液体运动的规律。拉格朗日法与一般固体力学中研究质点系运动的方法相同,所以又可称为质点系法。

一般情况下,不同液体质点的运动轨迹及运动要素的变化规律是不同的。为了描述某一质点 $M$ 的运动,通常用起始时刻 $t=t_0$ 时质点 $M$ 的空间位置坐标 $(a,b,c)$ 作为该质点的标识,坐标 $(a,b,c)$ 称为起始坐标;在任一时刻 $t$ 质点所在空间位置坐标为 $(x,y,z)$,该坐标称为运动坐标。则运动坐标可表示为时间 $t$ 与起始坐标 $(a,b,c)$ 的函数,即液体质点的运动方程可表达为:

$$\left.\begin{array}{l} x=x(a,b,c,t) \\ y=y(a,b,c,t) \\ z=z(a,b,c,t) \end{array}\right\} \tag{3-1}$$

式中,$a$、$b$、$c$ 和 $t$ 统称为拉格朗日变量。若给定方程中的 $a$、$b$、$c$ 值,就可以得到某一特定质点的轨迹方程。

对于某一指定液体质点 $M(a,b,c)$,将式(3-1)对时间 $t$ 求一阶导数,在求导过程中 $a$、$b$、$c$ 视为常数,得到该质点的速度在 $x$、$y$、$z$ 坐标轴方向的速度分量,分别用 $u_x$、$u_y$、$u_z$ 表示,则:

$$u_x=\frac{\partial x}{\partial t}, u_y=\frac{\partial y}{\partial t}, u_z=\frac{\partial z}{\partial t} \tag{3-2}$$

将式(3-2)对时间 $t$ 取导数,得到该质点的加速度在 $x$、$y$、$z$ 坐标轴方向的分量,分别用 $a_x$、$a_y$、$a_z$ 表示,则:

$$a_x=\frac{\partial u_x}{\partial t}=\frac{\partial^2 x}{\partial t^2}, a_y=\frac{\partial u_y}{\partial t}=\frac{\partial^2 y}{\partial t^2}, a_z=\frac{\partial u_z}{\partial t}=\frac{\partial^2 z}{\partial t^2} \tag{3-3}$$

拉格朗日法其物理概念明确,但由式(3-2)和式(3-3)可知,按拉格朗日法确定水流中液体质点的速度和加速度等运动要素,必须要事先建立质点的运动方程。由于液体质点的运动轨迹非常复杂,除较简单的个别运动之外,单个质点的运动规律在数学处理上存在难以克服的困难。因此,从实用出发,在水力学中除个别问题(如分析波浪运动)外,一般不采用拉格朗日法,而普遍采用欧拉法。

## 二、欧拉法

欧拉法着眼于不同液体质点经过固定的空间点时的运动情况，综合流场中足够多的空间点上所观察到的运动要素及其变化规律，从而获得整个流场的运动特性。欧拉法以流场为研究对象，所以这种方法又称为流场法。

采用欧拉法描述液体的运动，可以把流场中的任何一个运动要素表示为空间坐标$(x,y,z)$和时间变量$t$的连续函数。例如，任一时刻$t$通过流场中任一空间点$(x,y,z)$的液体质点的流速在$x$、$y$、$z$坐标轴方向的分量可表达为：

$$\left.\begin{aligned} u_x &= u_x(x,y,z,t) \\ u_y &= u_y(x,y,z,t) \\ u_z &= u_z(x,y,z,t) \end{aligned}\right\} \tag{3-4}$$

压强也可以表示成：

$$p = p(x,y,z,t) \tag{3-5}$$

在式(3-4)和式(3-5)中，自变量$x$、$y$、$z$、$t$统称为欧拉变量。如果$x$、$y$、$z$为常量，$t$为变量，则可求得在某一固定空间点上液体质点在不同时刻通过该点的流速的变化情况。如果$t$为常量，$x$、$y$、$z$为变量，则可得到在同一时刻通过不同空间点上的液体质点的流速的分布情况（即流速场）。

用欧拉法描述液体运动，求液体质点的加速度应特别注意：加速度是运动质点的速度对时间的变化率，在时间过程中，液体质点的空间位置$(x,y,z)$是变化的，是在运动过程中所经过的一系列空间位置，应为时间$t$的连续函数，因此加速度应是式(3-4)所表达的速度函数对时间的全导数。例如，$x$方向的加速度分量为：

$$a_x = \frac{\mathrm{d}u_x}{\mathrm{d}t} = \frac{\partial u_x}{\partial t} + \frac{\partial u_x}{\partial x}\frac{\mathrm{d}x}{\mathrm{d}t} + \frac{\partial u_x}{\partial y}\frac{\mathrm{d}y}{\mathrm{d}t} + \frac{\partial u_x}{\partial z}\frac{\mathrm{d}z}{\mathrm{d}t}$$

式中：$\mathrm{d}x$、$\mathrm{d}y$、$\mathrm{d}z$——质点沿其运动轨迹的微小位移在三个坐标轴方向上的分量。

因为

$$\frac{\mathrm{d}x}{\mathrm{d}t} = u_x, \frac{\mathrm{d}y}{\mathrm{d}t} = u_y, \frac{\mathrm{d}z}{\mathrm{d}t} = u_z$$

所以，液体质点加速度的表达式为：

$$\left.\begin{aligned} a_x &= \frac{\mathrm{d}u_x}{\mathrm{d}t} = \frac{\partial u_x}{\partial t} + u_x\frac{\partial u_x}{\partial x} + u_y\frac{\partial u_x}{\partial y} + u_z\frac{\partial u_x}{\partial z} \\ a_y &= \frac{\mathrm{d}u_y}{\mathrm{d}t} = \frac{\partial u_y}{\partial t} + u_x\frac{\partial u_y}{\partial x} + u_y\frac{\partial u_y}{\partial y} + u_z\frac{\partial u_y}{\partial z} \\ a_z &= \frac{\mathrm{d}u_z}{\mathrm{d}t} = \frac{\partial u_z}{\partial t} + u_x\frac{\partial u_z}{\partial x} + u_y\frac{\partial u_z}{\partial y} + u_z\frac{\partial u_z}{\partial z} \end{aligned}\right\} \tag{3-6}$$

式(3-6)中，右端第一项$\frac{\partial u_x}{\partial t}$、$\frac{\partial u_y}{\partial t}$及$\frac{\partial u_z}{\partial t}$称为当地加速度或时变加速度，表示某空间固定点处液体质点速度随时间变化所引起的加速度；右端的后三项称为迁移加速度或位变加速度，表示在时间过程中该液体质点的空间位置变化所引起的加速度。因而，根据欧拉法，液体质点的加速度是由当地加速度和迁移加速度两部分组成。例如，图3-1a)和图3-1b)中两相同水箱在侧壁开口,图3-1a)中接一根逐渐收缩出水管,图3-1b)中接一直径不变的出水管。设图3-1a)中的水箱水位恒定不变,则出水管中任一空间点处的流速均不随时间而变化,即当地加速度均为零。但由于管径沿程变化,管道各截面不同,所以流速亦沿程变化,因而迁移加速度不为零,质点运动的加速度值等于迁移加速度值。若图3-1a)中水箱水位随时间变化,则出水管中各点的时变加速度及位变加速度均不为零,各空间点的加速度值是这两种加速度之和。若图3-1b)中水箱的水位在时间过程中是变化的,则出水管中各空间点处的流速随时间变化,即当地加速度不为零,但由于出水管管径不变,流速亦沿程不变,故迁移加速度为零,各空间点的加速度值等于当地加速度。若图3-1b)中的水箱水位恒定不变,则等直径出水管中各点的当地加速度及迁移加速度均为零,总的加速度便为零。

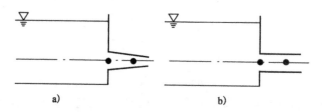

图3-1 液体质点的加速度组成示意

在实际工程中,一般不需要知道液体质点的运动轨迹,只需要明确在某些空间位置上液体的运动情况。因此,欧拉法便成为水力学中用以理论分析的主要方法。

同时,在很多情况下并不需要了解液体所有空间点的运动特性,只需研究整个液体或某一段液体运动的平均特性。因此,通常采用总流法来描述液体的运动。由于研究液体的平均特性相对比较简单,所以总流法在水力学中应用较为广泛。

此外,由于液体的运动十分复杂,单纯用理论分析方法很难获得比较满意的结果,因此常需要利用实验室的模型实验或实际工程的观测结果来验证理论分析的正确性,弥补理论分析的不足。

## 第二节 液体运动的基本概念

由欧拉法出发,可以建立描述液体运动的基本概念。这些概念对深刻认识和了解液体的运动规律非常重要。

### 一、迹线与流线

描述液体运动有两种方法:拉格朗日法是研究个别液体质点在不同时刻的运动情况,欧拉法是描述同一时刻液体质点在不同空间点的运动情况。拉格朗日法引出迹线的概念,欧拉法给出流线的概念。

某一液体质点在运动过程中,不同时刻所流经的空间点所连成的线称为迹线。迹线是液体质点在连续时间内所走过的轨迹线。

流线与迹线不同,流线是液体中不存在的假想的线,是用来反映流速场内瞬时流速方向的曲线。某一瞬时,在流场中画出这样一条光滑曲线,这条曲线上任意一点在该瞬时的速度矢量在该点处与曲线相切,这条曲线就称为该瞬时的一条流线。可见,流线具有瞬时性,表明了某时刻这条曲线上各空间点液体质点的流动方向,如图 3-2 所示,流线上的 1、2、3…各点的流速方向都与该流线相切。

对于一个具体的实际水流,可以根据流线方程或者采用实验方法来绘制它的流线。在流场中绘出一系列同一瞬时的流线,如图 3-3 所示,这些流线构成的图形称为流线图或流谱。流线图反映了整个流场的运动状况,例如在实验室制作一个断面突然扩大的渠道水流模型,在上游的一些点连续向自由表面撒下许多木屑,这些木屑随水流动而排列成一条条的线,每一颗木屑的运动方向,代表了相应水流质点流经各空间点时的流速方向,所以在每一时刻木屑排列成的连线就能代表该时刻和质点流速矢量相切的流线。对于不可压缩液体,流线的疏密程度还可以用来反映该时刻流场中各处流速大小的变化情况,流线密集的地方流速大,流线稀疏的地方流速小。

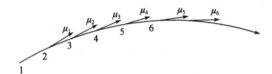
图 3-2 流线的定义

图 3-3 流线图

根据流线的定义,流线具有以下几个基本特性:

(1) 流线是一条光滑的曲线或直线。因为液体是连续介质,运动要素的空间分布为连续函数,液体运动受惯性影响,其速度方向只能是逐渐变化。

(2) 在同一时刻,流场中两条流线不会相交,否则在交点处会出现一个液体质点在同一时刻有两个不同的速度方向。

(3) 通过流场中同一空间点在不同瞬时所绘出的流线是不同的。一般情况下,流速矢量不仅随位置变化,也随时间而变化,即流速 $u=u(x,y,z,t)$。因此,不同时刻,流线的图形可以不同。

根据流线的定义,可以写出流线微分方程。设 $ds$ 为流线上一微小长度,$u$ 为 $ds$ 段起点处的流速。由于 $ds$ 很小,可认为这一微小流段为直线并与 $u$ 重合,故可写为:

$$ds \times u = 0$$

写成坐标表达式为:

$$\begin{vmatrix} i & j & k \\ dx & dy & dz \\ u_x & u_y & u_z \end{vmatrix}$$

式中:$i$、$j$、$k$——$x$、$y$、$z$ 方向的单位矢量。展开后可得到流线的微分方程为:

$$\frac{dx}{u_x} = \frac{dy}{u_y} = \frac{dz}{u_z} \tag{3-7}$$

式中,流速分量 $u_x, u_y, u_z$ 是时间 $t$ 及坐标 ($x$、$y$ 及 $z$) 的函数。

可见,流线与迹线是两个不同的概念,二者不应混淆。一般情况下,流线与迹线的形状也是不同的;但是,当液体的运动要素不随时间而变化时[运动要素只随坐标不同而变化,不随时间而变化,这种流动称为恒定流,即 $u=u(x,y,z)$],流线的位置和形状不随时间变化,流线上的质点速度是沿流线切线方向,质点只能一直沿着这条流线运动而不离开它,则恒定流时流线与迹线重合。

## 二、流管、元流、总流、过水断面

1. 流管

在流场中任取一微小封闭曲线 $L$,通过该封闭曲线上的各点做某一瞬时的流线,由这些流线所构成的封闭管状曲面称为流管,如图 3-4 所示。根据流线的特性,流管的周界可以视为与固体边壁一样,在某一瞬时,液体只能在流管内部或沿流管表面流动,而不能穿越管壁流入或流出。一般情况下,不同瞬时通过同一封闭曲线所画出的流管的形状和位置是有差异的。

2. 元流

当封闭曲线 $L$ 所包围的面积无限小时,充满微小流管内的液流称为元流或微小流束。元流的横断面面积是很小的,一般在其横断面上各点的流速或动水压强可看作是相等的。从元流推导得出的方程,同样适用于一条流线,故常用流线表示元流。

若沿元流的流动方向取坐标轴 $s$,则元流各横断面的流速可以表示为:$u = u(s,t)$。

3. 总流

任何一个实际水流都具有一定规模的边界,这种具有一定大小尺寸的实际水流称为总流。总流可以视为是流场中无限多个元流的总和。

天然河道或管道中的水流,均属于总流。在总流的横断面上,流速和动水压强一般呈不均匀分布。例如,河道中的水流,其横断面上流速分布受边界条件的影响,呈现河中心大、两岸边小、河水面大、河底小的分布规律。

4. 过水断面

与元流或总流的流线相垂直的液流横断面,称为过水断面(对于气体流动,则称为过流断面),其面积用符号 $d\omega$ 或 $\omega$ 表示,称为元流或总流的过水断面面积,单位为 $cm^2$ 或 $m^2$。

根据过水断面的定义,过水断面与流线垂直,液流将不会沿过水断面方向流动。由于元流的过水断面为一无限微小的面,可以认为元流的过水断面为平面。对于总流而言,当水流的所有流线相互平行时,总流过水断面是平面;否则就是曲面,如图 3-5 中所示 1-1 和 2-2 断面。

若元流的过水断面面积为 $d\omega$,则总流的过水断面面积 $\omega$ 为:

$$\omega = \int_\omega d\omega$$

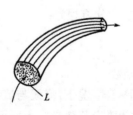

图 3-4 流管与元流

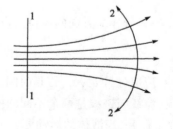

图 3-5 过水断面

### 三、流量、断面平均流速

**1. 流量**

工程上,经常会使用流量这个概念来表示渠道输水量、河流水量、供水和排水管路的输水能力等的大小。

单位时间内通过某一过水断面的液体的数量,称为流量。如果用体积来度量液体的数量,这样的流量称为体积流量,对于元流用 $dQ$ 表示,对于总流用 $Q$ 来表示,常用单位是立方米/秒($m^3/s$);液体的数量如果用质量来度量,这样的流量称为质量流量,元流的质量流量为 $\rho dQ$,总流的质量流量为 $\rho Q$,单位是 kg/s;液体的数量如果用重力来度量,这样的流量称为重力流量,元流的重力流量为 $\gamma dQ$,总流的重力流量为 $\gamma Q$,单位是 N/s。对于液体流动问题,工程上一般采用体积流量,简称流量;实验室中常采用重力流量;对于气体流动问题,则采用质量流量。

对于元流,由于元流过水断面为一无限微小的面积 $d\omega$,可近似认为其过水断面上各点的流速 $u$ 在同一时刻是相同的,方向垂直于过水断面,因此,单位时间内通过元流过水断面的液体体积,即元流的流量为:

$$dQ = u d\omega \tag{3-8}$$

式中:$u$——点流速。

总流的流量等于通过总流过水断面的无限多个元流流量之和,即:

$$Q = \int_\omega u d\omega = \int_\omega dQ \tag{3-9}$$

如果已知过水断面上的流速分布,即可利用式(3-9)计算总流的流量;但是,通常情况下,断面流速分布不容易确定。

**2. 断面平均流速**

由于液体的黏滞性及固体边界的影响,总流过水断面上各点的流速不相同,即过水断面上流速分布是不均匀的,如图 3-6 所示的管道流动,管轴线处的流速最大,越靠近管壁,流速越小。为了表示过水断面上流速的平均情况,引入断面平均流速,用符号 $v$ 表示,工程上所称的流速往往是指断面平均流速。

总流断面平均流速,是一个想象的流速,假想总流同一过水断面上各点的流速都相等并等于断面平均流速 $v$,此时通过的流量与实际流速分布不均匀时通过的流量相等,则流速 $v$ 就称为断面平均流速。

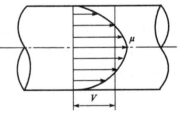

图 3-6 断面平均流速

因而式(3-9)可写为:

$$Q = \int_\omega u d\omega = \omega V$$

由此可见,通过总流过水断面上的流量等于断面平均流速 $v$ 和过水断面面积 $\omega$ 的乘积。即断面平均流速可表示为:

$$v = \frac{Q}{\omega} \tag{3-10}$$

引入断面平均流速是欧拉法的一种科学手段,断面平均流速等于流量与过水断面面积之比。当流量一定时,过水断面面积越大,断面平均流速越小;过水断面面积越小,断面平均流速越大。引入断面平均流速,可将工程实际水流问题简化为一元流动。若沿流程取坐标轴 $s$,则断面平均流速可以表达为:$v=v(s,t)$。

## 第三节 液体运动的分类

在水力学中,为了便于研究,将从不同的角度对液体运动进行类别划分。

### 一、恒定流与非恒定流

用欧拉法描述液体运动时,一般情况下,可将各运动要素表示为空间位置坐标和时间的连续函数。

液体的运动按其运动要素是否随时间而发生变化,可以分为恒定流与非恒定流两类。运动要素不随时间而变化的流动,称为恒定流;反之称为非恒定流。恒定流与非恒定流又称为定常流与非定常流。

1. 恒定流

若流场中的任何空间点上的所有运动要素都不随时间而变化,这种流动称为恒定流。如图 3-1a),当水箱水位恒定时,管道水流中各点的流速和压强等运动要素均不随时间而变化,流速 $u$ 和动水压强 $p$ 仅为空间坐标的函数,即 $u=u(x,y,z)$,$p=p(x,y,z)$。因为恒定流过水断面的面积和流速都不随时间而变化,所以恒定流的流量也不随时间而变化。

恒定流中,所有运动要素仅仅是空间位置坐标 $x$、$y$、$z$ 的连续函数,而与时间 $t$ 无关,例如对流速来说,则有:

$$\frac{\partial u_x}{\partial t} = \frac{\partial u_y}{\partial t} = \frac{\partial u_z}{\partial t} = 0 \tag{3-11}$$

式(3-11)表明,在恒定流中,运动液体的当地加速度等于零,但迁移加速度可以不等于零。因为恒定流中各点的流速矢量不随时间变化,流线的形状和位置均恒定不变,这时流线与迹线在空间上相重合。

2. 非恒定流

如果流场中任何空间点上有任何一个运动要素是随时间而变化的,这种流动称为非恒定流。如图 3-1b),当水箱中的水位逐步下降时,出水管中各点的流速是随时间变化的。非恒定流的运动要素不仅是空间坐标 $x$、$y$、$z$ 的函数,而且也是时间变量 $t$ 的函数。非恒定流中,当地加速度不等于零,且流线的形状随时间变化,因而流线与迹线不相重合。

在恒定流情况下,由于运动要素不随时间变化,欧拉变量中少了一个时间变量 $t$,因而研究液体运动就变得简单很多。一般来说,在自然界和在实际工程中的水流运动多属于非恒定流,极少是真正的恒定流。但多数情况下,当运动要素随时间变化非常缓慢时,可以在一定时间范围内将非恒定流近似作为恒定流来处理。例如,河道或渠道中的水流,当水位变化缓慢时可以视为恒定流。对于河道在汛期水位涨落明显、流速变化显著的洪水流动以及涨潮、落潮时的水流,则只能作为非恒定流问题处理。

本教材将主要研究水流的恒定流动。

## 二、均匀流与非均匀流、渐变流与急变流

在水力学中,根据流线形状及过水断面上的流速分布是否沿流程变化,可将液体流动分为均匀流与非均匀流。

### 1. 均匀流

当流场中的所有流线是相互平行的直线时,该流动称为均匀流,如图 3-7a)所示。均匀流要求液体流动边界必须是直的,而且过水断面形状、尺寸是沿程不变的。如直径不变的长直管道中的水流(进口段除外)、顺直长棱柱形渠道中水深不变的恒定流动等,均属于均匀流。

因均匀流的流线是平行直线,所以均匀流的过水断面为平面,且同一流线上各点的流速大小相等且方向相同,沿流程各过水断面上的流速分布规律相同,断面平均流速也相等。

### 2. 非均匀流

若流场中的流线不是相互平行的直线,这样的流动称为非均匀流。例如,流线虽是直线但不平行,如图 3-7b)所示,液体在管径沿程缓慢均匀扩散或收缩的渐变管中的流动;或者流线虽然平行但不是直线,如图 3-7c)所示,液体在管径不变的弯管中的流动,都属于非均匀流。

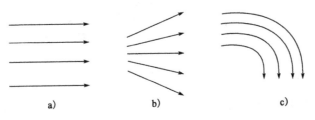

图 3-7　均匀流与非均匀流

需要注意,均匀流(或非均匀流)和恒定流(或非恒定流)是从不同的角度对流动进行的划分,它们是相互独立的。液体的流动可以有恒定均匀流、恒定非均匀流、非恒定均匀流、非恒定非均匀流四种组合,任何一种组合都有可能出现。例如,流量不随时间变化时,在等直径的长、直管段中的管流,是恒定均匀流;在逐渐扩散管中的管流,是恒定非均匀流。当流量随时间而变化时,就分别成为非恒定均匀流和非恒定非均匀流了。在明渠水流中,因为存在自由表面,没有非恒定的均匀流,只可能有恒定均匀流,这时候液体质点做匀速直线运动;对于明渠非均匀流,则恒定流与非恒定流都可能发生。

### 3. 渐变流与急变流

按照液体质点迁移加速度的大小,即根据流线不平行和弯曲的程度,还可以将非均匀流进一步分为渐变流和急变流两种类型。

当流场中的流线虽然不是相互平行的直线,但几乎近似于平行直线的流动,称为渐变流(或缓变流)。渐变流是一种近似的均匀流,其极限情况就是均匀流。如果一个实际水流,其流线之间的夹角很小,或流线的曲率半径很大,则可看作渐变流。渐变流沿程的迁移加速度也很小,惯性力影响可以忽略不计。

若水流的流线之间夹角很大或流线弯曲较大,这种水流称为急变流。在急变流中,惯性力的影响不可忽略。

最后要说明,渐变流与急变流之间的判别没有严格的定量标准,视精度要求进行具体分析。一般情况下,实际水流是渐变流还是急变流与水流的边界有密切关系,当固体边界为近于平行的直线时,水流往往作为渐变流研究;当管道转弯,断面扩大或收缩以及明渠中由于建筑物的存在使水面发生急剧变化时的水流都是急变流(图3-8)。

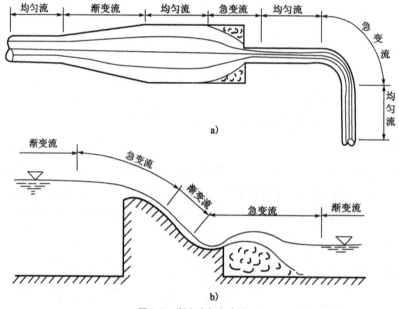

图3-8 渐变流与急变流

## 三、一元流、二元流、三元流

根据流场中各运动要素与多少个空间坐标变量相关联,可把液体的流动分为一元(维)流、二元(维)流和三元(维)流。

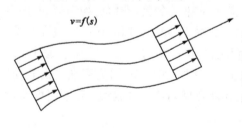

图3-9 一元流

若水流中任一点的运动要素只与一个空间坐标变量(流程坐标 $s$ )有关,这种水流称为一元流。元流就是一元流,如图3-9所示。对于总流,若把过水断面上各点的流速用断面平均流速去代替,而不涉及各空间点的流速时,总流也可看作一元流。

如果在水流中任意取一过水断面,断面上任一点的流速除了随断面位置变化外,还与另外一个空间坐标变量有关,这种流场中任一点的流速和两个空间坐标变量有关的水流称为二元流。例如,一非常宽阔的矩形断面渠道(图3-10),两侧边界影响可以忽略不计时,水流中任一点的流速与两个空间位置变量有关,分别是决定断面位置的 $x$ 坐标和该点在断面上距渠底的铅垂距离 $y$ ,而沿横向( $z$ 方向)流速是没有变化的。因而平行于流动方向的各纵向剖面的流动状况基本相同,这种流动又称为平面流动。又如图3-11所示的圆管中的流动,任一点的流速与管轴方向的 $x$ 坐标和该点距管轴心线的距离有关,这种流动又称为轴对称流动。

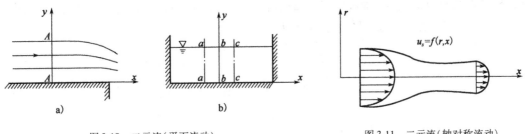

图 3-10 二元流(平面流动)　　　　图 3-11 二元流(轴对称流动)

若流场中任一点的运动要素与三个空间坐标变量有关,这种水流称为三元流。严格地说,任何实际液体的运动都是三元流。研究运动要素在三个空间坐标方向的变化是非常复杂的问题,而且还会遇到数学上的困难,所以水力学常引入断面平均流速的概念,把总流简化为一元流。实践证明,工程中的一般水力学问题,把水流视为一元流处理是可以满足生产要求的。

### 四、有压流与无压流

按照液体流动的边界条件和产生运动的力的性质不同,可将水流分为无压流和有压流。

当液体完全充满输水管道所有横断面,管道中的水流不直接与空气相接触,没有自由表面(液体与气体的交界面,且自由表面上的表面压强为大气压强),整个管壁都受到液体压力的作用,过水断面上的压强一般不等于大气压强,这样的水流称为有压流(有压管流)。有压流动主要是依靠两端的压力差。在有压管流中,液流由于受到边界条件(管道)的约束,过水断面的大小和形状固定不变,流量变化只会引起压强和流速的变化,水力计算主要是探讨流量 $Q$、流速 $v$ 和压强 $p$ 三者的关系。

天然河道、人工渠道以及具有自由表面的排水管中液体的流动,具有与气体接触的自由表面,其表面压强等于大气压强(即相对压强等于零),这种水流称为无压流,又称为明渠水流。无压流动受液体重力作用。无压流的特性与有压流不同,当流量变化时,其过水断面的大小、形状均可随之改变,流速和压强的变化表现为水深的变化,因而无压流动比有压流动复杂。

## 第四节　连　续　方　程

液体运动和其他物质运动一样,必须遵循质量守恒的普遍规律。由于水流本身的特点,质量守恒定律在水流运动中有其特殊的表现形式,即水流的连续方程。

### 一、连续微分方程

将质量守恒定律应用于流场中任一微元空间,可以建立液体三元流动的连续方程。该方程具有普遍性,对恒定流或非恒定流都适用。

假定流体连续地充满着整个流场,从中任取一以 $o'(x,y,z)$ 点为中心的空间六面体作为控制体(图 3-12)。控制体的边长为 $dx$、$dy$、$dz$,分别平行于直角坐标轴 $x$、$y$、$z$。设控制体中心点处流速的三个分量分别为 $u_x$、$u_y$、$u_z$,液体密度为 $\rho$。将各流速分量按泰勒级数展开,并略去高阶微量,可得到该时刻通过控制体六个表面中心点的液体质点的运动速度。例如,通过控制体前表面中心点 $M$ 的质点在 $x$ 方向的分速度为:

$$u_x + \frac{1}{2}\frac{\partial u_x}{\partial x}dx$$

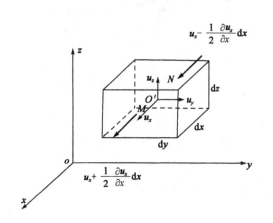

图3-12 三元流的连续微分方程

通过控制体后表面中心点 $N$ 的质点在 $x$ 方向的分速度为:

$$u_x - \frac{1}{2}\frac{\partial u_x}{\partial x}dx$$

因所取控制体无限小,故认为在其各表面上的流速均匀分布。所以,单位时间内沿 $x$ 轴方向流入控制体的质量为:

$$\left[\rho u_x - \frac{1}{2}\frac{\partial(\rho u_x)}{\partial x}dx\right]dydz$$

流出控制体的质量为:

$$\left[\rho u_x + \frac{1}{2}\frac{\partial(\rho u_x)}{\partial x}dx\right]dydz$$

于是,单位时间内在 $x$ 方向流出与流入控制体的质量差为:

$$\left[\rho u_x + \frac{1}{2}\frac{\partial(\rho u_x)}{\partial x}dx\right]dydz - \left[\rho u_x - \frac{1}{2}\frac{\partial(\rho u_x)}{\partial x}dx\right]dydz = \frac{\partial(\rho u_x)}{\partial x}dxdydz$$

同理可得,在单位时间内沿 $y$ 和 $z$ 方向流出和流入控制体的质量差为:

$$\frac{\partial(\rho u_y)}{\partial y}dxdydz \quad 和 \quad \frac{\partial(\rho u_z)}{\partial z}dxdydz$$

由连续介质的假定,并根据质量守恒定律可知:单位时间内流出与流入控制体的液体质量差的总和应等于该六面体在单位时间内减少的质量。控制体的体积 $dxdydz$ 为取定的值,所以:

$$\left[\frac{\partial(\rho u_x)}{\partial x} + \frac{\partial(\rho u_y)}{\partial y} + \frac{\partial(\rho u_z)}{\partial z}\right]dxdydz = -\frac{\partial}{\partial t}(\rho dxdydz) = -\frac{\partial \rho}{\partial t}dxdydz$$

整理得:

$$\frac{\partial \rho}{\partial t} + \frac{\partial(\rho u_x)}{\partial x} + \frac{\partial(\rho u_y)}{\partial y} + \frac{\partial(\rho u_z)}{\partial z} = 0 \tag{3-12}$$

式(3-12)即为连续微分方程的一般形式。

对于恒定流,$\frac{\partial \rho}{\partial t}=0$,式(3-12)改写为:

$$\frac{\partial(\rho u_x)}{\partial x} + \frac{\partial(\rho u_y)}{\partial y} + \frac{\partial(\rho u_z)}{\partial z} = 0 \tag{3-13}$$

对于均质不可压缩的液体,$\rho$ 为常数,则不论恒定流或非恒定流,下式均成立,即:

$$\frac{\partial u_x}{\partial x} + \frac{\partial u_y}{\partial y} + \frac{\partial u_z}{\partial z} = 0 \tag{3-14}$$

式(3-14)就是均质不可压缩液体运动的连续微分方程。该方程中没有涉及运动液体所受的任何形式的力,仅给出了通过任一空间固定点的液体在三个坐标轴向流速分量的关系,所以该微分方程是运动学方程。方程表明,对于均质不可压缩的液体,单位时间、单位体积空间内流入与流出的液体体积之差为零,即液体体积守恒。

同时,式(3-12)、式(3-13)及式(3-14)对于理想液体和实际液体都适用。

对于二元流动,例如渠道平面流动,因为$\frac{\partial u_z}{\partial z}=0$,所以连续微分方程式(3-14)可改写为:

$$\frac{\partial u_x}{\partial x}+\frac{\partial u_y}{\partial y}=0$$

## 二、恒定一元流的连续方程

### 1. 恒定元流的连续方程

在恒定元流中取过水断面1-1和2-2之间的液体作为控制体,如图3-13所示。令过水断面1-1的面积为$d\omega_1$,流速为$u_1$,过水断面2-2的面积为$d\omega_2$,流速为$u_2$。由于:①在恒定流条件下,元流的形状和位置不随时间而变化,从而控制体的形状及位置亦不随时间而变化;②液体是不可压缩的连续介质,$\rho_1$、$\rho_2$为常数;③液体不可能穿越元流管壁流入或流出。根据质量守恒定律,单位时间内流进$d\omega_1$的液体质量等于流出$d\omega_2$的液体质量,即:

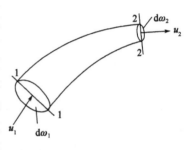

图3-13 元流

$$\rho_1 u_1 d\omega_1 = \rho_2 u_2 d\omega_2 = 常数 \tag{3-15}$$

化简后得:

$$u_1 d\omega_1 = u_2 d\omega_2 = dQ = 常数 \tag{3-16}$$

或

$$dQ_1 = dQ_2 = dQ \tag{3-17}$$

式(3-16)和式(3-17)即为不可压缩液体恒定一元流的连续方程。

式(3-16)表明,对于不可压缩液体,恒定元流流速的大小与其过水断面面积呈反比。由此可以说明流线的疏密与流速的大小之间的关系,即流线密集的地方流速大,流线稀疏的地方流速小。式(3-17)表明,通过恒定元流的任一过水断面的流量相等。

### 2. 恒定总流的连续方程

总流是流场中无限多个元流的总和,只要将元流的连续方程在总流过水断面上积分,即可得到总流的连续方程:

$$\int_\omega dQ = \int_{\omega_1} u_1 d\omega_1 = \int_{\omega_2} u_2 d\omega_2 = Q$$

代入断面平均流速,上式可写为:

$$v_1 \omega_1 = v_2 \omega_2 = Q = 常数 \tag{3-18}$$

或

$$Q_1 = Q_2 = Q \tag{3-19}$$

式(3-18)和式(3-19)即为不可压缩液体恒定总流的连续方程,式中$v_1$和$v_2$分别为总流过水断面$\omega_1$和$\omega_2$的断面平均流速。式(3-18)表明,对于不可压缩液体的恒定总流,任意两个过水断面的断面平均流速与过水断面面积呈反比。式(3-19)表明,不可压缩液体的恒定总流流量沿程不变;也就是说,上游断面流进多少流量,下游任何断面也必然流走多少流量。

连续方程是水力学三个基本方程之一，它总结和反映了水流的过水断面面积与断面平均流速沿程变化的规律性。

无论是元流连续方程还是总流连续方程，由于未涉及作用力，则元流和总流的连续方程都是运动学方程，对于理想液体或实际液体都是适用的。连续方程对于有压管流，即使是非恒定流，对于同一时刻的两过水断面仍然适用。当然，非恒定有压管流中的流速和流量要随时间而变化。

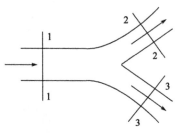

图3-14 三通管

**3. 有分流或汇流时的恒定总流连续方程**

式(3-18)和式(3-19)的连续方程只适用于一股总流。若水流沿程有分流，如图3-14所示，则控制体选在分流之前的过水断面1-1和分流之后的过水断面2-2及3-3之间。根据质量守恒定律，流入控制体的流量应等于流出控制体的流量，即：

$$Q_1 = Q_2 + Q_3 \tag{3-20}$$

同理，由流入控制体的流量应等于流出控制体的流量，也可以得出水流汇流时的连续方程。

[**例3-1**] 如图3-15所示，在一个三通管中的恒定有压水流，各管段均为变直径管道。已知：过水断面1-1、2-2、3-3和4-4处的管径分别为$d_1$、$d_2$、$d_3$和$d_4$，过水断面1-1和4-4的断面平均流速分别为$v_1$和$v_4$。求通过过水断面3-3和4-4的流量$Q_3$和$Q_4$以及断面2-2和3-3的平均流速$v_2$和$v_3$。

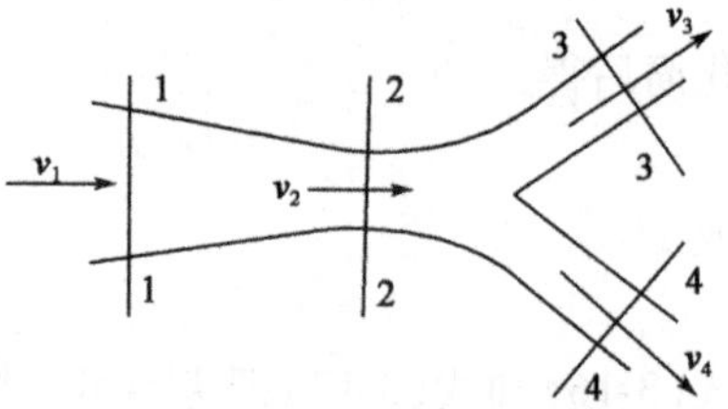

**解：** 根据已知过水断面1-1和4-4的断面尺寸和断面平均流速，计算两断面所通过的流量：

$$Q_1 = v_1 \omega_1 = v_1 \frac{\pi d_1^2}{4}$$

$$Q_4 = v_4 \omega_4 = v_4 \frac{\pi d_4^2}{4}$$

图3-15 三通管出流

取过水断面1-1到3-3和4-4之间的流段为控制体，则根据连续方程有：

$$Q_1 = Q_2 = Q_3 + Q_4$$

所以

$$Q_3 = Q_1 - Q_4 = v_1 \frac{\pi d_1^2}{4} - v_4 \frac{\pi d_4^2}{4} = \frac{\pi}{4}(v_1 d_1^2 - v_4 d_4^2)$$

于是，过水断面3-3的断面平均流速为：

$$v_3 = \frac{Q_3}{\omega_3} = \frac{4Q_3}{\pi d_3^2}$$

将$Q_3$值代入得：

$$v_3 = \frac{v_1 d_1^2 - v_4 d_4^2}{d_3^2}$$

又以过水断面1-1到2-2之间的流段为控制体，则有：

$$Q_1 = Q_2$$

得2-2断面的断面平均流速为：

$$v_2 = \frac{Q_2}{\frac{1}{4}\pi d_2^2} = \frac{Q_1}{\frac{1}{4}\pi d_2^2} = v_1 \frac{d_1^2}{d_2^2}$$

## 第五节 理想液体的运动微分方程(欧拉运动微分方程)

连续方程只说明了断面平均流速与过水断面面积的关系,是一个运动学方程。从本节开始将进一步从动力学的观点来讨论液体运动各运动要素之间的关系。

根据牛顿第二定律,通过分析作用在理想液体上的作用力与运动要素之间的关系,建立理想液体的欧拉运动微分方程,可以表示出理想液体质点的运动情况。

设在运动理想液体中任取一个以 $o'(x',y',z')$ 点为中心的微小六面体所包围的液体微团,其边长分别为 $dx$、$dy$、$dz$,且分别平行于坐标轴 $x$、$y$、$z$,如图 3-16 所示。

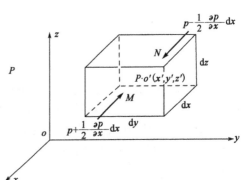

图 3-16 欧拉运动微分方程

首先对所取液体进行受力分析。作用于液体微团上的力有表面力和质量力。

(1)表面力

因为讨论的是理想液体,所以液体微团所受的表面力不存在平行于作用面的切力,而只有垂直于作用面的压力。为此先要确定六面体各面上的动水压强。设六面体中心 $o'$ 点的动水压强为 $p(x,y,z,t)$,动水压强是空间坐标与时间变量的连续函数,当坐标有微小变化时,压强也发生相应变化。将动水压强按泰勒级数展开,并略去高阶微量,可得液体微团各个侧面中心点的压强。如图 3-16 中,六面体前表面中心点 $M$ 的压强为 $p + \frac{1}{2}\frac{\partial p}{\partial x}dx$,六面体后表面中心点 $N$ 的压强为 $p - \frac{1}{2}\frac{\partial p}{\partial x}dx$。因微小六面体的各面面积很微小,可用其形心点压强代表整个微小面积上的压强,则六面体前表面和后表面上的压力分别为 $(p + \frac{1}{2}\frac{\partial p}{\partial x}dx)dydz$ 和 $(p - \frac{1}{2}\frac{\partial p}{\partial x}dx)dydz$。同理,也可写出作用在微小六面体其他四个面上的压力表达式。

(2)质量力

微小六面体中的液体质量为 $\rho dxdydz$。作用于液体微团上 $x$、$y$、$z$ 三个坐标轴方向的单位质量力分别为 $X$、$Y$、$Z$,则三个方向的总质量力分别为 $X\rho dxdydz$、$Y\rho dxdydz$ 和 $Z\rho dxdydz$。

令 $o'(x',y',z')$ 点的流速分量分别为 $u_x$、$u_y$、$u_z$,根据牛顿第二定律,作用于液体微团上的所有外力在某轴向的投影代数和等于该液体微团的质量乘以加速度在该轴方向的投影。于是,在 $x$ 方向上有:

$$(p - \frac{1}{2}\frac{\partial p}{\partial x}dx)dydz - (p + \frac{1}{2}\frac{\partial p}{\partial x}dx)dydz + X\rho dxdydz = \rho dxdydz \frac{du_x}{dt}$$

等式两端各项同时除以 $\rho dxdydz$,整理得:

$x$ 方向的液体运动微分方程

$y$ 方向的液体运动微分方程

$z$ 方向的液体运动微分方程

$$\left. \begin{array}{l} X - \dfrac{1}{\rho}\dfrac{\partial p}{\partial x} = \dfrac{\mathrm{d}u_x}{\mathrm{d}t} \\[4pt] Y - \dfrac{1}{\rho}\dfrac{\partial p}{\partial y} = \dfrac{\mathrm{d}u_y}{\mathrm{d}t} \\[4pt] Z - \dfrac{1}{\rho}\dfrac{\partial p}{\partial z} = \dfrac{\mathrm{d}u_z}{\mathrm{d}t} \end{array} \right\} \quad (3\text{-}21)$$

式(3-21)中右端加速度项应同时包括当地加速度和迁移加速度,因而上式又可写为:

$$\left. \begin{array}{l} X - \dfrac{1}{\rho}\dfrac{\partial p}{\partial x} = \dfrac{\partial u_x}{\partial t} + u_x\dfrac{\partial u_x}{\partial x} + u_y\dfrac{\partial u_x}{\partial y} + u_z\dfrac{\partial u_x}{\partial z} \\[4pt] Y - \dfrac{1}{\rho}\dfrac{\partial p}{\partial y} = \dfrac{\partial u_y}{\partial t} + u_x\dfrac{\partial u_y}{\partial x} + u_y\dfrac{\partial u_y}{\partial y} + u_z\dfrac{\partial u_y}{\partial z} \\[4pt] Z - \dfrac{1}{\rho}\dfrac{\partial p}{\partial z} = \dfrac{\partial u_z}{\partial t} + u_x\dfrac{\partial u_z}{\partial x} + u_y\dfrac{\partial u_z}{\partial y} + u_z\dfrac{\partial u_z}{\partial z} \end{array} \right\} \quad (3\text{-}22)$$

式(3-21)和式(3-22)均称为理想液体的运动微分方程,又称欧拉运动微分方程。该方程对于恒定流与非恒定流、不可压缩流体或可压缩流体均适用。

当液体所受外力的合力为零时,即 $\mathrm{d}u_x/\mathrm{d}t = \mathrm{d}u_y/\mathrm{d}t = \mathrm{d}u_z/\mathrm{d}t = 0$,则得欧拉平衡微分方程。当液体所受的质量力只有重力时,对欧拉平衡微分方程进行积分,可得到 $z + p/\gamma =$ 常数,或 $z_1 + p_1/\gamma = z_2 + p_2/\gamma$。

由于质量力通常是已知的,所以欧拉运动微分方程中,有 $p$、$u_x$、$u_y$ 和 $u_z$ 四个未知量。如果与液体的连续微分方程(3-14)联立,通过四个偏微分方程组成的方程组,可求出这四个未知量。但由于方程是非线性偏微分方程,而且液体运动的初始条件及边界条件通常很复杂,因此这一方程组只有在很简单的情况下才能求解。最简单的情况就是水力学中的恒定一元流,在这种情况下,微分方程组的积分式称为伯诺里积分,详见第六节内容。

## 第六节 恒定元流的能量方程

由于水流运动过程是在一定条件下的能量转化过程,因此水流各运动要素之间的关系可以通过分析水流的能量守恒规律求得。水流的能量方程就是能量守恒定律在水流运动中的具体表现。

### 一、理想液体恒定元流的能量方程

理想液体的能量方程,可以通过在特定条件下求解欧拉运动微分方程得到。特定条件分别为:

(1)液流为恒定流,即:

$$\frac{\partial u_x}{\partial t} = \frac{\partial u_y}{\partial t} = \frac{\partial u_z}{\partial t} = \frac{\partial p}{\partial t} = 0$$

因而压强 $p = p(x,y,z)$ 的全微分为:

$$\frac{\partial p}{\partial x}\mathrm{d}x + \frac{\partial p}{\partial y}\mathrm{d}y + \frac{\partial p}{\partial z}\mathrm{d}z = \mathrm{d}p$$

(2)均质不可压缩液体，$\rho$ = 常数。

(3)质量力有势，即质量力的力场是保守力场，设 $U(x,y,z)$ 为质量力势函数，则：

$$X = \frac{\partial U}{\partial x}, Y = \frac{\partial U}{\partial y}, Z = \frac{\partial U}{\partial z}$$

对于恒定的有势质量力，

$$X\mathrm{d}x + Y\mathrm{d}y + Z\mathrm{d}z = \frac{\partial U}{\partial x}\mathrm{d}x + \frac{\partial U}{\partial y}\mathrm{d}y + \frac{\partial U}{\partial z}\mathrm{d}z = \mathrm{d}U$$

(4)沿流线积分。

在恒定流条件下，通过同一空间点的流线和迹线重合，沿流线(亦即迹线)取微小位移 $\mathrm{d}s$ $(\mathrm{d}x,\mathrm{d}y,\mathrm{d}z)$，则有：

$$\frac{\mathrm{d}x}{\mathrm{d}t} = u_x, \frac{\mathrm{d}y}{\mathrm{d}t} = u_y, \frac{\mathrm{d}z}{\mathrm{d}t} = u_z$$

上述四个积分条件称为伯诺里积分条件。将 $\mathrm{d}x$、$\mathrm{d}y$、$\mathrm{d}z$ 分别乘以欧拉运动微分方程(3-21)中的三个方程后，相加得：

$$(X\mathrm{d}x + Y\mathrm{d}y + Z\mathrm{d}z) - \frac{1}{\rho}\left(\frac{\partial p}{\partial x}\mathrm{d}x + \frac{\partial p}{\partial y}\mathrm{d}y + \frac{\partial p}{\partial z}\mathrm{d}z\right) = \frac{\mathrm{d}u_x}{\mathrm{d}t}\mathrm{d}x + \frac{\mathrm{d}u_y}{\mathrm{d}t}\mathrm{d}y + \frac{\mathrm{d}u_z}{\mathrm{d}t}\mathrm{d}z$$

利用上述四个积分条件得：

$$\mathrm{d}U - \frac{1}{\rho}\mathrm{d}p = u_x\mathrm{d}u_x + u_y\mathrm{d}u_y + u_z\mathrm{d}u_z = \frac{1}{2}\mathrm{d}(u_x^2 + u_y^2 + u_z^2) = \mathrm{d}\left(\frac{u^2}{2}\right)$$

因 $\rho$ 为常数，故上式又可以写为：

$$\mathrm{d}\left(U - \frac{p}{\rho} - \frac{u^2}{2}\right) = 0$$

积分得：

$$U - \frac{p}{\rho} - \frac{u^2}{2} = 常数 \tag{3-23}$$

式(3-23)即为欧拉运动微分方程的伯诺里积分。它表明：对于均质不可压缩的理想液体，在有势质量力作用下作恒定流动时，同一条流线上的 $(U - p/\rho - u^2/2)$ 值保持不变，该常数值称为伯诺里积分常数。对于流场中的不同流线，伯诺里积分常数一般是不相同的。

当恒定元流的过水断面面积 $\mathrm{d}\omega \to 0$ 时，元流便是流线，所以式(3-23)也适用于元流。

若作用在恒定元流理想液体上的质量力只有重力时，令 $z$ 轴铅垂向上为正方向，则有：

$$U = -gz$$

将它代入式(3-23)，可得：

$$gz + \frac{p}{\rho} + \frac{u^2}{2} = 常数 \tag{3-24}$$

将各项同时除以 $g$，并注意到 $\gamma = \rho g$，则有：

$$z + \frac{p}{\gamma} + \frac{u^2}{2g} = 常数 \tag{3-25}$$

对重力作用下的理想液体恒定元流任意两个过水断面或同一流线上的任意两点，均有：

$$z_1 + \frac{p_1}{\gamma} + \frac{u_1^2}{2g} = z_2 + \frac{p_2}{\gamma} + \frac{u_2^2}{2g} \tag{3-26}$$

式(3-26)就是不可压缩理想液体恒定元流或流线的能量方程。该式是由瑞士数学家和水力学家伯诺里(Bernoulli)于1738年首先推导出来的,在水力学中习惯称为理想液体恒定元流的伯诺里方程。

## 二、理想液体恒定元流能量方程的意义

1. 物理意义

理想液体恒定元流能量方程反映了能量守恒与转化定律。

液体中某一点处的几何高度 $z$ 表示相对于基准面的位置。在建立伯诺里方程过程中,用 $\rho g dx dy dz$ 除以方程两端的各项,所以 $z$ 代表单位重力液体具有的相对于基准面(即 $z=0$ 的水平面)的位置势能,简称为单位位能。$p/\gamma$ 代表单位重力液体具有的动水压力势能,简称为单位压能。由于 $z$ 和 $p/\gamma$ 反映的是单位重力液体具有的能量,也简称为比位能和比压能,两项的和 $(z+p/\gamma)$ 代表单位重力液体所具有的总势能,称为比势能,用 $H_p$ 表示。在运动液体中,除了具有位能和压能之外,液体还具有动能。$u^2/(2g)$ 可以改写为:$mu^2/(2mg) = mu^2/(2mg)$,可见,$u^2/(2g)$ 是单位重力液体具有的动能,简称为单位动能或比动能。$[z+p/\gamma+u^2/(2g)]$ 表示单位重力液体所具有的比势能与比动能之和,称为单位重力液体的总机械能。

式(3-26)的左右两端分别代表理想液体恒定元流(或同一流线)上任意所取的两个过水断面(或两点)单位重力液体所具有的总机械能(位能、压能和动能)。因而,不可压缩理想液体恒定元流的能量方程表明,恒定流元流不同的过水断面上,单位重力液体所具有的总机械能沿流程保持不变,即机械能守恒,但各种能量又是可以相互转化的。由此可见,伯诺里方程实质上就是物理学中能量守恒定律在水力学中的一种表现形式。

2. 几何意义

理想液体恒定元流能量方程中的每一项都具有长度的量纲。由量纲分析可知,$[z]=L$,$\left[\dfrac{p}{\gamma}\right] = \dfrac{[MLT^{-2}/L^2]}{[MLT^{-2}/L^3]} = [L]$,$\left[\dfrac{u^2}{2g}\right] = \dfrac{[L/T]^2}{[L/T^2]} = [L]$,因而可以用几何高度来表示能量方程中的各项。称 $z$ 为位置高度(或位置水头),$p/\gamma$ 为压强高度(或压强水头),$u^2/(2g)$ 为流速高度(或流速水头)。

位置水头 $z$ 表示元流过水断面上某点相对于某基准面的位置高度。当 $p$ 为相对压强时,压强水头 $p/\gamma$ 表示测压管中液柱高度(测压管内自由液面到测点之间的高差)。流速水头 $u^2/(2g)$ 是指不计空气阻力时,液体以初速度 $u$ 垂直向上喷射到空气中所能达到的理论高度。

式(3-25)或式(3-26)表明,理想液体的三种形式水头在流动过程中可以相互转化,但总水头沿流程不变。

上面讨论的是没有黏滞性的理想液体,因为没有黏滞性的存在,液体不需要克服内摩擦力作功而消耗能量,所以运动液体的总机械能沿程保持不变。

## 三、实际液体恒定元流的能量方程

由于实际液体都具有黏滞性,在流动过程中,其内部会产生内摩擦阻力,液体运动时为克服阻力要消耗一定的机械能,使之转化为热能而耗散掉,因此液流的总机械能沿程减小,对机械能来说即存在着能量损失。

令 $h'_w$ 为元流中单位重力液体从过水断面1-1流至过水断面2-2所损失的机械能,则能量

方程可以写为：

$$z_1 + \frac{p_1}{\gamma} + \frac{u_1^2}{2g} = z_2 + \frac{p_2}{\gamma} + \frac{u_2^2}{2g} + h_w' \tag{3-27}$$

式(3-27)就是考虑能量损失的不可压缩实际液体恒定元流的能量方程。式中，$h_w'$称为元流的水头损失(或比能损失)，也具有长度的量纲。

## 第七节 水头线和水头线坡度

### 一、水头线图

由于能量方程中的各项都具有长度的量纲，于是以水头为纵坐标，按一定比例尺沿流程把各过水断面的 $z$、$p/\gamma$ 和 $u^2/(2g)$ 分别绘于图上，这种直观表示液体运动过程中各种水头(能量)沿程变化规律的图形称为水头线图。

1. 测压管水头线

如图3-17所示的一段元流，在元流的各个过水断面上分别设置测压管和测速管。任选一水平面0-0作为基准面，元流中心线上各点到0-0线的竖向距离则为该点的位置水头 $z$。元流各个过水断面的测压管液面上升高度即为 $p/\gamma$，液柱的液面距基准面的高度为该过水断面的位置水头与压强水头之和，即比势能 $(z+p/\gamma)$，称为测压管水头，将所有过水断面上的测压管水面相连可以得到一条测压管水头线($H_p$线)。

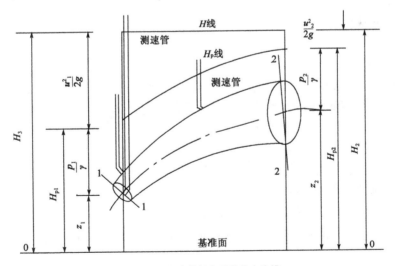

图3-17 理想液体恒定元流的水头线

2. 总水头线

用测速管可测得各断面的流速水头，测速管液面比液压管液面高 $u^2/(2g)$，则测速管中液面距基准面的高度等于测压管水头再加上流速水头，即 $z+p/\gamma+u^2/(2g)$，称为总水头，连接各过水断面的测速管液面可以得到一条总水头线($H$线)。测压管水头线所表示的是元流各断面的比势能沿流程的变化情况，总水头线表示元流各断面总比能 $[z+p/\gamma+u^2/(2g)]$ 的沿程变化情况。

图 3-17 所示为理想液体恒定元流的水头线图。对于理想液体，不考虑水头损失，总水头线为一水平线。由于实际液体的总机械能在流动过程中是沿程减小的，所以实际液体的总水头线总是一条沿程下降的线（直线或曲线）（图 3-18）。因比势能与比动能之间可以互相转化，则测压管水头线可能是上升的线（直线或曲线），也可能是下降的线（直线或曲线），甚至可能是一条水平线，其变化趋势取决于势能与动能相互转化的具体情况。当流速沿流程不变时，测压管水头线才与总水头线平行。

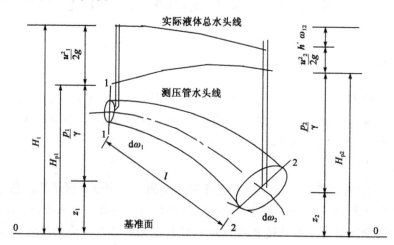

图 3-18　实际液体恒定元流的水头线

## 二、水头线坡度

### 1. 水力坡度 $J$

实际液体流动的总水头沿流程的降低值与流程长度之比，称为总水头线坡度，也称为水力坡度（即总水头线向下倾斜的陡缓程度），表示单位重力液体在单位流程上的水头损失，用 $J$ 表示，即：

$$J = -\frac{d}{dL}\left(z + \frac{p}{\gamma} + \frac{u^2}{2g}\right) = \frac{dh'_w}{dL} \tag{3-28}$$

式中：$dL$——沿流程的微元长度；

$dh'_w$——在 $dL$ 距离上的单位重力液体的水头损失。

由于总水头沿程总是减小的（即 $d[z + p/\gamma + u^2/(2g)]$ 只能为负），为使 $J$ 永远为值，上式中取负号。

当总水头线为曲线时，其水力坡度为变值，用式（3-28）计算某一断面处的水力坡度；当水头损失沿流程为均匀分布时（即总水头线为一条向下倾斜的直线），水力坡度为常数，可用下式计算：

$$J = \frac{h'_{w1-2}}{L_{1-2}} \tag{3-29}$$

式中：$h'_{w1-2}$——单位重力液体沿元流从过水断面 1-1 流至过水断面 2-2 的水头损失；

$L_{1-2}$——从过水断面1-1到过水断面2-2的流程长度。

2. 测压管水头线坡度 $J_p$

测压管水头线坡度 $J_p$ 反映测压管水头线沿程变化的快慢,是单位重力液体在单位长度流程上的比势能的变化量,即:

$$J_p = -\frac{d(z+\frac{p}{\gamma})}{dL} \quad (3-30)$$

式中: $d(z+\frac{p}{\gamma})$ ——沿流程的微元长度上单位重力液体的势能增量。

规定:当测压管水头线向下时 $J_p$ 为正,上升时 $J_p$ 为负。

水力坡度和测压管水头线坡度是水力学中两个非常重要的概念,在后续章节中仍不断被用到。

## 第八节 实际液体恒定总流的能量方程

在工程实际中,我们所遇到的运动水流都是总流,要把能量方程运用于解决实际问题,还必须把恒定元流的能量方程对总流过水断面积分,从而推广为实际液体恒定总流的能量方程;但不是所有的水流运动都能进行积分,只有对某些特定形式的水流运动积分才能实现。所以为了推导实际液体恒定总流的能量方程,本节首先讨论恒定总流过水断面上的压强分布规律。

### 一、恒定总流过水断面上的压强分布

由前述可知,根据流线形状及过水断面上的流速分布是否沿流程变化,可将液体流动分为均匀流与非均匀流,而非均匀流又分为急变流和渐变流两种情况。下面分别讨论不同水流运动情况下过水断面上的压强分布规律。

1. 均匀流过水断面上的压强分布规律

均匀流过水断面上的动水压强分布规律与静水压强分布规律相同,即在同一个过水断面上各点的测压管水头为一常数。下面来证明均匀流的这一特性。

如图3-19所示,在均匀流过水断面上,取一高度为 $l$、截面面积为 $d\omega$ 的微分柱体,其轴线 1-2 与流线正交,并与铅垂线成夹角 $\alpha$。微分柱体顶面与地面形心点距基准面高度分别为 $z_1$ 及 $z_2$,其动水压强分别为 $p_1$ 和 $p_2$。现分析微分柱体在轴向 1-2 方向的受力情况。

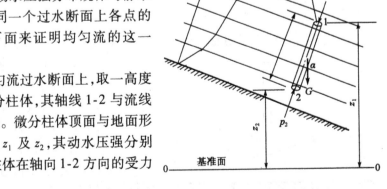

图3-19 均匀流过水断面

表面力:液柱顶面与底面的动水压力 $P_1 = p_1 d\omega$ 和 $P_2 = p_2 d\omega$;液柱侧表面上所受的动水压力以及水流的内摩擦力与轴向正交,所以沿1-2轴方

向上的投影为零。

质量力:液柱重力沿 1-2 轴向的分力为 $G\cos\alpha = \gamma l d\omega \cos\alpha$。

由于均匀流是一种等速直线运动,沿与水流成正交的 1-2 轴线方向流动没有加速度,亦即无惯性力存在。这样所取的动力平衡条件就变成静力平衡条件,即液柱在轴向所受的表面力和质量力的代数和为零,于是:

$$p_1 d\omega + \gamma l d\omega \cos\alpha = p_2 d\omega$$

由几何关系可知: $l\cos\alpha = z_1 - z_2$,则有:

$$z_1 + \frac{p_1}{\gamma} = z_2 + \frac{p_2}{\gamma}$$

或

$$z + \frac{p}{\gamma} = 常数 \tag{3-31}$$

式(3-31)表明,均匀流过水断面上的动水压强分布规律与静水压强分布规律相同,因而均匀流过水断面上任一点动水压强或断面上动水总压力都可以按照静水压强以及静水总压力的计算方法来确定。

例如:在管道均匀流中,任意选择 1-1 及 2-2 两个过水断面,分别在两个过水断面上设置测压管,同一断面上各测压管水面必上升至同一高程,即 $z + p/\gamma = c$。但不同的过水断面上的测压管水头值不相等,对 1-1 断面 $(z + p/\gamma)_1 = c_1$,对 2-2 断面 $(z + p/\gamma)_2 = c_2$。

**2. 渐变流过水断面上的压强分布规律**

由于渐变流的流线近似于平行直线,其流动特性与均匀流类似。过水断面的形状、尺寸接近于沿程不变的平面,各过水断面的流速分布基本相同;过水断面上的动水压强分布规律,可近似于均匀流的情况,近似地看作与静水压强的分布规律相同。

需要说明:关于均匀流或渐变流的过水断面上动水压强遵循静水压强的分布规律的结论,必须是对于有固体边界约束的水流才适用。如由孔口或管道末端射入空气的射流,虽然在出口断面处或距出口断面不远处,水流的流线也近似于平行的直线,可视为渐变流,但因该断面的周界上各点均与大气接触,断面上各点压强均为大气压强,从而过水断面上的动水压强分布不服从静水压强的分布规律。

**3. 急变流过水断面上的压强分布规律**

实验表明,急变流过水断面上的压强分布不服从静水压强的分布规律。如图 3-20 所示明渠的闸下出流,即使在过水断面 1-1 处,流线平行,但该过水断面上的质点除受重力加速度的影响外,还受到离心加速度的影响,若其离心加速度为 $u^2/r$($r$ 为流线的曲率半径),则断面上的压强分布将有 $p = \rho[g + (u^2/r)]h$ 的关系。可见,急变流过水断面上的压强分布规律不仅不服从静水压强分布规律,而且不同的急变流过水断面有不同的压强分布函数,例如图 3-20 中的 1-1、2-2 及 3-3 断面,它们的压强

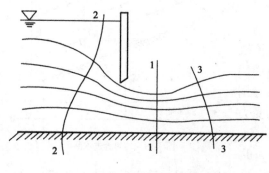

图 3-20 急变流过水断面

分布函数均不相同。

## 二、实际液体恒定总流的能量方程

不可压缩实际液体恒定元流的能量方程为：

$$z_1 + \frac{p_1}{\gamma} + \frac{u_1^2}{2g} = z_2 + \frac{p_2}{\gamma} + \frac{u_2^2}{2g} + h'_w$$

设元流的流量为 $dQ$，单位时间通过元流任一过水断面的液体重力为 $\gamma dQ$，将上式中的各项均乘以 $\gamma dQ$，则可得单位时间内通过元流两过水断面的全部液体的能量关系为：

$$(z_1 + \frac{p_1}{\gamma} + \frac{u_1^2}{2g})\gamma dQ = (z_2 + \frac{p_2}{\gamma} + \frac{u_2^2}{2g})\gamma dQ + h'_w \gamma dQ$$

将上式在总流的两个过水断面上积分，考虑不可压缩液体元流的连续方程 $dQ = u_1 d\omega_1 = u_2 d\omega_2$，可以得到单位时间内通过总流两过水断面的液体总能量之间的关系为：

$$\gamma \int_{\omega_1}(z_1 + \frac{p_1}{\gamma} + \frac{u_1^2}{2g})u_1 d\omega_1 = \gamma \int_{\omega_2}(z_2 + \frac{p_2}{\gamma} + \frac{u_2^2}{2g})u_2 d\omega_2 + \gamma \int_Q h'_w dQ$$

上式可改写为：

$$\gamma \int_{\omega_1}(z_1 + \frac{p_1}{\gamma})u_1 d\omega_1 + \frac{1}{2g}\gamma \int_{\omega_1} u_1^3 d\omega_1 = \gamma \int_{\omega_2}(z_2 + \frac{p_2}{\gamma})u_2 d\omega_2 + \frac{1}{2g}\gamma \int_{\omega_2} u_2^3 d\omega_2 + \gamma \int_Q h'_w dQ \tag{3-32}$$

在式(3-32)中含有三种类型的积分，因为通常不知道 $p$、$u$ 等运动要素在过水断面上的具体分布规律，所以无法用数学函数来表达并进行积分。

1. 第一类积分为 $\gamma \int_\omega (z + \frac{p}{\gamma})u d\omega$

该积分表示单位时间内通过总流过水断面的液体势能的总和。如要求得该积分，则需要知道总流过水断面上各点 $(z + p/\gamma)$ 的分布规律。从理论上讲，式(3-32)中所涉及的两个过水断面 1-1 和 2-2 是可以任意选取的，但为了能够解出第一类积分，选取的过水断面 1-1 和 2-2 应为均匀流或渐变流断面。由于均匀流或渐变流过水断面上的压强分布服从或近似服从静水压强压强分布规律，即同一过水断面上的 $(z + p/\gamma)$ 等于或近似等于常数，因而这个积分可写为：

$$\gamma \int_\omega (z + \frac{p}{\gamma})u d\omega = \gamma(z + \frac{p}{\gamma})\int_\omega u d\omega = (z + \frac{p}{\gamma})\gamma Q \tag{3-33}$$

2. 第二类积分 $\frac{1}{2g}\gamma \int_\omega u^3 d\omega$

该积分表示单位时间内通过总流过水断面的液体动能的总和。对于实际液体恒定总流而言，过水断面上各点的流速 $u$ 是不相等的，且流速分布规律一般不易建立函数关系，直接积分有一定困难。在工程实际中，可以采用断面平均流速 $v$ 来代替断面上各点的流速 $u$ 来计算总流断面上的平均动能。由于 $u$ 的立方和大于 $v$ 的立方和，故不能直接把动能积分符号内的 $u$ 换成 $v$，需要乘以一个修正系数 $\alpha$ 加以校正。这样，可计算出实际液体的总动能为：

$$\frac{1}{2g}\gamma \int_\omega u^3 d\omega = \frac{\alpha}{2g}\gamma \int_\omega v^3 d\omega = \frac{\alpha v^3}{2g}\gamma \omega = \frac{\alpha v^2}{2g}\gamma Q \tag{3-34}$$

式中，$\alpha$ 称为动能修正系数，其表达式为：

$$\alpha = \frac{\int_\omega u^3 d\omega}{v^3 \omega}$$

动能修正系数 $\alpha$ 值的大小取决于总流过水断面上流速分布的不均匀程度。流速分布越不均匀，$\alpha$ 值较大。对于一般情况下的流动，$\alpha = 1.05 \sim 1.10$；但当流速分别极不均匀时，$\alpha$ 可以达到 2.0。为计算简便起见，在工程问题的初步计算中，通常近似取 $\alpha = 1.0$。

3. 第三类积分 $\gamma \int_Q h'_w dQ$

该积分是单位时间内总流由过水断面 1-1 流至过水断面 2-2 的机械能损失。若以 $h_w$ 表示各个元流单位重力液体在这两个过水断面之间的平均机械能损失，通常称为总流的水头损失，则：

$$\int_Q h'_w \gamma dQ = h_w \gamma Q \tag{3-35}$$

将三种类型积分结果分别代入式(3-32)中，可得：

$$(z_1 + \frac{p_1}{\gamma})\gamma Q_1 + \frac{\alpha_1 v_1^2}{2g}\gamma Q_1 = (z_2 + \frac{p_2}{\gamma})\gamma Q_2 + \frac{\alpha_2 v_2^2}{2g}\gamma Q_2 + h_w \gamma Q$$

考虑到连续方程 $Q_1 = Q_2 = Q$，则上式整理为：

$$z_1 + \frac{p_1}{\gamma} + \frac{\alpha_1 v_1^2}{2g} = z_2 + \frac{p_2}{\gamma} + \frac{\alpha_2 v_2^2}{2g} + h_w \tag{3-36}$$

式(3-36)即为不可压缩实际液体恒定总流的能量方程，反映了总流中不同过水断面上测压管水头和断面平均流速的变化规律及其相互关系，是水力学中应用最广的基本方程之一。它将与水流连续方程以及动量方程联合运用，可以解决许多水力学计算问题。

恒定总流的能量方程与恒定元流的能量方程形式类似。实际液体恒定总流能量方程中各项的物理意义及几何意义与元流能量方程中各对应项相同，只是总流能量方程中采用断面平均流速 $v$ 代替点流速 $u$ 计算动能，由此产生的误差由动能修正系数来校正。而 $h_w$ 代表总流单位重力液体由一个断面流至另一个断面的平均能量损失。总流的水头损失机理十分复杂，关于 $h_w$ 的分析与计算将在第四章介绍。

实际液体总流能量方程的总水头线与测压管水头线的绘制方法也与元流的基本相同，只是它表示的是总水头和测压管水头沿流程的平均变化情况。

### 三、恒定总流能量方程的应用条件及注意问题

在解决大量实际水力学问题中，恒定总流的能量方程应用广泛，因而要求深入领会其物理意义、应用条件和适用范围，并掌握其正确应用的方法及步骤。

从该方程的推导过程可以看出，它是在一定条件下建立的，因而该方程也具有一定的应用条件：

(1) 均质不可压缩液体的恒定流。

(2) 作用在液体上的质量力只有重力。

(3) 建立能量方程的两个过水断面，必须符合均匀流或渐变流条件，但在所取的两个过水断面之间，允许存在急变流。

(4) 在所取的两个过水断面之间，总流的流量保持不变（没有分流或汇流情况）；在两个

过水断面之间,除水头损失以外,没有其他的机械能输入或输出。

为了正确应用恒定总流的能量方程,还需注意以下几个问题:

(1)选取基准面。$z$ 是过水断面上任一点(称为计算点)相对于某一基准面的位置高度,基准面的选择是可以任意的,但同一方程的两个 $z$ 值必须选取同一基准面。基准面一般选在较低位置上,使计算点的位置水头 $z$ 大于或等于零。

(2)方程中的动水压强,可以采用绝对压强,也可以用相对压强。但在同一方程中 $p_1$ 和 $p_2$ 必须采用相同的压强表示方法。在路桥工程中,研究对象一般都在大气的包围中,所以大多情况采用相对压强。

(3)过水断面上的计算点的选择,原则上是可以任意选取的,这是因为在均匀流或渐变流过水断面上任一点的测压管水头相等,即 $z+p/\gamma=$ 常数;并且对于同一个过水断面,平均流速水头 $\alpha v^2/(2g)$ 的值与计算点的位置无关。但一般为计算方便,对于有压管流,一般选取管轴中心点作为计算点;对于具有自由表面的无压流(明渠流),计算点一般取在自由表面处或渠底处。

(4)不同过水断面上的动能修正系数严格来说是不相等的,且不等于 1.0。实用上对大多数渐变流,可令 $\alpha_1=\alpha_2=1.0$。

### 四、有分流或汇流时实际液体恒定总流的能量方程

前面所讨论的实际液体恒定总流的能量方程,只适用于在两个过水断面之间没有流量的汇入或流出的液体流动。因总流能量方程中各项都是指单位重力液体的能量,所以在水流有分支或汇合的情况下,可以分别对每一支液流建立能量方程。

**1. 有分流的情况**

如图 3-21 所示,一股流量为 $Q_1$ 的液流分为两股流量分别为 $Q_2$ 和 $Q_3$ 的液流,根据能量守恒原理,在单位时间内从 1-1 过水断面输入的液体总能量应等于从 2-2 断面和 3-3 断面输出的液体总能量加上两股水流的能量损失。在实用

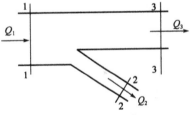

图 3-21 液流分流

上,假设这两股水流的能量损失中不考虑分叉处的水头损失,从 1-1 断面流到 2-2 断面单位重力液体的水头损失为 $h_{w12}$,从 1-1 断面流到 3-3 断面单位重力液体的水头损失为 $h_{w13}$,于是可得:

$$\gamma Q_1(z_1+\frac{p_1}{\gamma}+\frac{\alpha_1 v_1^2}{2g})=\gamma Q_2(z_2+\frac{p_2}{\gamma}+\frac{\alpha_2 v_2^2}{2g})+\gamma Q_3(z_3+\frac{p_3}{\gamma}+\frac{\alpha_3 v_3^2}{2g})+\gamma Q_2 h_{w12}+\gamma Q_3 h_{w13}$$

将连续方程 $Q_1=Q_2+Q_3$ 代入上式,整理得:

$$Q_2[(z_1+\frac{p_1}{\gamma}+\frac{\alpha_1 v_1^2}{2g})-(z_2+\frac{p_2}{\gamma}+\frac{\alpha_2 v_2^2}{2g})-h_{w12}]+Q_3[(z_1+\frac{p_1}{\gamma}+\frac{\alpha_1 v_1^2}{2g})-(z_3+\frac{p_3}{\gamma}+\frac{\alpha_3 v_3^2}{2g})-h_{w13}]=0$$

若要上式成立,必须使 $(z_1+\frac{p_1}{\gamma}+\frac{\alpha_1 v_1^2}{2g})-(z_2+\frac{p_2}{\gamma}+\frac{\alpha_2 v_2^2}{2g})-h_{w12}=0$,且 $(z_1+\frac{p_1}{\gamma}+\frac{\alpha_1 v_1^2}{2g})-(z_3+\frac{p_3}{\gamma}+\frac{\alpha_3 v_3^2}{2g})-h_{w13}=0$。

因为根据其物理意义,它每一项是表示其一股水流的输入总机械能与输出的总机械能和水头损失之差,因此它不可能是一正一负,应分别为零,因此下式成立:

$$\left. \begin{array}{l} z_1 + \dfrac{p_1}{\gamma} + \dfrac{\alpha_1 v_1^2}{2g} = z_2 + \dfrac{p_2}{\gamma} + \dfrac{\alpha_2 v_2^2}{2g} + h_{w12} \\ z_1 + \dfrac{p_1}{\gamma} + \dfrac{\alpha_1 v_1^2}{2g} = z_3 + \dfrac{p_3}{\gamma} + \dfrac{\alpha_3 v_3^2}{2g} + h_{w13} \end{array} \right\} \quad (3\text{-}37)$$

## 2. 有汇流的情况

如图 3-22 所示两股汇合的水流,其流量分别为 $Q_1$ 与 $Q_2$,这两股具有不同总机械能的液流将在汇合点汇集成一股液流。根据能量守恒原理,在单位时间内从 1-1 过水断面和 2-2 过水断面输入的液体总能量应等于 3-3 断面输出的总能量加上两股水流各自的水头损失,即:

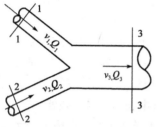

图 3-22 液流汇流

$$\gamma Q_1 \left( z_1 + \dfrac{p_1}{\gamma} + \dfrac{\alpha_1 v_1^2}{2g} \right) + \gamma Q_2 \left( z_2 + \dfrac{p_2}{\gamma} + \dfrac{\alpha_2 v_2^2}{2g} \right) =$$

$$\gamma Q_3 \left( z_3 + \dfrac{p_3}{\gamma} + \dfrac{\alpha_3 v_3^2}{2g} \right) + \gamma Q_1 h_{w13} + \gamma Q_2 h_{w23}$$

将连续方程 $Q_3 = Q_1 + Q_2$ 代入上式,整理得:

$$Q_1 \left[ \left( z_1 + \dfrac{p_1}{\gamma} + \dfrac{\alpha_1 v_1^2}{2g} \right) - \left( z_3 + \dfrac{p_3}{\gamma} + \dfrac{\alpha_2 v_3^2}{2g} \right) - h_{w13} \right] +$$

$$Q_2 \left[ \left( z_2 + \dfrac{p_2}{\gamma} + \dfrac{\alpha_2 v_2^2}{2g} \right) - \left( z_3 + \dfrac{p_3}{\gamma} + \dfrac{\alpha_3 v_3^2}{2g} \right) - h_{w23} \right] = 0$$

同理可得:

$$\left. \begin{array}{l} z_1 + \dfrac{p_1}{\gamma} + \dfrac{\alpha_1 v_1^2}{2g} = z_3 + \dfrac{p_3}{\gamma} + \dfrac{\alpha_3 v_3^2}{2g} + h_{w13} \\ z_2 + \dfrac{p_2}{\gamma} + \dfrac{\alpha_2 v_2^2}{2g} = z_3 + \dfrac{p_3}{\gamma} + \dfrac{\alpha_3 v_3^2}{2g} + h_{w23} \end{array} \right\} \quad (3\text{-}38)$$

### 五、流程中途有机械能输入或输出时实际液体总流的能量方程

以上推导的总流能量方程,没有考虑到计算断面 1-1 至断面 2-2 间中途有机械能输入水流内部或者从水流内部输出能量的情况。液流中有机械能输入或输出的情况在工程中是常见的,例如,抽水管路系统中设置的抽水机是通过水泵叶片转动向水流输入能量的典型例子(图 3-23),在水电站安装了水轮机的有压管路系统的水流是通过水轮机叶片由水流向外界输出能量的典型例子。

如果有外界能量输入(如水泵)或从内部输出能量(如水轮机),则实际液体恒定总流的能量方程应写为:

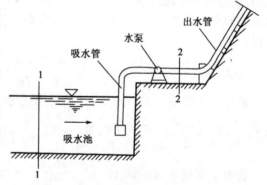

图 3-23 水泵

$$z_1 + \dfrac{p_1}{\gamma} + \dfrac{\alpha_1 v_1^2}{2g} \pm H_m = z_2 + \dfrac{p_2}{\gamma} + \dfrac{\alpha_2 v_2^2}{2g} + h_{w12} \quad (3\text{-}39)$$

式中: $H_m$——单位重力液体从外界输入的(或向外界输出的)机械能。

当为输入能量时，$H_m$ 前取"+"号，当为输出能量时，$H_m$ 取"-"号。

## 第九节　能量方程的应用

下面以毕托管(测速管)、文丘里流量计为例来说明如何利用能量方程分析和解决具体的水力学问题。

### 一、理想液体恒定元流能量方程应用——毕托管(测速管)

毕托管是一根很细的弯管，如图 3-24 所示。在其前端和侧面均开有小孔，当需要测量水中某点流速时，将弯管前端置于该点并正对水流方向，前端小孔和侧面小孔分别由两个不同通道接入两根测压管，测量时只需要读出这两根测压管的水面差，即可求得所测点的流速。该点流速的求得，就是利用能量守恒的关系，下面简述其原理。

如图 3-24a)所示，先将一根弯管的前端封闭，弯管侧面开一小孔，把弯管正对水流方向，把侧面开孔处置于欲测点 A 位置，此时弯管(相当于测压管)中水面上升到某一高度 $h_1$，测压管所量得的高度代表了该点的动水压强，即 $h_1 = p_A/\gamma$。假定 A 点水流流速为 $u$，若以通过 A 点的水平面为基准面，A 点处水流的总能量 $H = p_A/\gamma + u^2/(2g) = h_1 + u^2/(2g)$。

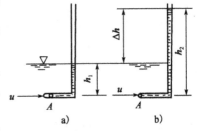

图 3-24　毕托管原理

假定另有一根同样的弯管[图 3-24b)]，其侧面不开孔，在前端开一小孔，将弯管前端置于 A 点并正对水流方向。弯管放入后，由于 A 点水流受弯管的阻挡，流速变为零，动能将全部转化为压能，使测压管中水面上升至高度 $h_2$。$h_2$ 代表 A 点处水流的总能量，即 $H = h_2$。上述两根弯管所得的 A 点总能量应相等，即：

$$h_1 + \frac{u^2}{2g} = h_2$$

得

$$\frac{u^2}{2g} = h_2 - h_1 = \Delta h \qquad (3\text{-}40)$$

由此可得 A 点流速：

$$u = \sqrt{2g\Delta h} \qquad (3\text{-}41)$$

式中：$\Delta h$——两根测压管的水面差值。

真实的毕托管，并不是用两根弯管进行两次测量，而是把两根管子纳入一根弯管中，只是将前端的小孔和侧面的小孔分别由不同的通道接到两个测压管上。由于两个小孔的位置不同，因而测得的并不是同一点的能量，同时毕托管放入流场后对水流也产生了扰动影响，因此，应对式(3-41)的计算结果加以修正，即：

$$u = \varphi \sqrt{2g\Delta h} \qquad (3\text{-}42)$$

式中：$\varphi$——毕托管的修正系数，与毕托管的构造、尺寸、表面光滑度等有关，一般由生产厂家给出，为 0.98～1.0。

[例 3-2] 如图 3-25 所示,利用毕托管测量有压管流中 $A$ 点的流速,采用盛有四氯化碳的压差计连接测压管及测速管,已知四氯化碳的重度为 $15.68\text{kN/m}^3 = 1.6\text{tf/m}^3$,测得 $h' = 80\text{mm}$,求:

(1) 若管道中液体为水时,求 $u_A$。

(2) 若管道中液体为油时,其重度为 $\gamma_{油} = 7.84\text{kN/m}^3 = 0.8\text{tf/m}^3$,而读数 $h'$ 不变,求 $u'_A$。

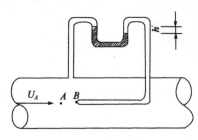

图 3-25 毕托管

**解:** 测速管进口为 $B$ 点,紧靠 $B$ 点上游的一点为 $A$ 点,以 $A$、$B$ 的连线为基准线,沿 $AB$ 流线列出理想流体恒定元流的伯诺里方程为:

$$0 + \frac{p_A}{\gamma} + \frac{u_A^2}{2g} = 0 + \frac{p_B}{\gamma} + 0$$

所以

$$\frac{u_A^2}{2g} = \frac{p_B - p_A}{\gamma}$$

设压差计直接与测点相连,利用压差计的公式:

$$p_A + \gamma' h' = p_B + \gamma h'$$

所以

$$\frac{p_B - p_A}{\gamma} = \left(\frac{\gamma' - \gamma}{\gamma}\right) h'$$

式中:$\gamma'$——压差计内液体(四氯化碳)的重度;

$\gamma$——所测液体的重度。

(1) 当管道中液体为水时,已知 $\gamma_水 = 9\,800\text{N/m}^3 = 1.0\text{tf/m}^3$,代入上式,得:

$$\frac{u_A^2}{2g} = \frac{1.6 - 1.0}{1.0} \times 0.08$$

所以

$$u_A = \sqrt{2 \times 9.8 \times 0.6 \times 0.08} = 0.97(\text{m/s})$$

(2) 当管道中液体为油时,已知 $\gamma_{油} = 0.8\text{tf/m}^3$,故:

$$\frac{u_A^2}{2g} = \frac{1.6 - 0.8}{0.8} \times 0.08$$

所以

$$u'_A = \sqrt{2 \times 98 \times 1.0 \times 0.08} = 1.25(\text{m/s})$$

## 二、文丘里流量计

文丘里(Venturi)流量计是一种测量有压管道中流量大小的仪器,由两段锥形管和一段较细的管子相联结而成(图 3-26),前面部分称为收缩段,中间为喉管(管径不变段),后面部分为扩散段。若欲测量某有压管道中通过的流量,则把文丘里流量计联结在管道中,在收缩段进口与喉管处分别安装测压管(也可直接安装压差计),用以测量该两断面(图 3-26 中的 1-1 和 2-2 断面)上的测压管水头差 $\Delta h$。当已知测压管水位差 $\Delta h$ 时,运用能量方程即可计算出该有压管道中通过的流量。下面分析其测流原理。

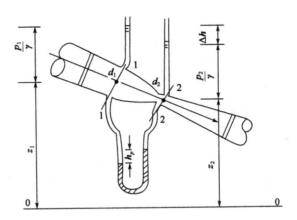

图 3-26 文丘里流量计

任选一基准面 0-0,对安装测压管的两个渐变流断面 1-1 和 2-2 列出总流的能量方程为:

$$z_1 + \frac{p_1}{\gamma} + \frac{\alpha_1 v_1^2}{2g} = z_2 + \frac{p_2}{\gamma} + \frac{\alpha_2 v_2^2}{2g} + h_w$$

假设动能修正系数 $\alpha_1 = \alpha_2 = 1$,由于整个文丘里管段较短,断面 1-1 和 2-2 之间的水头损失 $h_w$ 暂时忽略不计,则能量方程变为:

$$\frac{v_2^2 - v_1^2}{2g} = (z_1 + \frac{p_1}{\gamma}) - (z_2 + \frac{p_2}{\gamma})$$

其中

$$(z_1 + \frac{p_1}{\gamma}) - (z_2 + \frac{p_2}{\gamma}) = \Delta h$$

上式表明:液流动能的增加等于其势能的减少。两过水断面测压管水头差可由压差计或两个测压管直接测出。

根据总流的连续方程,可得:

$$v_1 \omega_1 = v_2 \omega_2$$

故

$$v_2 = \frac{\omega_1}{\omega_2} v_1 = (\frac{d_1}{d_2})^2 v_1$$

式中:$d_1$、$d_2$——收缩段与喉管处的管道直径。

将 $v_1$ 和 $v_2$ 的关系代入前式,并整理得:

$$\frac{v_1^2}{2g}[(\frac{d_1}{d_2})^4 - 1] = \Delta h$$

解得

$$v_1 = \frac{1}{\sqrt{(\frac{d_1}{d_2})^4 - 1}} \sqrt{2g\Delta h}$$

通过文丘里流量计的管道的理论流量为:

$$Q' = v_1 \omega_1 = \frac{\frac{1}{4}\pi d_1^2}{\sqrt{(\frac{d_1}{d_2})^4 - 1}} \sqrt{2g\Delta h} = K\sqrt{\Delta h}$$

令

$$K = \frac{\frac{1}{4}\pi d_1^2}{\sqrt{\left(\frac{d_1}{d_2}\right)^4 - 1}}\sqrt{2g}$$

$K$ 值称为文丘里管常数，仅取决于文丘里管的尺寸。在管道直径 $d_1$ 和 $d_2$ 已知的情况下，$K$ 值为常数，可以在测量前预先算出。

在上面的分析计算中，并没有考虑实际液体的水头损失。考虑水头损失后的实际流量 $Q$ 比上式计算流量 $Q'$ 要小，引入一个修正系数 $\mu$（称为文丘里管流量系数）来修正流量计算结果，故实际液体的流量为：

$$Q = \mu K \sqrt{\Delta h}$$

式中，文丘里管的流量系数 $\mu = \dfrac{Q_{实际}}{Q_{理想}} < 1$，$\mu$ 一般为 $0.95 \sim 0.98$。

如果文丘里流量计上直接安装水银差压计，由差压计原理可知：

$$\left(z_1 + \frac{p_1}{\gamma}\right) - \left(z_2 + \frac{p_2}{\gamma}\right) = \frac{\gamma_m - \gamma}{\gamma} h_p = 12.6 h_p$$

式中：$h_p$——水银差压计两支水银柱液面高差。

通过文丘里流量计的管道流量为：

$$Q = \mu K \sqrt{12.6 h_p}$$

[**例 3-3**] 如图 3-27 所示，一大水箱中的水通过在水箱底部接通的一竖直管道流入大气，管道直径 $d$ 为 10cm，管道出口处断面收缩（收缩管嘴），收缩管嘴出口断面直径 $d_B$ 为 5cm。若不计水头损失，求竖直管中 $A$ 点的相对压强 $P_A$。

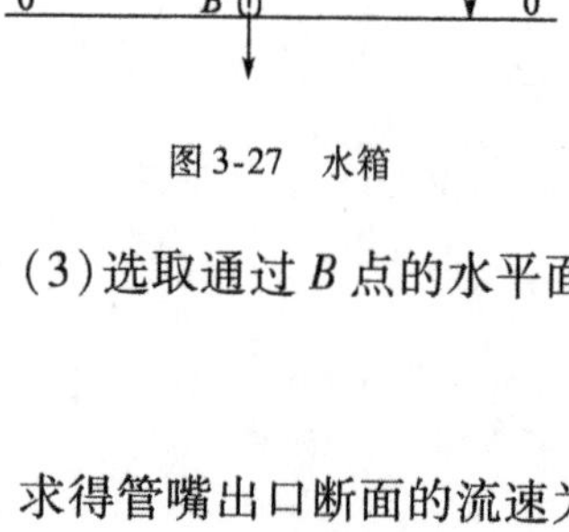

图 3-27 水箱

**解**：应用总流能量方程求 $A$ 点处的相对压强 $P_A$，需先求得 $A$ 点处的断面平均流速。

（1）选取大水箱的水面为 1-1 过水断面，通过 $A$ 点的竖直管道的横断面为 2-2 过水断面。

（2）因为 $\omega_1$ 远远大于 $\omega_2$，由连续方程可知 $v_1 \ll v_2$，可以认为 1-1 断面的断面平均流速 $v_1 \approx 0$，即假定水箱水面恒定。

（3）选取通过 $B$ 点的水平面为基准面 0-0，列出 1-1 断面和 0-0 断面的总流能量方程为：

$$9 + 0 + 0 = 0 + 0 + \frac{v_B^2}{2g}$$

求得管嘴出口断面的流速为：

$$v_B = \sqrt{18g}$$

（4）根据连续方程 $v_A \omega_A = v_B \omega_B$，得：

$$v_A = \frac{\omega_B}{\omega_A} v_B = v_B \left(\frac{d_B}{d}\right)^2$$

（5）以通过 2-2 断面的水平面作为基准面，列出 1-1 断面和 2-2 断面的总流能量方程：

$$5+0+0 = 0 + \frac{p_A}{\gamma} + \frac{v_A^2}{2g}$$

所以

$$\frac{p_A}{\gamma} = 5 - \frac{v_A^2}{2g} = 5 - \frac{v_B^2}{2g}\left(\frac{d_B}{d}\right)^4 = 5 - \frac{18g}{2g}\left(\frac{0.05}{0.1}\right)^4 = 4.4375(\text{m})$$

故得

$$p_A = 4.437 \times 9.8 = 43.5(\text{kN/m}^2)$$

[例3-4] 有一直径缓慢变化的锥形水管(图3-28),1-1 断面处直径 $d_1$ 为 0.15m,中心点 $A$ 的相对压强为 7.2kN/m², 2-2 断面处直径 $d_2$ 为 0.3m, 中心点 $B$ 的相对压强为 6.1kN/m², 断面平均流速 $v_2$ 为 1.5m/s, $A$、$B$ 两点高差为 1m, 试判别管中水流方向, 并求 1、2 两断面间的水头损失。

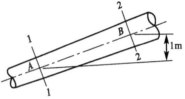

图3-28 锥形水管

**解**: 首先利用连续方程求出断面 1-1 的平均流速。

因 $v_1 \omega_1 = v_2 \omega_2$,故

$$v_1 = \frac{\omega_2}{\omega_1} v_2 = \left(\frac{d_2}{d_1}\right)^2 v_2 = \left(\frac{0.30}{0.15}\right)^2 v_2 = 4v_2 = 6(\text{m/s})$$

因水管直径变化缓慢,1-1 及 2-2 断面水流可近似看作渐变流。以过 $A$ 点的水平面为基准面,分别计算两断面单位重力液体所具有的总能量:

$$z_1 + \frac{p_1}{\gamma} + \frac{\alpha_1 v_1^2}{2g} = 0 + \frac{7.2}{9.8} + \frac{6^2}{2 \times 9.8} = 2.57(\text{m})$$

$$z_2 + \frac{p_2}{\gamma} + \frac{\alpha_2 v_2^2}{2g} = 1 + \frac{6.1}{9.8} + \frac{1.5^2}{2 \times 9.8} = 1.74(\text{m})$$

因 $\left(z_1 + \frac{p_1}{\gamma} + \frac{\alpha_1 v_1^2}{2g}\right) > \left(z_2 + \frac{p_2}{\gamma} + \frac{\alpha_2 v_2^2}{2g}\right)$,管中水流应从 $A$ 点流向 $B$ 点。

水头损失 $h_w = \left(z_1 + \frac{p_1}{\gamma} + \frac{\alpha_1 v_1^2}{2g}\right) - \left(z_2 + \frac{p_2}{\gamma} + \frac{\alpha_2 v_2^2}{2g}\right) = 2.57 - 1.74 = 0.83(\text{m})$

[例3-5] 如图3-29所示,一离心式水泵的抽水量 $Q = 20\text{m}^3/\text{h}$, 安装高度 $H_s = 5.5\text{m}$, 吸水管管径 $d = 100\text{mm}$, 若吸水管总的水头损失 $h_w$ 为 0.25m(水柱), 试求水泵进口处的真空值 $p_{v2}$。

**解**: 选取水池自由液面为 1-1 断面, 水泵进水口处为 2-2 断面, 均为渐变流过水断面。

(1) 1-1 断面的计算点取在水池自由液面上, 2-2 断面的计算点取在管轴上。

(2) 选取水池自由液面为基准面 0-0。

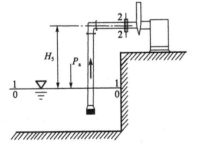

图3-29 离心式水泵

(3) 因水池自由液面面积远远大于吸水管的断面面积, 即 $\omega_1 \gg \omega_2$, 故可以认为 $v_1 \approx 0$; 水池自由液面上各点的压强均为大气压强 $p_a$, 取 $\alpha_2 = 1$, 采用绝对压强列出 1-1 断面和 2-2 断面的总流能量方程为:

$$0 + \frac{p_a}{\gamma} + 0 = H_s + \frac{p_2}{\gamma} + \frac{v_2^2}{2g} + h_w$$

65

整理得：

$$h_{v_2} = \frac{p_a - p_2}{\gamma} = H_s + \frac{v_2^2}{2g} + h_w$$

上式表明，水流从水池液面流入吸水管，必须克服流动过程中的能量损失，并增加位能和动能。根据能量守恒定律，水流的压能必然沿程减小。因为水池自由液面为大气压强，所以在水泵进口处必存在负压，即为真空，真空值就是上式所表示的 $h_{v_2}$，其中：

$$v_2 = \frac{Q}{\frac{1}{4}\pi d^2} = \frac{20}{3\,600 \times \frac{1}{4} \times 3.14 \times 0.1^2} = 0.707(\text{m/s})$$

故

$$h_{v_2} = 5.5 + \frac{0.707^2}{2 \times 9.80} + 0.25 = 5.78(\text{m})$$

即

$$\frac{p_{v_2}}{\gamma} = 5.78(\text{m})\text{水柱}$$

或

$$p_{v_2} = \gamma h_{v_2} = 9\,800 \times 5.78 = 56\,600(\text{N/m}^2) = 56.6(\text{kN/m}^2)$$

值得注意，在水泵进口处的真空值是有限制的。当进口压强降低至该温度下的蒸汽压强时，水会发生气化而产生大量气泡。气泡随水流进入泵内高压部位受到压缩而突然溃灭，周围的水会以极大的速度向气泡溃灭点冲击，在该点形成一个应力集中区，其压强高达数百大气压以上。这种集中在极小面积上的强大冲击力，如果作用在水泵部件的表面，会很快破坏部件，这种现象称气蚀。为了防止气蚀发生，通常由实验确定水泵进口的允许真空值。

[例3-6] 为测验一台水泵（图3-30）的功率，可在水泵进、出口处分别安装一真空表和一压强表。测得真空值 $p_v = 2.45\text{N/cm}^2$，压强 $p_2 = 19.6\text{N/cm}^2$。泵进、出口断面的高差为 $z_2 = 0.2\text{m}$，进口管径 $d_1 = 150\text{mm}$，出口管径 $d_2 = 100\text{mm}$，管中流量为 50L/s。求水流从水泵处所获得的净功率。

**解**：应用实际液体总流的能量方程求解。

（1）取水泵进、出口断面分别为 1-1 过水断面及 2-2 过水断面。

（2）取基准面与 1-1 断面重合。

$$z_1 = 0, z_2 = 0.2\text{m}$$

（3）采用相对压强，即：

$$\frac{p_1}{\gamma} = -\frac{2.45}{9\,800} = -2.5(\text{m}), \frac{p_2}{\gamma} = \frac{19.6}{9\,800} = 20(\text{m})$$

（4）设水泵供给单位重力水流的净能量，即水泵提供的净水头（不计泵内水流的水头损失）为 $H_m$，工程上称 $H_m$ 为水泵的扬程，本例为有机械能输入水流的情况。

列出 1-1 断面和 2-2 断面的实际液体总流的能量方程：

$$z_1 + \frac{p_1}{\gamma} + \frac{v_1^2}{2g} + H_m = z_2 + \frac{p_2}{\gamma} + \frac{v_2^2}{2g}$$

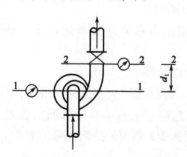

图 3-30 水泵

(5)由连续方程可知:

$$v_1\omega_1 = v_2\omega_2 = Q, v_1 = \frac{Q}{\omega_1}, v_2 = \frac{Q}{\omega_2}$$

$$\omega_1 = \frac{1}{4}\pi d_1^2 = \frac{1}{4} \times 3.14 \times 0.15^2 = 0.0177(\text{m}^2)$$

$$\omega_2 = \frac{1}{4}\pi d_2^2 = \frac{1}{4} \times 3.14 \times 0.1^2 = 0.00785(\text{m}^2)$$

$$v_1 = \frac{0.05}{0.0177} = 2.83(\text{m/s}), \left(\frac{v_1^2}{2g}\right) = 0.408(\text{m})$$

$$v_2 = \frac{0.05}{0.00785} = 6.37(\text{m/s}), \left(\frac{v_2^2}{2g}\right) = 2.07(\text{m})$$

将算得的数据代入能量方程中,得:

$$0 - 2.5 + 0.408 + H_m = 0.2 + 20 + 2.07$$

因此,$H_m = 24.36\text{m}$,即水泵将单位重力的水提升 24.36m。

水流从水泵中获得的净功率应等于水泵在单位时间内提升的水的重力与水泵扬程的乘积,即:

$$N = \gamma Q H_m = 1000 \times 0.05 \times 24.36 = 1218(\text{kgf} \cdot \text{m/s}) = 1218/102 = 11.94(\text{kW})$$

## 第十节　实际液体恒定总流的动量方程

在前面几节重点介绍了总流连续方程和能量方程,它们描述了液体的流速、压强及位置高度等运动要素沿流程的变化规律,在解决实际水力学问题中具有重要意义。但是对某些水力学问题,用能量方程求解有一定的困难,例如求急变流范围内液体对边界的作用力,若用能量方程求解,水头损失一般很难确定,但又不能忽略,限制了能量方程的应用。此时,需要根据动量守恒定理,建立恒定总流的动量方程,应用动量方程计算液体所受的力或液体对固体边界的作用力。

根据理论力学,采用拉格朗日法表述的质点系动量守恒定理为:质点系的动量在某一方向的变化,等于作用于该质点系上所有外力的冲量在同一方向上投影的代数和。下面将根据上述的动量守恒定理,推导表达液体运动的动量变化规律的动量方程。

在恒定总流中,任意截取 1-1 断面与 2-2 断面之间的一段液流,如图 3-31 所示。经过 $dt$ 时段后,流段从位置 1-2 流动到新的位置 1′-2′,从而产生了动量的变化。动量是矢量,设流段内动量的变化量为 $\Delta \vec{K}$,其值等于液体在位置 1′-2′ 的动量 $\vec{K}_{1'-2'}$ 与位置 1-2 时的动量 $\vec{K}_{1-2}$ 之差,即:

$$\Delta \vec{K} = \vec{K}_{1'-2'} - \vec{K}_{1-2}$$

而 $\vec{K}_{1-2}$ 是 1-1′ 和 1′-2 两段液体动量之和,即:

$$\vec{K}_{1-2} = \vec{K}_{1-1'} + \vec{K}_{1'-2}$$

同理

$$\vec{K}_{1'-2'} = \vec{K}_{1'-2} + \vec{K}_{2-2'}$$

由于液流是不可压缩液体的恒定流,1′-2 流段的几何形状、液体质量及流速等均不随时间而改变,所以经过 $dt$ 时段后,$1'-2$ 流段的动量保持不变。因此,动量的变化量应等于 $2-2'$ 段动量与 $1-1'$ 段动量之差,即:

$$\Delta \vec{K} = \vec{K}_{2-2'} - \vec{K}_{1-1'}$$

为了确定动量 $\vec{K}_{2-2'}$ 和 $\vec{K}_{1-1'}$,在所取的不可压缩液体恒定总流中任取一元流流段作为控制体,其控制面由元流的过水断面 1-1 和 2-2 以及两断面间的流管壁面所组成。设元流过水断面 1-1 的面积为 $d\omega_1$,流速为 $u_1$,流量为 $dQ_1$;过水断面 2-2 的面积为 $d\omega_2$,流速为 $u_2$,流量为 $dQ_2$。则微小流束液体动量的变化量为:

$$d\vec{K} = \rho dQ_2 dt \vec{u}_2 - \rho dQ_1 dt \vec{u}_1$$

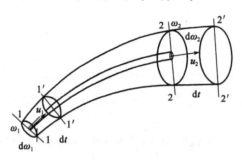

图 3-31 流段的动量变化

对于不可压缩液体,$dQ_1 = dQ_2 = dQ$,故:

$$d\vec{K} = \rho dQ dt (\vec{u}_2 - \vec{u}_1)$$

根据质点系的动量守恒定律,得到恒定元流的动量方程为:

$$\rho dQ(\vec{u}_2 - \vec{u}_1) = \vec{F} \tag{3-43}$$

式中:$\vec{F}$——作用在元流控制体中液体的质量力和作用在控制面上所有表面力的矢量和。

总流的动量变化是所有元流动量变化的矢量和,通过对总流上无数多个元流动量变化量进行积分,可以得到总流 $1-2$ 流段经过 $dt$ 时段的动量变化量,即:

$$\Delta \vec{K} = \int_{\omega 2} \rho dQ dt \vec{u}_2 - \int_{\omega 1} \rho dQ dt \vec{u}_1 = \rho dt \left[ \int_{\omega 2} \vec{u}_2 u_2 d\omega_2 - \int_{\omega 1} \vec{u}_1 u_1 d\omega_1 \right]$$

如果想求出上述积分,必须给出过水断面上的流速分布规律。而总流过水断面上的流速分布一般是未知函数,在工程实际中常用断面平均流速 $v$ 来代替流速分布函数 $u$ 进行动量计算,并引入动量修正系数 $\beta$,则总流的动量变化量为:

$$\Delta \vec{K} = \rho dt (\beta_2 \vec{v}_2 v_2 \omega_2 - \beta_1 \vec{v}_1 v_1 \omega_1)$$

$\beta$ 是实际动量与按断面平均流速计算的动量之比,若所选的过水断面 1-1 和 2-2 均为均匀流或渐变流断面,则各点流速 $u$ 和断面平均流速 $v$ 与动量投影轴的夹角可视为相等,如令该夹角为 $\theta$,则 $\vec{u} = u\cos\theta, \vec{v} = v\cos\theta$,故其表达式为:

$$\beta = \frac{\int_\omega \vec{u} dQ}{\vec{v} Q} = \frac{\int_\omega u dQ}{v Q} = \frac{\int_\omega u^2 d\omega}{v^2 \omega}$$

$\beta$ 值取决于总流过水断面上的流速分布,流速分别越不均匀,其值越大。对于一般的均匀流或渐变流,$\beta = 1.02 \sim 1.05$,为计算方便,通常取为 1.0。

根据恒定总流的连续方程 $v_1\omega_1 = v_2\omega_2 = Q$,则:

$$\Delta \vec{K} = \rho Q \mathrm{d}t(\beta_2 \vec{v_2} - \beta_1 \vec{v_1})$$

根据质点系动量守恒定律,设 $\sum \vec{F} \mathrm{d}t$ 为 $\mathrm{d}t$ 时段内作用于总流流段上的所有外力的冲量的代数和,则恒定总流的动量方程式为:

$$\frac{\Delta \vec{K}}{\mathrm{d}t} = \sum \vec{F}$$

即

$$\rho Q(\beta_2 \vec{v_2} - \beta_1 \vec{v_1}) = \sum \vec{F} \tag{3-44}$$

式(3-44)即为不可压缩液体恒定总流在没有分流或汇流情况下的动量方程。方程左端代表单位时间内所研究流段通过下游断面流出的动量和通过上游断面流入的动量之差,右端则代表作用于总流流段上的所有外力的代数和。式(3-44)不仅适用于理想液体,也适用于实际液体。

恒定总流的动量方程是矢量方程,具体应用时,一般利用其在某坐标系上的投影式进行计算。式(3-44)在直角坐标系上的三个投影方程为:

$$\left. \begin{array}{l} \rho Q(\beta_2 v_{2x} - \beta_1 v_{1x}) = \sum F_x \\ \rho Q(\beta_2 v_{2y} - \beta_1 v_{1y}) = \sum F_y \\ \rho Q(\beta_2 v_{2z} - \beta_1 v_{1z}) = \sum F_z \end{array} \right\} \tag{3-45}$$

动量方程是水动力学中重要的基本方程之一,应用广泛。在应用动量方程时,需要注意以下各点:

(1)动量方程式是矢量式,流速和作用力都是有方向的,因此必须选定投影轴,并标明投影轴的正方向,然后把流速和作用力向该投影轴投影。投影轴的选取以计算方便为宜。

(2)控制体是可以任意选取的,一般是取整个总流的边界为控制边界,控制体的横向边界一般是过水断面,应选在均匀流或者渐变流断面上,以便于计算断面平均流速和断面上的动水压力。

(3)$\sum \vec{F}$ 是作用在被选取的液流上的全部外力之和,外力应包括质量力(通常为重力)、作用在过水断面上的动水压力以及固体边界对液流的作用力及摩擦力。

(4)动量方程式的左端是单位时间内控制体内液流动量的变化量,必须是输出的动量减去输入的动量。

(5)动量方程只能求解一个未知数,若方程中未知数多于一个时,可以联合连续方程或能量方程求解。

在液流有分流或汇流的情况下,动量方程可推广应用于流场中任意选取的封闭控制体。

如图3-32a)所示分流情况时,有 $Q_1 = Q_2 + Q_3$,则:

$$\left\{ \begin{array}{l} \rho(Q_2\beta_2 v_{2x} + Q_3\beta_3 v_{3x} - Q_1\beta_1 v_{1x}) = \sum F_x \\ \rho(Q_2\beta_2 v_{2y} + Q_3\beta_3 v_{3y} - Q_1\beta_1 v_{1y}) = \sum F_y \\ \rho(Q_2\beta_2 v_{2z} + Q_3\beta_3 v_{3z} - Q_1\beta_1 v_{1z}) = \sum F_z \end{array} \right.$$

如图3-32b)所示汇流情况时,有 $Q_1 + Q_2 = Q_3$,则:

$$\begin{cases} \rho(Q_3\beta_3 v_{3x} - Q_2\beta_2 v_{2x} - Q_1\beta_1 v_{1x}) = \sum F_x \\ \rho(Q_3\beta_3 v_{3y} - Q_2\beta_2 v_{2y} - Q_1\beta_1 v_{1y}) = \sum F_y \\ \rho(Q_3\beta_3 v_{3z} - Q_2\beta_2 v_{2z} - Q_1\beta_1 v_{1z}) = \sum F_z \end{cases}$$

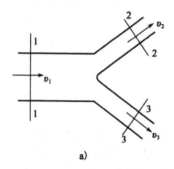
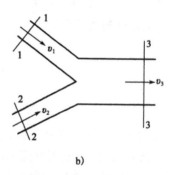

a)          b)

图3-32 液流的分流或汇流

[**例3-7**] 如图3-33所示,管道中有一段水平放置的等直径弯管,直径 $d$ 为200mm,转角为45°。其中1-1断面的平均流速 $v_1 = 4$m/s,其形心点的相对压强 $p_1$ 为一个工程大气压。若不计管道水流的水头损失,求水流对弯管的作用力 $R_x$ 和 $R_y$。

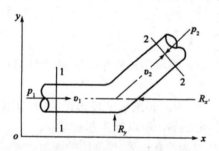

图3-33 水流对弯管的作用力

**解**:欲求水流对弯管的作用力,可先求弯管对水流的反作用力。

因管道水平放置,选取管轴线所在的水平面为 $xoy$ 面,坐标轴 $x$ 与 $y$ 方向如图3-33所示。

(1)取渐变流过水断面1-1和2-2以及管内壁所围封闭曲面内的液体作为控制体。

(2)作用在该段液流上的力有过水断面1-1和2-2上的动水压力以及弯管对水流的反作用力 $R'_x$ 及 $R'_y$,假设其方向如图3-33所示,该段液体的重力在水平坐标面 $xoy$ 上的投影为零。

由于1-1和2-2为渐变流过水断面,其动水压力分别为:

$$P_1 = p_1 \omega_1, \quad P_2 = p_2 \omega_2$$

其中 $p_1$ 和 $p_2$ 为相对压强。

(3)利用动量方程求解弯管对水流的作用力,分别写出 $x$ 与 $y$ 轴向的总流动量方程为:

$$\left. \begin{array}{l} \rho Q(\beta_2 v_2 \cos 45° - \beta_1 v_1) = p_1 \omega_1 - p_2 \omega_2 \cos 45° - R'_x \\ \rho Q(\beta_2 v_2 \sin 45° - 0) = 0 - p_2 \omega_2 \sin 45° + R'_y \end{array} \right\}$$

于是可得:

$$\left. \begin{array}{l} R'_x = p_1 \omega_1 - p_2 \omega_2 \cos 45° - \rho Q(\beta_2 v_2 \cos 45° - \beta_1 v_1) \\ R'_y = p_2 \omega_2 \sin 45° + \rho Q \beta_2 v_2 \sin 45° \end{array} \right\}$$

式中,$Q = \dfrac{1}{4}\pi d^2 v_1 = \dfrac{1}{4} \times 3.14 \times 0.2^2 \times 4 = 0.126 \text{m}^3/\text{s}$。

上两式中2-2断面形心点的压强 $p_2$ 和断面平均流速 $v_2$ 还未知,还需利用连续方程和总流能量方程来求解。

(4) 由总流连续方程,可得 $v_2 = v_1 = 4\text{m/s}$。

(5) 因弯管水平放置,选取管轴线所在的 $xoy$ 平面作为基准面,且不计水头损失,列出断面 1-1 和 2-2 总流能量方程为:

$$0 + \frac{p_1}{\gamma} + \frac{v_1^2}{2g} = 0 + \frac{p_2}{\gamma} + \frac{v_2^2}{2g}$$

故得

$$p_1 = p_2 = 1 \text{个工程大气压} = 9.8(\text{N/cm}^2)$$

于是

$$p_1\omega_1 = p_2\omega_2 = p_1\frac{1}{4}\pi d_1^2 = 9.8 \times \frac{1}{4} \times 3.14 \times 20^2 = 3\,077(\text{N})$$

取 $\beta_1 = \beta_2 = 1$,将上述数据代入动量方程,得:

$$R'_x = 3\,077 - 3\,077 \times \frac{\sqrt{2}}{2} - 1\,000 \times 0.126 \times 4 \times (\frac{\sqrt{2}}{2} - 1) = 1\,049(\text{N})$$

$$R'_y = 3\,077 \times \frac{\sqrt{2}}{2} + 1\,000 \times 0.126 \times 4 \times \frac{\sqrt{2}}{2} = 2\,532(\text{N})$$

水流对弯管的作用力 $R_x$ 和 $R_y$ 分别与 $R'_x$ 和 $R'_y$ 大小相等,方向相反。

[例 3-8] 矩形断面渠道中的水流从闸门下流出,如图 3-34 所示。上游水深 $h_0 = 2.5\text{m}$,下游水深 $h_1 = 0.5\text{m}$,求作用在每米宽闸门上水流的水平推力(略去水头损失与摩擦阻力)。

**解**:欲求作用在闸门上水流的水平推力,应先求闸门对水流的反作用力。为此,选取渐变流过水断面 1-1 至 2-2 断面之间的流段作为控制体。

(1) 过水断面 1-1 到 2-2 的液流所受的表面力有作用于 1-1 断面和 2-2 断面上的动水压力 $P_1$ 与 $P_2$ 以及闸门对水流的反作用力 $R'$;质量力为过水断面 1-1 到 2-2 之间的液流的重力。

1-1 断面和 2-2 断面上的动水压力 $P_1$ 与 $P_2$,可按静水压强的分布规律计算,即:

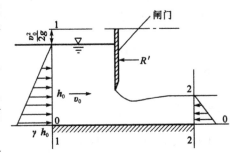

图 3-34 水流对闸门的水平推力

$$P_1 = \frac{1}{2}\gamma h_0^2 \cdot 1 = \frac{1}{2} \times 9.8 \times 2.5^2 \times 1 = 30.625(\text{kN})$$

$$P_2 = \frac{1}{2}\gamma h_1^2 \cdot 1 = \frac{1}{2} \times 9.8 \times 0.5^2 \times 1 = 1.225(\text{kN})$$

(2) 根据总流能量方程和连续方程求 1-1 断面和 2-2 断面的断面平均流速 $v_1$ 和 $v_2$。选取渠道底面为基准面,取 $\alpha_1 = \alpha_2 = 1$,并略去水头损失,列出 1-1 断面和 2-2 断面间水流的能量方程为:

$$h_0 + 0 + \frac{v_0^2}{2g} = h_1 + 0 + \frac{v_2^2}{2g}$$

整理得:

$$\frac{v_2^2 - v_0^2}{2g} = h_0 - h_1 = 2.5 - 0.5 = 2(\text{m})$$

或

$$v_2^2 - v_0^2 = 4g$$

根据连续方程 $v_1\omega_1 = v_2\omega_2$，$(v_1 = V_0)$，取单位宽度计算 $\omega$，则：

$$v_0 h_0 \cdot 1 = v_2 h_2 \cdot 1$$
$$v_2 = 5v_0$$

可解得：

$$v_0 = 1.278 (\text{m/s})$$
$$v_2 = 6.39 (\text{m/s})$$
$$Q = v_0 h_0 \cdot 1 = 1.278 \times 2.5 \times 1 = 3.195 (\text{m}^3/\text{s})$$

(3) 利用恒定总流的动量方程求解闸门对水流的作用力，即：

$$\rho Q(v_2 - v_0) = p_1 - p_2 + (-R')$$

$$R' = p_1 - p_2 - \rho Q(v_2 - v_1) = 30.625 - 1.225 - 1\,000 \times 3.195 \times (6.39 - 1.278) \times 10^{-3}$$
$$= 13.07 (\text{kN})$$

则水流作用在每米宽闸门上的水平推力为 $R = -R' = -13.07(\text{kN})$，方向向右。

通过以上例题可以看出，求解实际液体恒定总流的运动要素或总流控制体上所受的作用力时，往往需要综合应用恒定总流的三个基本方程，即连续方程、能量方程与动量方程，它们是水动力学中最重要的基本方程，是求解工程实际水力计算问题的基本依据，也是本课程的理论核心。连续方程及动量方程的应用条件与能量方程的应用条件不相同，在求解实际液体恒定流的动力学问题时，如果需要用这三个方程联立求解，必须同时考虑三个方程的全部适用条件，特别要注意的是过水断面应选取均匀流或渐变流断面。

## 【习题】

3-1 比较以下各组概念：
(1) 拉格朗日法与欧拉法；(2) 当地加速度与迁移加速度；(3) 流线与迹线；(4) 元流与总流；(5) 流量与断面平均流速；(6) 恒定流与非恒定流；(7) 均匀流与非均匀流；(8) 有压流与无压流；(9) 渐变流与急变流；(10) 测压管水头与总水头；(11) 测压管水头线与总水头线；(12) 水力坡度与测压管水力坡度。

3-2 简述实际重力液体恒定元流能量方程中各项的物理意义和几何意义。

3-3 应用能量方程时，过水断面为什么只能选择均匀流或渐变流断面？两断面间是否允许存在急变流？

3-4 均匀流和渐变流过水断面上动水压强分布规律与静水压强分布规律有何异同？

3-5 如习题3-5图所示，水从圆管中流过，在倒U形比压计中，油的重度 $\gamma' = 8.16\text{kN/m}^3$，水油界面高差 $\Delta h = 200\text{mm}$，求管轴线处的流速 $u$。

3-6 如习题3-6图所示，在一管路上测得过水断面 1-1 的测压管高度 $p_1/\gamma$ 为 1.5m，过水断面面积为 $0.05\text{m}^2$，2-2 断面的过水断面面积为 $0.02\text{m}^2$，两断面间水头损失为 $0.5 v_1^2/2g$，管中流量为 20L/s，试求 2-2 断面的测压管高度 $p_2/\gamma$。已知 $z_1$ 为 2.6m，$z_2$ 为 2.5m。

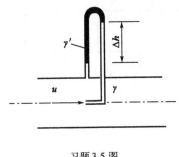
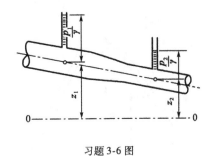

习题 3-5 图                习题 3-6 图

3-7 直径 $d$ 为 100mm 的输水管,管中有一变直径管段,如习题 3-7 图所示,若测得管内流量 $Q$ 为 10L/s,变直径管段最小截面处的断面平均流速 $v_0=20.3$m/s,求输水管的断面平均流速 $v$ 及最小截面处的管道直径 $d_0$。

3-8 如习题 3-8 图所示,有一直径 $d$ 为 1m 的盛水圆筒,与一根直径 $d_1=10$cm 的水平管道相连。已知某时刻管道中断面平均流速 $v_2=2$m/s,求该时刻圆筒中液面下降的速度 $v_1$。

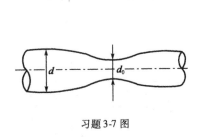
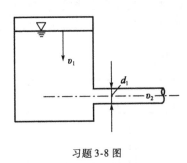

习题 3-7 图                习题 3-8 图

3-9 如习题 3-9 图所示文丘里管,已知 $d_1=50$mm,$d_2=100$mm,$h=2$m,若不计水头损失,试计算管中流量至少为多大时才能抽出基坑中的积水?

3-10 如习题 3-10 图所示的有压管涵,管径 $d=1.5$m,上、下游水位差 $H=2$m。设管涵中水流的水头损失 $h_w=2v^2/2g$($v$ 为管涵中水流流速),求通过管涵的流量 $Q$。

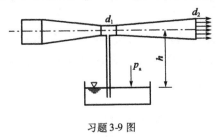
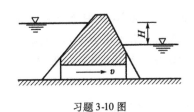

习题 3-9 图                习题 3-10 图

3-11 如习题 3-11 图示一虹吸管,通过的流量 $Q=28$L/s,管段 $AB$ 和 $BC$ 的水头损失均为 0.5m,$B$ 处离水池水面高度为 3m,$B$ 处与 $C$ 处的高差为 6m。试求虹吸管的直径 $d$ 和 $B$ 处的压强。

3-12 如习题 3-12 图所示,容器内存有水,水流沿变直径管道流入大气。假设管道水流为恒定流。已知 $A_0=4$m²,$A_1=0.04$m²,$A_2=0.1$m²,$A_3=0.03$m²。容器水面与各过水断面的距离分别为:$h_1=1$m,$h_2=2$m,$h_3=3$m。若不计水头损失,试求断面 $A_1$ 及 $A_2$ 处的相对压强。

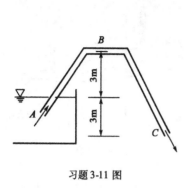

习题 3-11 图

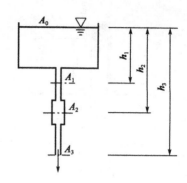

习题 3-12 图

**3-13** 如习题 3-13 图所示,用一根直径 $d=200\text{mm}$ 的管道从水箱中引水,水箱中的水由于不断得到外界的补充而保持水位恒定。若引水流量 $Q$ 为 $60\text{L/s}$,求水箱中水面与管道出口断面(2-2 断面)中心的高差 $H$ 应保持多大?假设水箱截面积远大于管道截面积,且水流总的水头损失 $h_w$ 为 $5\text{m}$ 水柱。

**3-14** 从一喷嘴中水平喷射出一股水流,直接冲击作用在一竖直平板上,如习题 3-14 图所示,射流的流量 $Q=10\text{L/s}$,流速 $v=10\text{m/s}$,求射流对竖直平板的作用力(不计摩阻力及水头损失)。

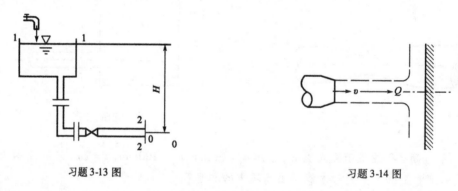

习题 3-13 图        习题 3-14 图

**3-15** 如习题 3-15 图所示溢流坝上游渐变流断面 1-1 的水深 $h_1=1.5\text{m}$,溢流坝下游渐变流断面 2-2 的水深 $h_2=0.6\text{m}$,断面 1-1 和 2-2 之间的水头损失略去不计,求每米坝宽所受的水平推力。

**3-16** 如习题 3-16 图为一直立式矩形平板闸门控制的闸孔出流。矩形断面渠道的宽度 $b=6\text{m}$。闸孔上游水深 $H=5\text{m}$,闸孔下游收缩断面水深 $h_c=0.8\text{m}$,流量 $Q$ 为 $30\text{m}^3/\text{s}$。求水流对闸门的水平作用力(渠底与渠壁的摩擦阻力忽略不计)。

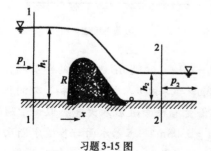

习题 3-15 图

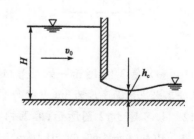

习题 3-16 图

# 第四章 水流阻力

【学习目的与要求】

通过"水流阻力"学习，了解水流阻力和水头损失的形成原因，掌握液体流动两种形态及判别标准，掌握沿程和局部水头损失的计算公式，掌握能量方程的应用以及短管的水力计算。

因实际液体具有黏滞性，在流动过程中会产生水流阻力，克服阻力就要耗损一部分机械能，造成水头损失。水头损失与液体的物理特性、边界条件以及液流形态有密切关系，所以本章在阐明液流形态及其特征的基础上，讨论水头损失的变化规律及其计算方法。

## 第一节 水流阻力与水头损失的分类

造成水流阻力与水头损失的主要因素包括两个方面：一是液体具有黏滞性，由于液体的黏滞性以及固壁边界引起的过水断面上流速分布不均匀导致横向速度梯度，从而使水流中存在摩擦阻力，而液体运动克服摩擦阻力需消耗一部分能量；二是固体边界的影响，由于液体黏滞性、边界条件变化以及其他原因，使液流中产生漩涡，从而改变了水流的内部结构，这样，水流中各质点间产生相对运动，并进行势能与动能的相互转化，在这个过程中有一部机械能转化为热能，造成机械能的损失。前者是主要的、起决定性作用的因素。但对于不同边界的液流，过水断面上流速分布不同，因而对流动阻力及水头损失的影响也不同。为了便于分析研究，可根据造成水流阻力和水头损失的外在因素，即流动的不同边界条件，将水头损失 $h_w$ 分为沿程水头损失 $h_f$ 和局部水头损失 $h_j$ 两类。

## 一、沿程阻力和沿程水头损失

在流动边界条件沿流程不变的均匀流中，固壁边界虽然是平直的，但由于边界粗糙及液流的黏滞作用，引起过水断面上流速分布不均匀，液流内部质点之间发生相对运动，从而产生切应力。但是，因均匀流沿流程的流动情况不变，则过水断面上切应力的大小及分布沿流程不变，这种切应力称为沿程阻力(或摩擦阻力)。在流动过程中，要克服这种摩擦阻力就需要做功，单位重力液体由于沿程阻力做功所引起的机械能损失称为沿程水头损失，以 $h_f$ 表示。由于沿程阻力沿流程均匀分布，因而沿程水头损失与流程的长度呈正比。均匀流的水力坡度 $J$ 沿程不变，总水头线为一条直线。由能量方程可计算出均匀流从过水断面1-1到过水断面2-2之间流段的沿程水头损失为：

$$h_{f1-2} = (z_1 + \frac{p_1}{\gamma}) - (z_2 + \frac{p_2}{\gamma}) \tag{4-1}$$

上式说明均匀流时，克服沿程阻力所消耗的能量由势能提供。

当液体流动为渐变流时，水流阻力就不仅仅有沿程阻力了，而且沿程阻力的大小沿流程也要发生变化。为了简化计算，常将比较接近的两过水断面之间的渐变流视为均匀流，用均匀流的计算方法计算该段的沿程水头损失。实践表明，这样的近似处理方法对于工程中的水力计算问题是可行的。

## 二、局部阻力和局部水头损失

在急变流段上所产生的流动阻力称为局部阻力，相应的水头损失称为局部水头损失，以 $h_j$ 表示。急变流段上流动边界急剧变化，使得过水断面形状及大小、断面上的流速分布与压强分布均沿程迅速变化，并且往往会发生主流与固壁边界分离，在主流与固壁边界之间形成漩涡区，漩涡区内过水断面上的流速梯度增大，相应的摩擦阻力也增大。漩涡运动的产生及发展还会使液体质点的运动更加紊乱，相互碰撞加剧。局部阻力一般集中在不长的流程上，水流结构发生急剧变化，如水管的弯头、变径、闸门、阀门等处的阻力均属此类。如图4-1a)所示，管流中有半开的阀门，断面2-2至4-4为急变流，而断面1-1为均匀流；图4-1b)为均匀流断面1-1和急变流断面3-3的流速分布。显然，急变流段上的流动阻力及水头损失均比同样长度的均匀流段上大得多。

工程实际中的液体运动，通常是由若干段均匀流、渐变流和急变流组成的，整个流动的水头损失应该是各流段的水头损失之和。例如图4-1c)所示水流，若研究包括管道进口前的渐变流断面1-1及管道出口后的渐变流断面5-5的管流，流段1、2、3、4都比较长，主要为均匀流；断面2-2及3-3处管径突然变化，断面4-4处有半开的阀门，因而这些断面前、后是急变流，断面1-1至管道进口以及管道出口至断面5-5也属急变流。则整个管流总的水头损失 $h_w$ 是所有均匀流段的沿程水头损失以及所有急变流段的局部水头损失之和：

$$h_w = (h_{f1} + h_{f2} + h_{f3} + h_{f4}) + (h_{j进口} + h_{j扩大} + h_{j缩小} + h_{j阀门} + h_{j出口})$$

对于任意一个流动，总的水头损失可用下式计算：

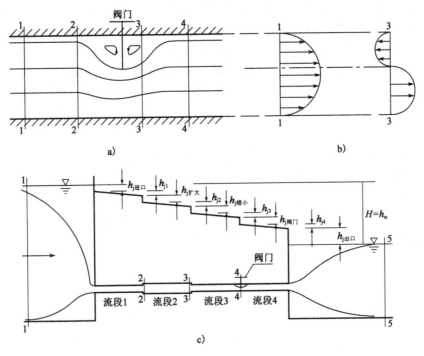

图 4-1 局部阻力和局部水头损失

$$h_w = \sum h_f + \sum h_j \tag{4-2}$$

上式表明,能量方程中总的水头损失即为两个计算断面之间所有沿程水头损失与所有局部水头损失的代数和,其计算满足叠加原理。

需要说明的是,把水头损失划分为沿程水头损失与局部水头损失,对液流本身来说,仅仅在于产生水头损失的外在原因有所不同而已,丝毫不意味着这两种水头损失在液流内部的物理作用方面有任何本质上的不同。就液流内部的物理作用来说,水头损失不论其产生的外因如何,都是由于液体内部质点之间存在相对运动,因黏滞性的作用产生切应力的结果。

## 第二节 液体流动的两种形态及判别

水流阻力和水头损失的形成原因,不仅与边界条件有关,而且与液体内部的微观运动结构有关。从运动液体内部的微观运动结构分析,流动存在两种形态,即层流和紊流,这一点很早就已被人们所认识,但直到 1883 年,英国物理学家雷诺(Osborne Reynolds)通过实验才深入地揭示了这两种流动形态不同的本质。雷诺通过管道水流实验,研究不同的管径、管壁粗糙度及不同的流速与沿程水头损失之间的关系,证实了实际液体运动在不同的边界条件下和不同的流速时会有层流和紊流两种不同的流动形态。流动形态不同时,其断面流速分布、水头损失、挟沙能力等规律均不相同。

### 一、雷诺实验

雷诺实验的装置如图 4-2a)所示。水平放置一玻璃管与水箱相连,水箱水面保持恒定,另接一装有颜色水的容器,颜色水与水的重度相同,经细管流入玻璃管中,以小阀门调节颜色水的流量。以调节阀调节玻璃管内水的流量,从而达到控制流速的目的。

进行实验时,首先缓慢打开调节阀,使玻璃管内水的流速很小,再打开小阀门放出颜色水,此时可见颜色水呈一细股界线分明的直线流束,与周围的清水互不混掺[图4-2b)],各流层的液体质点是有条不紊的运动,互不混杂,这种形态的流动称为层流。液体做层流运动时,各层液体质点互不混掺。若逐渐开大调节阀,使流速逐渐增大到足够大时,颜色水产生微小波动,如图4-2c)所示。继续开大调节阀,当流速增大到某一数值时,颜色水横向扩散遍及管道的整个断面,与清水混掺,使得整个管中水流被均匀染色,如图4-2d)所示,各流层的液体质点形成涡体,在流动过程中互相混掺,杂乱无章,这种形态的流动称为紊流。图4-2c)是层流与紊流之间的过渡状态。由层流转化为紊流时的流速称为上临界流速,以$v'_c$表示。紊流状态下液体质点的运动轨迹极不规则,既有沿质点主流方向的运动,又有垂直于主流方向的运动,各点速度的大小和方向随时间无规律地随机变化。

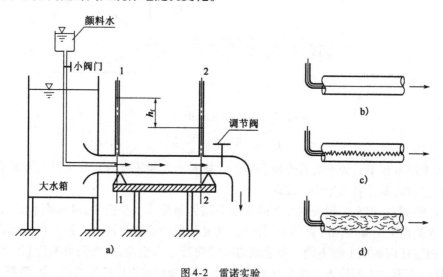

图4-2 雷诺实验

若以相反的程序进行实验,将开大的调节阀逐渐关小,玻璃管中已处于紊流状态的液体逐渐减速,经图4-2c)所示的过渡状态后,当液体的流速降低到某一值$v_c$时,玻璃管中的液流又呈现出颜色水鲜明的直线元流,说明水流已由紊流转变为层流了。由实验知$v_c < v'_c$,即紊流转变为层流的流速要比层流转变为紊流的流速小,$v_c$称为下临界流速。

为了探讨沿程水头损失与边界情况及流速等之间的关系,在玻璃管的1-1断面及2-2断面分别接一测压管,由伯诺里方程:

$$h_w = h_{f1-2} = (z_1 + \frac{p_1}{\gamma}) - (z_2 + \frac{p_2}{\gamma})$$

可知两断面间的水头损失等于两断面的测压管水头差。当管内流速不同时,测压管水头差值亦不相同,即沿程水头损失亦不相同。实验时,每调节一次流速,都测定一次测压管水头差值,并同时观察流态,最后将不同的流速$v$及相应的水头损失$h_f$的实验数据点绘在双对数坐标纸上,令横坐标为$\lg v$,纵坐标为$\lg h_f$,得出$h_f$与$v$的关系曲线,如图4-3所示。从图中可以看出,曲线有三段不同的规律:

(1) $ab$ 段：此段流速 $v < v_c$，流动为稳定的层流，$h_f$ 与流速 $v$ 的一次方呈正比，实验点分布在与横坐标轴 ($\lg v$) 成 $45°$ 的直线上，因而 $ab$ 线的斜率为 1。

(2) $ef$ 段：此段流速 $v > v'_c$，流态为紊流，试验曲线 $ef$ 的开始部分为与横轴 ($\lg v$ 轴) 呈约 $60°$ 夹角的直线，向上微弯后又渐为与横轴呈 $63°25'$ 夹角的直线；$ef$ 线的斜率为 $1.75 \sim 2.0$。

(3) $be$ 段：此段流速 $v_c < v < v'_c$，流速由小增大时，层流维持至 $c$ 点才转变为紊流，实验曲线为 $bce$，$c$ 点对应于上临界流速 $v'_c$；若实验以相反程序进行，即流速由大减小时，则紊流维持至 $b$ 点才转变为层流，$b$ 点对应于下临界流速 $v_c$，$be$ 之间的流态是层流与紊流的过渡段。$v'_c$ 值易受实验过程中任何微小干扰的影响而不稳定，但 $v_c$ 的值却是不易受干扰的稳定值。

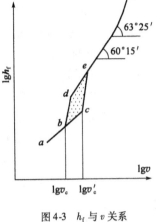

图 4-3　$h_f$ 与 $v$ 关系

实验结果可表示为：

$$\lg h_f = \lg k + m \lg v$$

即

$$h_f = k v^m \tag{4-3}$$

式中：$m$——图 4-3 中各段直线的斜率。

层流时，$m = 1.0$，$h_f = kv$，此时，沿程水头损失与流速的一次方呈正比；紊流时，$m = 1.75 \sim 2.0$，$h_f = kv^{1.75 \sim 2.0}$，此时，沿程水头损失与流速的 $1.75 \sim 2.0$ 次方呈正比。

雷诺实验的意义在于揭示了液体运动存在着层流与紊流两种不同形态的流动，并对一定的管道水流，初步探讨了流速与沿程水头损失 $h_f$ 之间的关系。用其他液体或气体，或在其他边界条件下做相同的实验，可以得到同样的结果。层流与紊流的区别不仅是流体质点的运动轨迹不同，而且其水流内部结构也完全不同，从而导致水头损失的变化规律不同，因而计算水头损失须首先判别流态。

## 二、流态的判别

根据以上讨论和有关实验可知，下临界流速远远小于上临界流速，下临界流速在相同实验条件下比较稳定；而上临界流速则随外界条件的不同有很大的变化范围，其流动状态的改变取决于液体的黏滞性和外界干扰两个方面。另外，上、下临界流速之间的层流极不稳定，稍有扰动即可能转变为紊流。因此，判别流态通常不采用上临界流速，而采用比较稳定的下临界流速（简称临界流速）。若实际液体的流速小于下临界流速，即 $v < v_c$，则液体运动为层流运动。由于在 $be$ 过渡段，实验点分布较为散乱，即未能归纳出 $h_f$ 与 $v$ 等因素的确定规律，故一般认为当实际液体的流速大于下临界流速时，均按紊流考虑。

实验表明，管径不同或液体种类不同，所得的临界流速也不同，所以用流速作为层流和紊流的判别标准是不方便的。雷诺引用了一个无因次数作为判别标准，无因次数反映了液体流动的惯性力与黏滞力的对比关系，由量纲分析有：

$$Re = \frac{惯性力}{黏滞力} = \frac{Ma}{\mu A \dfrac{du}{dy}} = \left[\frac{\rho L^3 \dfrac{v}{t}}{\mu L^2 \dfrac{v}{L}}\right] = \left[\frac{\rho L^2 v^2}{\mu L v}\right] = \left[\frac{\rho L v}{\mu}\right] = \left[\frac{L v}{\nu}\right]$$

显然,若上式中的特征长度 $L$ 采用圆管直径 $d$,则雷诺数的表示形式为:

$$Re = \frac{vd}{\nu} \tag{4-4}$$

式中:$Re$——雷诺数,无因次;

$d$——管的直径;

$v$——管中流速;

$\nu$——液体的运动黏滞系数。

由实验得知,圆管中下临界流速所对应的雷诺数(称为下临界雷诺数或简称为临界雷诺数,用 $Re_c$ 表示)为一常数,工程上一般取 $Re_c = 2\,000$。上临界流速所对应的上临界雷诺数变化范围较大,最大可达到 40 000。

工程上采用下临界雷诺数作为判别层流和紊流的标准,因为工程上的外界条件复杂多变,同时紊流的水头损失较大,采用下临界雷诺数可使计算偏于安全。这样,圆管中液流的层流和紊流的判别标准就成为:$Re \leq 2\,000$ 时为层流,$Re > 2\,000$ 为紊流。

对于非圆形管道的有压管流或过水断面为非圆形的明渠、河道中的水流也有层流和紊流之别,同样可用临界雷诺数进行流态的判别,只是雷诺数中的特征长度应采用水力半径 $R$。

设过水断面面积为 $\omega$,过水断面上液体与固壁接触部分的长度,称为湿周,以希腊字母 $\chi$ 表示,过水断面面积 $\omega$ 与湿周 $\chi$ 的比值称为水力半径,以 $R$ 表示:

$$R = \frac{\omega}{\chi} \tag{4-5}$$

水力半径相当于单位长度湿周对应的过水断面面积,具有长度的量纲。在边界上,由于黏滞力和分子吸引力的作用,液体质点速度为零,而稍离开边界处的液体具有较大的流速,这说明边界处附近的液体速度梯度很大,则内摩擦力也大。所以在其他条件不变(如过水断面面积 $\omega$ 一定)的情况下,湿周越长,液体消耗于克服内摩擦力的能量也越多;而水力半径与湿周呈反比关系,水力半径越大,液体消耗于克服内摩擦力的能量越小。水力半径和湿周是表示液体承受阻力情况的重要特征数,在水力学中广泛应用。

在圆形的过水断面中,水力半径等于圆直径的 1/4,即 $R = d/4$。

采用水力半径 $R$ 作为雷诺数中的特征长度,则雷诺数和下临界雷诺数可表示为:

$$Re = \frac{vR}{\nu}$$

$$Re_c = \frac{v_c R}{\nu}$$

根据测定,渠道的下临界雷诺数 $Re_c = 500$。所以在渠道中,当 $Re = vR/\nu \leq 500$ 时,出现层流,当 $Re = vR/\nu > 500$ 时,出现紊流。

在公路工程中,所涉及的绝大多数水流运动是紊流,只是在实验室和地下水中出现层流的情况多一些,所以在公路工程中一般着重于研究紊流运动。层流运动规律对研究石油的运动、润滑油的运动或细管中、狭缝和极浅的水槽中的水流运动具有重要的意义。

**[例 4-1]** 有压管流水温为 15℃,管径为 2cm,水流的断面平均流速为 8cm/s,试求管中水流形态以及水流形态转变时的临界流速或水温。

**解**:水温 15℃,查表 1-3 可知,$\nu = 0.011\,4\,cm^2/s$,实际管流的雷诺数为:

$$Re = \frac{vd}{\nu} = \frac{8 \times 2}{0.0114} = 1400 < 2000 (层流)$$

临界流速：
$$v_c = \frac{Re_c \nu}{d} = \frac{2000 \times 0.0114}{2} = 11.4 (cm/s)$$

即当 $v$ 增大到 11.4cm/s 以上时，水流由层流转变紊流。

若不改变流速，即 $v=8$cm/s，也可以因水温的改变而使 $\nu$ 及 $Re$ 改变，从而使层流转变为紊流。临界流态下，$\nu$ 值为：

$$\nu = \frac{vd}{Re_c} = \frac{8 \times 2}{2000} = 0.008 (cm^2/s)$$

查表 1-3 可知，当水温升高到 30℃ 以上时，水流转变为紊流。

[**例 4-2**] 一断面为矩形的排水沟，沟底宽 20cm，水深 15cm，流速 0.15m/s，水温15℃，试判别其流态。

**解**：当水温为 15℃ 时，$\nu = 0.0114$cm²/s，非圆形断面的水力半径：

$$R = \frac{\omega}{\chi} = \frac{20 \times 15}{20 + 2 \times 15} = 6(cm)$$

$$Re = \frac{vR}{\nu} = \frac{15 \times 6}{0.0114} = 7900 > 500$$

因此，流态为紊流。

# 第三节 均匀流的基本方程

## 一、均匀流基本方程

由前面的分析讨论可知，均匀流过水断面上的切应力 $\tau$ 是引起沿程水头损失的原因，且切应力 $\tau$ 的大小及分布沿程不变。反映 $\tau$ 与沿程水头损失 $h_f$ 之间关系的方程式称为均匀流基本方程。

根据均匀流的定义，若要在圆管有压流动中形成均匀流，则管道必须是管径及圆管壁面材料均沿程不变的长直管。对于明渠流动，若要在渠道中形成均匀流，则要求渠道断面的形状、尺寸、壁面粗糙情况都沿程不变，渠道长、直，且底坡大于零（即渠底高程沿流程降低，称为顺坡）；同时，流动必须为恒定流。

为建立均匀流基本方程，以有压管流中的均匀流为例，取过水断面 1-1 至 2-2 长度为 $l$ 的流段作为控制体进行轴向受力分析，由于是等直径圆管，两个过水断面的面积相等，即 $\omega_1 = \omega_2 = \omega$，如图 4-4 所示。

设流动轴线与竖直方向的夹角为 $\alpha$，流段所受的轴向外力有：$P_1 = p_1\omega_1$，$P_2 = p_2\omega_2$。

重力的分量 $G\cos\alpha = \gamma \omega l \cos\alpha = \gamma\omega(z_1 - z_2)$，流段边壁的摩擦切力 $T = \tau_0 \chi l$，$\tau_0$ 为边壁

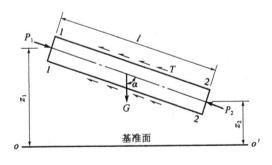

图 4-4 圆管中的均匀流动

上的平均切应力,$\chi$ 为湿周。均匀流是等流速直线流动,故流段所受的轴向外力必定相互平衡,即:

$$P_1 + G\cos\alpha - P_2 - T = 0$$
$$(p_1 - p_2)\omega + \gamma\omega(z_1 - z_2) - \tau_0\chi l = 0$$

用 $\gamma\omega l$ 除上式中的各项,可得:

$$\frac{(z_1 + \frac{p_1}{\gamma}) - (z_2 + \frac{p_2}{\gamma})}{l} = \frac{\tau_0\chi}{\gamma\omega}$$

上式中的左端为均匀流单位长度上的测压管水头损失或总水头损失($\frac{v_1^2}{2g} = \frac{v_2^2}{2g}$),即为水力坡度 $J$。而水力半径 $R$ 是过水断面面积 $\omega$ 与湿周 $\chi$ 的比值。这样,上式可简化为:

$$\tau_0 = \gamma R J \tag{4-6}$$

或

$$h_f = \frac{\tau_0 l}{\gamma R} \tag{4-7}$$

式(4-6)或式(4-7)就是均匀流基本方程,它表明均匀流单位长度的水头损失($J$)与内摩擦应力($\tau_0$)的一次方呈正比。只要内摩擦应力能够求出,则水头损失就很容易确定。应该说明,因为这一方程在推导过程中未加限制,所以对层流和紊流都是适用的。

顺便指出,因 $J$ 与 $R$ 呈反比,而 $R = \omega/\chi$。当 $\omega$ 一定时,$\chi$ 越小,$R$ 越大,则 $J$ 越小,即水头损失越小。水头损失随水力半径的增大而减小,说明水力半径是反映液体水头损失的因素。水力学上把影响水头损失的断面几何条件,如 $\omega$、$\chi$、$R$ 等,称为断面水力要素。对同样大小的 $\omega$,$\chi$ 最小、$R$ 最大的断面形状是圆形,工程上常将水管做成圆形,渠道做成接近圆形的梯形,这样就能减小水头损失(减小阻力),使液体的流动更通畅。

## 二、沿程水头损失的通用计算公式

根据均匀流基本方程,沿程水头损失 $h_f$ 是由于 $\tau_0$ 的存在而产生的。从物理性质分析和实验观测可知,液体流动的摩擦切应力 $\tau_0$ 与下列因素有关:流速 $v$、水力半径 $R$、液体密度 $\rho$、液体的动力黏滞系数 $\mu$ 以及流动边界固壁的粗糙凸起高度 $\Delta$(称为绝对粗糙度)等。下面通过量纲分析,建立以上各因素之间的关系。首先将它们的作用,综合表示为以下的单项指数关系式:

$$\tau_0 = K v^a R^b \rho^c \mu^d \Delta^e$$

式中:    $K$——无因次系数;

    $a$、$b$、$c$、$d$、$e$——未知指数。

根据物理方程应当在因次关系上满足量纲和谐的原理,可列出上式中各物理量的因次关系式:

$$[ML^{-1}T^{-2}] = [LT^{-1}]^a [L]^b [ML^{-3}]^c [ML^{-1}T^{-1}]^d [L]^e$$

对质量因次 $M$、长度因次 $L$ 及时间因次 $T$ 列出平衡关系:

$$M: 1 = c + d$$
$$L: -1 = a + b - 3c - d + e$$
$$T: 2 = a + d$$

由以上三式可解得:$a = 2 - d, b = -d - e, c = 1 - d$

则有:

$$\tau_0 = Kv^{2-d}R^{-d-e}\rho^{1-d}\mu^d\Delta^e$$

或

$$\tau_0 = K\left(\frac{vR\rho}{\mu}\right)^{-d}\left(\frac{\Delta}{R}\right)^e\rho v^2$$

若设

$$\lambda = f\left(Re, \frac{\Delta}{R}\right) \tag{4-8}$$

则可以表示为:

$$\tau_0 = \frac{\lambda}{8}\rho v^2 \tag{4-9}$$

式中:$\lambda$ ——沿程阻力系数或达西系数,综合反映各个与 $\tau_0$ 有关的因素对 $h_f$ 的影响。将式(4-9)代入均匀流基本方程式(4-7),可得:

$$h_f = \lambda \frac{l}{4R} \frac{v^2}{2g} \tag{4-10}$$

上式称为达西公式(Darcy-Weisbach equation),是计算沿程水头损失的通用公式,适用于任何流动形态的液流。

对于有压圆管流动,$4R = d$,代入式(4-10),可得到有压圆管流动的沿程水头损失计算公式为:

$$h_f = \lambda \frac{l}{d} \frac{v^2}{2g} \tag{4-11}$$

利用上述公式,计算 $h_f$ 的问题就转化为求解 $\lambda$ 值的问题了。由式(4-8)可知,$\lambda$ 与液流的雷诺数 $Re$ 及壁面的相对粗糙度 $\Delta/R$ 有关,下面分别讨论层流和紊流条件下 $\lambda$ 的变化规律。

## 第四节 层流均匀流

### 一、层流的沿程阻力

对于层流运动,沿程阻力即内摩擦力。液层间的内摩擦切应力可由牛顿内摩擦定律求出 $\tau = \mu\frac{du}{dy}$。圆管中有压均匀流是轴对称流,若采用坐标系 $(x,r)$,并自管壁起沿径向设 $y$ 坐标,即 $y = r_0 - r$,如图 4-5 所示。则:

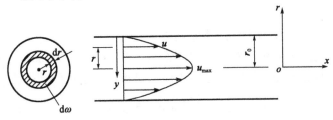

图 4-5 圆管中有压均匀流

$$\frac{du}{dy} = -\frac{du}{dr}$$

所以圆管层流的内摩擦切应力的计算式为：

$$\tau = -\mu \frac{du}{dr} \tag{4-12}$$

式中右端引入一个负号是因为流速向管壁逐渐减少，$\frac{du}{dr}$ 永远为负，而内摩擦应力不可能有负值。

## 二、圆管层流过水断面上的流速分布

圆管均匀层流在半径 $r$ 处的切应力由均匀流基本方程及式(4-12)可得：

$$\tau = \frac{1}{2} r \gamma J = -\mu \frac{du}{dr}$$

于是

$$du = -\frac{\gamma}{2} \frac{J}{\mu} r dr$$

均匀流中各元流 $J$ 值相等。对 $du$ 积分，并考虑到边界条件 $r = r_0$ 时，$u = 0$，可得：

$$u = -\frac{\gamma J}{4\mu} r^2 + c, \quad c = \frac{\gamma J}{4\mu} r_0^2$$

所以

$$u = \frac{\gamma J}{4\mu} (r_0^2 - r^2) \tag{4-13}$$

上式表明圆管层流运动过水断面上流速分布为旋转抛物面，管壁处 $u = 0$，管轴处（$r = 0$）流速最大，其值为：

$$u_{max} = \frac{\gamma J}{4\mu} r_0^2 \tag{4-14}$$

因为流量 $Q = \int_\omega u d\omega = v\omega$，在过水断面上选取宽为 $dr$ 的环形断面，面积为微元面积 $d\omega = 2\pi r dr$，如图 4-5 所示。则圆管层流的断面平均流速为：

$$v = \frac{Q}{\omega} = \frac{\int_\omega u d\omega}{\omega} = \frac{1}{\pi r_0^2} \int_0^{r_0} \frac{\gamma J}{4\mu} (r_0^2 - r^2) 2\pi r dr = \frac{\gamma J}{8\mu} r_0^2 \tag{4-15}$$

比较式(4-14)和式(4-15)，得：

$$v = \frac{1}{2} u_{max} \tag{4-16}$$

即圆管层流中的平均流速为过水断面上最大流速的一半。

由前述可知，动能修正系数 $\alpha$ 和动量修正系数 $\beta$ 的值均与过水断面上的流速分布有关。根据 $\alpha$ 及 $\beta$ 的定义式以及流速分布函数式(4-13)，可得圆管层流的动能修正系数为：

$$\alpha = \frac{1}{v^3 \omega} \int_\omega u^3 d\omega = 2.0$$

动量修正系数为：

$$\beta = \frac{1}{v^2 \omega}\int_\omega u^2 \mathrm{d}\omega = 1.33$$

### 三、圆管层流的沿程水头损失计算公式

由式(4-15)得:

$$J = \frac{h_\mathrm{f}}{l} = \frac{8\mu v}{\gamma r_0^2} = \frac{32\mu v}{\gamma d^2}$$

因此

$$h_\mathrm{f} = \frac{32\mu v l}{\gamma d^2} \tag{4-17}$$

该式说明了圆管层流运动的水头损失 $h_\mathrm{f}$ 与断面平均流速 $v$ 呈正比,即如图4-3中的 $ab$ 段所示。将式(4-17)转化为达西公式的形式:

$$h_\mathrm{f} = \frac{2\times 32\times \mu}{v\times \rho \times d}\frac{l}{d}\frac{v^2}{2g} = \frac{64}{\underset{\nu}{vd}}\frac{l}{d}\frac{v^2}{2g} = \frac{64}{Re}\frac{l}{d}\frac{v^2}{2g}$$

将上式与式(4-11)比较,可得圆管层流的沿程阻力系数为:

$$\lambda = \frac{64}{Re} \tag{4-18}$$

## 第五节 紊流特征

紊流运动的内部微观结构比层流复杂得多,主要表现为紊流中存在大量做杂乱无章运动的微小漩涡,这些漩涡的不断产生、发展、衰减和消失,使得液体质点在运动中不断地相互混掺,质点的流速矢量以及压强、切应力等其他运动物理量都随时间在不断地变化。在水力学中,一般采用时间平均的方法来研究紊流运动。

### 一、紊流运动要素的脉动与时均化的研究方法

紊流运动的基本特征是液体各质点不断地混掺,使得质点的流速、压强等运动要素均随空间位置及时间随机地变化。采用激光测速仪可测得在水箱恒定水位下的有压管流中液体质点通过某空间点 $A$ 的各方向瞬时流速分量 $u_x$、$u_y$、$u_z$ 随时间的变化关系曲线,如图4-6所示。从这些曲线中可以看出,液体中空间点 $A$ 处的各流速分量均随时间不断地变化,但在水箱水位恒定的条件下,它们都围绕着某一平均值随机地上、下变化,这种现象称为紊流脉动现象。

脉动是一种随机过程。在工程问题中,一般不讨论它的精确变化过程而仅关心一定时间内各运动要素的平均值。用 $\bar{u}_x$、$\bar{u}_y$、$\bar{u}_z$ 和 $\bar{p}_x$ 分别表示流速及压强的时间平均值,运动要素的时间平均值(简称时均值)的定义式为:

$$\left.\begin{aligned}\bar{u}_x &= \frac{1}{T}\int_0^T u_x(t)\mathrm{d}t \\ \bar{p} &= \frac{1}{T}\int_0^T p(t)\mathrm{d}t\end{aligned}\right\} \tag{4-19}$$

式中：$T$——足够长的时段。

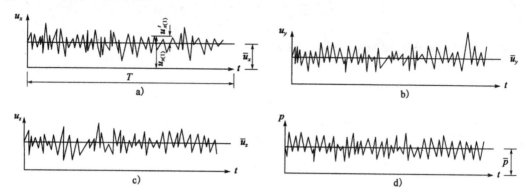

图 4-6 $u_x$、$u_y$、$u_z$ 随时间的变化关系曲线

液流某空间点的瞬时流速与时均流速之差称为脉动流速，记为 $u'_x$、$u'_y$、$u'_z$，于是，瞬时流速可表示为：

$$u_x = \bar{u}_x + u'_x$$
$$u_y = \bar{u}_y + u'_y \quad (4\text{-}20)$$
$$u_z = \bar{u}_z + u'_z$$

同理，瞬时压强为 $p = \bar{p} + p'$，$p'$ 称为脉动压强。

水力学中，将紊流运动看作一个时间平均流动和一个脉动流动的叠加，并分别加以研究，这种研究方法称为时均化的研究方法。

由于紊流的脉动特性，所以严格地说，紊流总是非恒定的。但是，在工程实际问题中，一般只讨论紊流时均运动，并且根据运动要素的时均值是否随时间而变化将紊流划分为恒定流与非恒定流。根据恒定流导出的基本方程，对于恒定的时均流动仍适用。以后各章所讨论的紊流运动，其运动要素都是指时均值，并略去表达时均值的字母上的横线。

当然，紊流中实际存在有液体质点的混掺，使相邻的液体层间产生质量、动量、热量和悬浮物含量的交换，导致各运动要素在过水断面上的分布趋于均匀，并大大增加了流动阻力。因此，在研究紊流阻力和紊流断面流速分布等问题时，仍应该直接从紊流质点混掺的真实过程出发进行分析，才能获得与实际相符的结论。

## 二、紊流切应力

紊流中的切应力不仅与液体的黏滞性有关，而且与紊流的运动特点，即液体质点的随机混掺和运动物理量的脉动有关。若由于液体的黏滞性和液体质点的相对运动而引起的黏性切应力为 $\tau_1$，则根据牛顿内摩擦定律，有：

$$\tau_1 = \mu \frac{d\bar{u}_x}{dy} \quad (4\text{-}21)$$

式中：$x$ 轴为沿主流的流动方向。

由于质点的随机紊动所产生的切应力 $\tau_2$，称为紊流附加切应力，其数值与液体密度及脉动流速有关。紊流运动的机理十分复杂，迄今仍在继续研究探索中。对于工程中的水力计算问题，目前只能采用经验的或半经验半理论的方法计算紊流附加切应力，其中较广泛采用的半经验半理论方法是德国科学家普朗特(Prandtl)提出的混合长度理论。

设图 4-7 中紊流流场在 $A$ 点的时间平均流速为 $\bar{u}$,$A$ 点在某一瞬时有一运动质点,并横向跃移至时间平均流速为 $\bar{u}+\Delta u$ 的 $B$ 点,这时的横向脉动流速为正值的 $u'_y$,在单位时间单位面积上,流层之间交换的质量为 $\rho u'_y$,交换的动量可设想为 $\rho u'_y \Delta u$。流层间的动量交换使流速较快的流层受到阻滞,流速较慢的流层受到拖动,这种流层的相互牵制力,就是紊流质点交换所引起的附加切力。根据动量定律,单位面积上的动量交换率应等于层面上的紊流附加切应力 $\tau_2$,即:

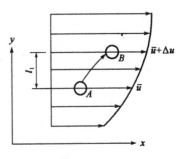

图 4-7 紊流流场动量交换

$$\tau_2 = \rho u'_y \Delta u$$

由于 $B$ 点接受了自 $A$ 点移来并具有 $A$ 点原有较低的 $x$ 方向流速的质点,因此可设想 $B$ 点在该瞬时会产生一个 $x$ 方向的负值脉动流速 $u'_x$,即 $u'_x = -\Delta u$,于是可改写紊流附加切应力为:

$$\tau_2 = -\rho u'_x u'_y$$

在紊流中,同样存在着用牛顿内摩擦定律计算的黏性切应力 $\tau_1$,故紊流的全部切应力为:

$$\tau = \tau_1 + \tau_2 = \mu \frac{du}{dy} - \rho u'_x u'_y \tag{4-22}$$

式中,$\tau$ 值同样是有脉动的瞬时参数,其时间平均值可写为:

$$\bar{\tau} = \mu \frac{d\bar{u}}{dy} - \rho \overline{u'_x u'_y} \tag{4-23}$$

虽然脉动流速的时间平均值 $\overline{u'_x} = 0$,$\overline{u'_y} = 0$,但脉动流速乘积的时间平均值 $\overline{u'_x u'_y}$ 却不为零。根据前面的分析,$u'_y$ 和 $u'_x$ 一般是异号,故其乘积的瞬时值或时间平均值都为负值,$\bar{\tau}_2$ 则为正值。

为了进一步用时间平均参数替代式(4-23)中的 $u'_y$ 和 $u'_x$,普朗特借用气体分子运动中自由行程的概念,假设质点的横向跃移距离在统计上有一个平均值 $l_1$,即质点向上或向下横移距离 $l_1$ 后,就在新地点与周围液体相混合,从而失去其原有特性,此横向距离 $l_1$ 称为混合长度。质点从初始位置跃至新位置的两处时间平均流速差 $\Delta u = l_1 \frac{d\bar{u}}{dy}$,普朗特进一步假定:

$$\overline{|u'_x|} = c_1 l_1 \frac{d\bar{u}}{dy}, \quad \overline{|u'_y|} = c_2 l_1 \frac{d\bar{u}}{dy}$$

且

$$\overline{|u'_x u'_y|} = c_3 \overline{|u'_x|} \cdot \overline{|u'_y|}$$

则

$$\bar{\tau}_2 = -\rho \overline{u'_x u'_y} = \rho c_1 c_2 c_3 l_1^2 \left(\frac{d\bar{u}}{dy}\right)^2$$

或

$$\bar{\tau}_2 = \rho l^2 \left(\frac{d\bar{u}}{dy}\right)^2 \tag{4-24}$$

式中,$l^2 = c_1 c_2 c_3 l_1^2$,$l$ 仍称为混合长度,但已不像 $l_1$ 那样具有直接的几何意义了,这样就实现了用时间平均参数表示 $\bar{\tau}_2$ 值的目的,进一步的问题就是如何用理论或实验的方法确定 $l$ 值了。

为了叙述的方便,紊流各时间平均参数 $\bar{\tau}_2$、$\bar{u}$、$\bar{p}$ 等,仍以符号 $\tau_2$、$u$、$p$ 等表示,不再在符号上方标记横线。当雷诺数很大时，紊流中的黏性切应力一般很小（壁面附近除外），在计算中常忽略不计，由于 $\tau_1 \ll \tau_2$，可认为：

$$\tau = \tau_1 + \tau_2 \approx \tau_2$$

### 三、层流底层

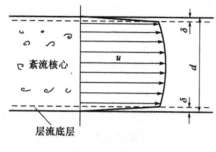

图4-8 流层底层

液体做紊流运动时，由于液体黏滞性和固体边壁的约束作用，紧靠壁面液体层的流速很小，流速梯度很大，因而黏性切应力很大；而且质点的横向混掺受到很大的约束，紊动比较弱，紊流附加切应力较小，紊流阻力以黏性阻力为主。所以，在紧靠边壁厚度为 $\delta$ 的液层内，黏滞力处于主导地位，这一薄层内的液体保持层流状态。通常将紊流中靠近边壁的这一薄层称为层流底层（或黏性底层），如图4-8所示。在层流底层之外的液流，统称为紊流核心，在紊流核心内的流态为紊流，紊流切应力以附加切应力为主。

由实验资料可知，雷诺数越大，紊流越强烈时，层流底层的厚度 $\delta$ 越小。$\delta$ 值可用下列经验公式估算：

$$\delta = 11.6 \frac{v}{v_*} \tag{4-25}$$

式中：$v_* = \sqrt{\tau_0/\rho}$ 是具有速度量纲且反映边壁切应力大小的量，称为切应力流速。

由均匀流基本方程式(4-7)和有压圆管流动的达西公式(4-11)可得：

$$\tau_0 = \frac{1}{8}\lambda\rho v^2 \tag{4-26}$$

将上式代入式(4-25)可得有压圆管流动中紊流时层流底层厚度 $\delta$ 的计算公式为：

$$\delta = \frac{32.8d}{Re\sqrt{\lambda}} \tag{4-27}$$

式中：$Re$——管内液体流动的雷诺数；

$\lambda$——沿程阻力系数。

可见，层流底层的厚度 $\delta$ 与雷诺数 $Re$ 有关，且随着雷诺数的增大而减小。

层流底层的厚度 $\delta$ 很小，一般只有零点几毫米，但对紊流阻力和水头损失却有很大影响。大量实验资料和现场实地观测资料表明，紊流沿程阻力和沿程水头损失的变化受层流底层的厚度和液体流动固体边壁表面粗糙程度的影响。任何固体边壁表面都有微小的起伏不平，绝对光滑的壁面是不存在的，而且粗糙凸起的分布也是不均匀的。以 $\Delta$ 表示壁面粗糙凸起的平均高度，称为壁面材料的绝对粗糙度；$\Delta$ 与流动边界的特征尺寸（如水力半径 $R$、圆管直径 $d$）的比值称为相对粗糙度，圆管时一般取 $\Delta/d$，过水断面为非圆断面时取 $\Delta/R$。如前所述，层流底层的厚度 $\delta$ 与雷诺数 $Re$ 呈反比关系。当 $Re$ 数较小时，$\delta$ 相对较大，若 $\delta$ 比 $\Delta$ 大得比较多时，壁面的粗糙凸起完全被层流底层所掩盖[图4-9a]，紊流核心与壁面的粗糙凸起被层流底层完全隔开，紊流阻力不受绝对粗糙度 $\Delta$ 的影响，沿程阻力系数 $\lambda$ 仅与雷诺数 $Re$ 有关，即 $\lambda = f(Re)$，这样的紊流称为紊流光滑，这时候的固体壁面称为水力光滑壁面，若是管道流动则称为水力光滑管；若 $Re$ 数很大，则层流底层的厚度 $\delta$ 很小，壁面粗糙凸起中的很大一部分，甚至全部都伸入到紊流核心中[图

4-9b)],成为产生紊流漩涡的重要场所,壁面粗糙凸起成为阻碍液体运动的最主要因素,紊流沿程阻力和沿程水头损失几乎与雷诺数 $Re$ 无关,而只与壁面的相对粗糙度 $\Delta/R$ 有关,沿程阻力系数 $\lambda = f(\Delta/R)$,这样紊流称为紊流粗糙,这时候的固体壁面称为水力粗糙壁面,管道则称为水力粗糙管。介于以上二者之间的情况,即层流底层的厚度 $\delta$ 与绝对粗糙度 $\Delta$ 在数值上相当,层流底层不能完全掩盖住壁面粗糙凸起,绝对粗糙度 $\Delta$ 对紊流阻力产生一定程度的影响,这样,紊流沿程阻力及沿程水头损失与雷诺数及壁面粗糙度均有关,沿程阻力系数 $\lambda = f(Re, \Delta/R)$,这样的紊流称为紊流过渡,即紊流光滑与紊流粗糙之间的过渡区。

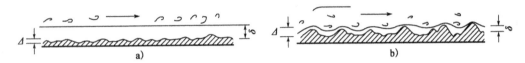

图4-9 水力光滑壁面与水力粗糙壁面

由上述分析可知,紊流沿程阻力及沿程水头损失,随着流动的雷诺数及壁面粗糙程度的不同,其变化规律分为三个不同的区域。根据尼古拉兹等科学家的实验研究,这三个区域的划分准则为:

紊流光滑区       $\Delta < 0.4\delta$,或 $Re_* < 5$
过渡区         $0.4\delta < \Delta < 6\delta$,或 $5 < Re_* < 70$
紊流粗糙区       $\Delta > 6\delta$,或 $Re_* > 70$

式中,$Re_* = \dfrac{v_* \Delta}{\nu}$,称为粗糙雷诺数。

需要注意,判别流动的固体壁面属于水力光滑还是水力粗糙取决于紊流阻力规律属于哪一区域,而不是单纯取决于壁面的粗糙度。由于层流底层厚度 $\delta$ 是随紊流雷诺数 $Re$ 的增大而减小的,因此,对于一定的固体壁面,在某些雷诺数范围内属于水力光滑壁面,而在更大的雷诺数条件下又可能转化为水力粗糙壁面。

### 四、紊流过水断面上的流速分布

紊流过水断面包括层流底层和紊流核心两个部分。在这两部分液流中,由于流态不同,流速分布规律也就不同。在层流底层处液流流态为层流,流速分布服从抛物线规律。由于层流底层厚度 $\delta$ 一般很小,可以近似按线性规律考虑;在紊流核心中,流动阻力以紊动附加阻力(由紊流附加切应力引起)为主,黏性切应力与紊流附加切应力相比,可以忽略不计,则紊流切应力为:

$$\tau = \rho l^2 \left(\dfrac{du}{dy}\right)^2$$

为了利用上式推求紊流的断面流速分布,普朗特进一步假定:①壁面附近的切应力 $\tau$ 与壁面上的切应力 $\tau_0$ 相等;②壁面附近的混合长度 $l$ 与离开壁面的距离 $y$ 呈正比,即 $l = ky$,式中,$k$ 称为卡门常数。又知均匀流过水断面上的切应力呈直线分布,对于有压管流:

$$\tau = \tau_0 \dfrac{r}{r_0}$$

其中 $l$ 为混合长度,由尼古拉兹实验得:

$$l = ky\sqrt{1 - \frac{y}{r_0}}$$

于是有：

$$\tau_0(1 - \frac{y}{r_0}) = \rho k^2 y^2 (1 - \frac{y}{r_0})(\frac{\mathrm{d}u}{\mathrm{d}y})^2$$

整理得：

$$\mathrm{d}u = \sqrt{\frac{\tau_0}{\rho}} \frac{1}{ky}\mathrm{d}y = \frac{v_*}{ky}\mathrm{d}y$$

积分得：

$$u = v_* \frac{1}{k}\ln y + C \tag{4-28}$$

这就是紊流过水断面流速分布的对数公式。虽然它是根据固体壁面附近的条件推导出来的，但实验研究表明，这种对数公式的形式可适用于描述管道和河渠中整个紊流过水断面上的流速分布（层流底层范围不适用）。所以，紊流过水断面上紊流核心的流速分布为对数分布规律，如图 4-10 所示。将紊流对数流速分布公式与层流抛物线流速分布公式对比，可以看出，紊流过水断面上的流速分布要均匀得多，因而紊流运动的动能修正系数与动量

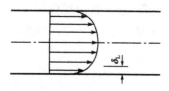

图 4-10 紊流过水断面上的流速分布

修正系数的数值都接近于 1.0，断面平均流速 $v$ 约为 $0.8u_{\max}$。

利用对数公式(4-28)，通过实验建立了一系列半理论半经验的紊流流速分布计算公式，例如：

圆管紊流的尼古拉兹（Nikuradse）公式

$$\frac{u}{v_*} = 2.5\ln\frac{v_* y}{\nu} + 5.0 \text{（水力光滑管）} \tag{4-29}$$

$$\frac{u}{v_*} = 2.5\ln\frac{y}{\Delta} + 8.5 \text{（水力粗糙管）} \tag{4-30}$$

宽渠道中紊流均匀流的范诺里（Vanoni）公式

$$u = v + \frac{1}{K}\sqrt{gHi}(1 + 2.3\lg\frac{y}{H}) \tag{4-31}$$

式中：$v$——断面平均流速；

$i$——渠道底坡；

$H$——渠道水深；

$y$——离开渠底的高度；

$K$——对于清水为 0.4，对于挟沙水流，随含沙浓度的增加可减少至 0.2。

式(4-30)也可近似应用于宽渠道的水流中。

普朗特和卡门根据实验资料提出了紊流流速分布的指数分布公式：

$$\frac{u}{u_{\max}} = (\frac{y}{r_0})^n \tag{4-32}$$

上式中的指数随雷诺数而变化，当雷诺数 $Re < 10^5$ 时，$n$ 约等于 1/7，即：

$$\frac{u}{u_{\max}} = \left(\frac{y}{r_0}\right)^{\frac{1}{7}} \tag{4-33}$$

式(4-33)称为紊流流速分布中的七分之一次方定律。

[**例4-3**] 试求在宽阔渠道中做均匀流时,紊流点流速 $u$ 与断面平均流 $v$ 相同的空间点位于自由表面以下的深度 $h_c$。

**解**:(1)用式(4-30)求解

$$\frac{u}{v_*} = 2.5\ln\frac{y}{\Delta} + 8.5$$

$$v = \frac{\int_0^H u dy}{H} = \frac{v_*}{H}\left(2.5H\ln\frac{H}{\Delta} + 5.99H\right)$$

设 $y = y_c$ 时,$u = v$,则:

$$2.5\ln\frac{y_c}{\Delta} + 8.5 = 2.5\ln\frac{H}{\Delta} + 5.99$$

由此解得:

$$y_c = 0.368H$$

故

$$h_c = H - y_c = 0.632H$$

(2)用式(4-31)求解

当 $u = v$ 时,

$$1 + 2.3\lg\frac{y_c}{H} = 0$$

由此解得:

$$y_c = 0.367H$$

故

$$h_c = H - y_c = 0.633H$$

## 第六节 紊流均匀流的计算公式及其沿程阻力系数

紊流均匀流由于内摩擦应力的精确关系式一直没有得出,所以长期以来都按经验公式进行计算。

### 一、圆管有压流的沿程水头损失计算公式

对于圆管有压流中的紊流沿程水头损失计算,在工程上常用的是法国学者达西(Darcy-Weisbach)于1857年提出的公式称为达西公式,式[4-11]:

$$h_f = \lambda \frac{l}{d} \frac{v^2}{2g}$$

式中:$v$——断面平均流速;
$l$——两断面间距;
$d$——管道直径;
$g$——重力加速度;

$\lambda$——沿程阻力系数或达西系数,无因次。

达西公式可用米、秒或厘米、秒等单位计算。

## 二、圆管有压流的沿程阻力系数

根据分析和实验表明,紊流沿程阻力系数 $\lambda$ 一般与雷诺数和壁面的粗糙程度有关,即:

$$\lambda = f(Re, \frac{\Delta}{d})$$

式中:$\Delta$——壁面粗糙凸出的平均高度,称为绝对粗糙度;

$d$——管径,若不是圆管,可用 $4R$ 代替;

$\frac{\Delta}{d}$——相对粗糙度,其倒数 $d/\Delta$ 称为相对光滑度。

在紊流中,目前尚无法从理论上进行 $\lambda$ 的具体计算,所以工程上不得不根据实验所得的图或经验公式来确定。

下面介绍由实验得出的关于 $\lambda$ 系数的变化规律。

1933 年德国学者尼古拉兹(Nikuradse)在人工均匀粗糙圆管中对 $\lambda$ 系数做了系统的实验。尼古拉兹用经过筛分的比较均匀的砂粒粘贴到直径为 $d$ 的管壁上以代替粗糙度,实验采用了六种相对粗糙度的管道,$\Delta/d = 1/30 \sim 1/1\,014$,雷诺数变化范围为 $Re = 500 \sim 10^6$。

将测得的 $\lambda$ 和 $Re$ 值整理后,以 $\lg Re$ 为横坐标、$\lg 100\lambda$ 为纵坐标绘出变化规律曲线,称为尼古拉兹实验曲线,如图4-11 所示。由该曲线可看出,$\lambda$ 值的变化规律可分为以下五个不同的区域,图中分别以 Ⅰ、Ⅱ、Ⅲ、Ⅳ、Ⅴ 表示。

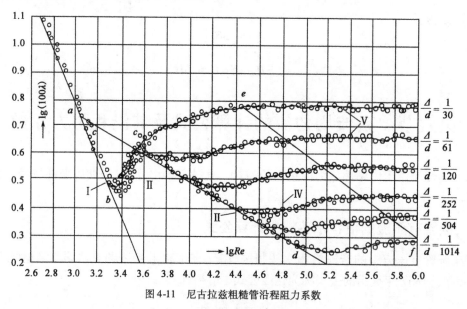

图4-11 尼古拉兹粗糙管沿程阻力系数

第Ⅰ区:层流区,$Re < 2\,000$,对各种不同相对粗糙度的管道,其实验点都集中在同一直线 $ab$ 上,说明 $\lambda$ 与粗糙度 $\Delta/d$ 无关,只与雷诺数 $Re$ 有关,且 $\lambda$ 与 $Re$ 的关系基本上与理论公式一致,即:

$$\lambda = \frac{64}{Re}$$

该实验的结果也同时指出:$\Delta$ 不影响临界雷诺数的数值。

第Ⅱ区:该区为液流从层流到紊流的形态转化区,称为层流转变为紊流的过渡区(或临界区)。该区域范围较窄,$2\,000 < Re < 4\,000$,实验点不很集中,规律性较差,未能总结出成熟的计算公式,基本上是 $\lambda$ 值只与 $Re$ 数有关,与粗糙度 $\Delta/d$ 无关。

第Ⅲ区:对应于图中的 $cd$ 线,该区 $Re > 4\,000$,此时的水流已处于紊流状态,属于"紊流光滑"区,即水力光滑管。在该区内,对于各种不同相对粗糙度的管道,其实验点都集中在 $cd$ 线上,说明这时的 $\lambda$ 值仍不受粗糙度 $\Delta/d$ 值变化的影响,仅仅是雷诺数 $Re$ 的函数。但不同相对粗糙度 $\Delta/d$ 的管流,实验点离开 $cd$ 线(离开紊流光滑区)的位置不同。相对粗糙度较大的管流较早离开 $cd$ 线,而相对粗糙度小的管道,则在 $Re$ 数较大时才离开该线。

这一区 $\lambda$ 值的计算公式很多,如勃拉休斯(Blasius)公式:

$$\lambda = \frac{0.316\,4}{Re^{0.25}} \tag{4-34}$$

公式的适用范围为:$Re < 10^5$ 或 $\Delta < 0.4\delta$。

尼古拉兹公式:

$$\frac{1}{\sqrt{\lambda}} = 2\lg(Re\sqrt{\lambda}) - 0.8 \tag{4-35}$$

公式的适用范围为:$5 \times 10^4 < Re < 3 \times 10^6$。

第Ⅳ区:对应于图中 $cd$ 线与 $ef$ 线之间的区域。在该区域内,对相对粗糙度不同的管道,具有不同阻力系数曲线,说明这时的阻力系数 $\lambda$ 不仅与雷诺数 $Re$ 有关,而且与相对粗糙度 $\Delta/d$ 有关,即 $\lambda = f(Re, \Delta/d)$,是由"紊流光滑"转变为"紊流粗糙"的紊流过渡区。

这一区 $\lambda$ 的计算公式也不少,如柯列勃洛克(Colebrook)公式:

$$\frac{1}{\sqrt{\lambda}} = -2\lg\left(\frac{\Delta}{3.7d} + \frac{2.51}{Re\sqrt{\lambda}}\right) \tag{4-36}$$

式中:$\Delta$——工业管道的当量粗糙度,可查表 4-1。

第Ⅴ区:$ef$ 线的右侧区域。在该区域内,阻力系数 $\lambda$ 与雷诺数无关,只是相对粗糙度的函数,即 $\lambda = f(\Delta/d)$。水流属于充分发展的紊流状态,水流阻力与流速的平方呈正比,该区称为紊流粗糙区或阻力平方区。这一区的 $Re$ 和流速都很大,是工程上比较常见的,$\lambda$ 的公式特别多,如尼古拉兹公式:

$$\lambda = \frac{1}{\left(2\lg\dfrac{d}{\Delta} + 1.14\right)} \tag{4-37}$$

尼古拉兹实验全面揭示了不同流态情况下沿程阻力系数 $\lambda$ 和雷诺数 $Re$ 及相对粗糙度 $\Delta/d$ 的关系,并说明确定 $\lambda$ 的各种经验公式或半经验公式有一定的适用范围。

尼古拉兹在人工均匀粗糙管道中所得到的实验规律基本上适用于工程上应用的工业材料管道,但由于工业管道壁面的粗糙高度、粗糙形状及其分布都是随机的,为了能够将尼古拉兹的实验规律应用于工业管道,须引入"当量粗糙度"的概念进行计算。"当量粗糙度"是指与工业管道粗糙区 $\lambda$ 值相等的同直径人工粗糙管的粗糙度,以 $\Delta$ 表示。确定 $\Delta$ 值的方法是使工业管道在雷诺数很大的阻力平方区条件下通过液流,量测其 $\lambda$ 值,用公式反算出当量粗糙度 $\Delta$。表 4-1 中列出了部分常见壁面材料的当量粗糙度 $\Delta$ 值。

当量粗糙度 Δ 值　　　　　　　　　　　　　表 4-1

| 序号 | 壁面种类 | Δ(mm) |
|---|---|---|
| 1 | 铜或玻璃的无缝管 | 0.0015~0.01 |
| 2 | 涂有沥青的钢管 | 0.12~0.24 |
| 3 | 白铁皮管 | 0.15 |
| 4 | 一般状况的钢管 | 0.19 |
| 5 | 清洁的镀锌铁管 | 0.25 |
| 6 | 新的生铁管 | 0.25~0.4 |
| 7 | 光滑的混凝土管、新焊接钢管 | 0.015~0.06 |
| 8 | 磨光的水泥管 | 0.33 |
| 9 | 旧的铸铁管 | 1.0~1.5 |
| 10 | 未刨光的木槽 | 0.35~0.7 |
| 11 | 旧的生锈金属管 | 0.6 |
| 12 | 污秽的金属管 | 0.75~0.97 |
| 13 | 混凝土衬砌渠道 | 0.8~9 |
| 14 | 土渠 | 4~11 |
| 15 | 卵石河床($d = 70~80$mm) | 30~60 |

由于工业管道壁面粗糙凸起的不均匀性，因此它的紊流过渡区范围比人工均匀粗糙管要宽，也就是说，它的阻力系数曲线，在更小的雷诺数值条件下就偏离了水力光滑区曲线。因为在雷诺数较小、层流底层厚度 $\delta$ 较大时，工业管道壁面粗糙凸起中，可能有一部分较大的凸起物，已经开始影响紊流阻力。

应用柯列勃洛克公式计算沿程阻力系数 $\lambda$ 值，需要经过几次迭代才能得出结果。为了简化计算，莫迪(Moody)以柯列勃洛克公式为基础，绘制了工业管道紊流三个区域的沿程阻力系数 $\lambda$ 的变化曲线，即莫迪图(Moody diagram)(图 4-12)。从莫迪图上，可根据 $Re$ 值和相对粗糙度 $\Delta/d$ 直接查得 $\lambda$ 值。

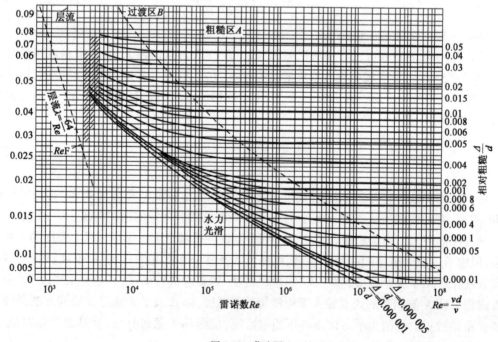

图 4-12　莫迪图

### 三、明渠流动的沿程水头损失计算

对于明渠中的紊流沿程水头损失,也可以采用通用公式(4-10)计算,但工程上更常用的是法国水力学家谢才(Antoine de Chézy)于1775年提出的公式:

$$v = C\sqrt{RJ} \tag{4-38}$$

式中:$v$——断面平均流速(m/s);

$R$——水力半径(m);

$J$——水力坡度;

$C$——谢才系数,是有因次的系数,其单位是 $m^{0.5}/s$,它综合反映各种因素对断面平均流速与水力坡度关系的影响。

谢才系数 $C$ 和达西系数 $\lambda$ 可以互换,若代入 $h_f = JL$ 和 $d = 4R$ 就可以得出:

$$C = \sqrt{\frac{8g}{\lambda}} \text{ 或 } \lambda = \frac{8g}{C^2} \tag{4-39}$$

明渠中出现的水流几乎全部属于阻力平方区,所以下面只介绍阻力平方区的水流。明渠中的水流习惯上采用谢才公式计算,谢才系数 $C$ 也由实验观测而得,其中应用比较广泛的经验公式有:

1. 曼宁(Robert Manning)公式

$$C = \frac{1}{n} R^{\frac{1}{6}} \tag{4-40}$$

式中:$n$——粗糙系数,它综合反映了壁面对水流的阻滞作用,其值可参考采用表4-2中的数据。

对于 $n < 0.02$、$R < 0.5m$ 的管道和小河渠,适用情况更好。

粗 糙 系 数 $n$ 值    表4-2

| 序号 | 边界种类及状况 | $n$ | $\frac{1}{n}$ |
|---|---|---|---|
| 1 | 仔细刨光的木板,新制的清洁的生铁和铸铁管,铺设平整,接缝光滑 | 0.011 | 90 |
| 2 | 未刨光的但连接很好的木板,正常情况下的给水管,极清洁的排水管,很光滑的混凝土面 | 0.012 | 83.3 |
| 3 | 正常情况下的排水管,略有污秽的给水管,很好的砖砌 | 0.013 | 76.9 |
| 4 | 污秽的给水和排水管,一般混凝土表面,一般砖砌 | 0.014 | 71.4 |
| 5 | 陈旧的砖砌面,相当粗糙的混凝土面,光滑、仔细开挖的岩石面 | 0.017 | 58.8 |
| 6 | 坚实黏土的土渠;有不连接淤泥层的黄土,或砂砾石中的土渠;维修良好的大土渠 | 0.022 5 | 44.4 |
| 7 | 一般的大土渠,情况良好的小土渠,情况极其良好的天然河流(河床清洁顺直,水流通畅,没有浅滩深槽,其纵坡 $i = 0.000\ 5 \sim 0.000\ 8$) | 0.025 | 40.0 |
| 8 | 情况较坏的土渠(如部分地区有杂草或砾石、部分的岩坡倒塌等);情况良好的天然河流,源于山区河流的天然河槽;小卵石、砾石河槽,纵坡 $i = 0.000\ 8 \sim 0.001\ 0$ | 0.030 | 33.3 |
| 9 | 情况极坏的土渠(剖面不规则,有杂草、块石、水流不畅);情况比较良好的天然河流,但有不多的块石和野草;山区河流,河槽形状和表面状况良好的周期性河流的河槽 | 0.035 | 28.6 |

续上表

| 序号 | 边界种类及状况 | $n$ | $\frac{1}{n}$ |
|---|---|---|---|
| 10 | 情况特别不好的土渠(深槽或浅滩,杂草众多,渠底有大块石等);情况不甚良好的天然河流(野草、块石较多,河床不甚规则且有弯曲,有不少的倒塌和深潭等);山区河流的下游规则且整治良好的小卵石河槽,纵坡 $i = 0.003 \sim 0.007$ | 0.040 | 25.0 |
| 11 | 河底为大卵石覆盖或有植被覆盖的山区周期性河流的河槽,纵坡 $i = 0.007 \sim 0.015$;稍加整治的较大和中等平原河流的河槽 | 0.050 | 20.0 |
| 12 | 水流表面不平稳的山区型卵石或巨石河槽,纵坡 $i = 0.015 \sim 0.05$;平原河流的多石滩区段 | 0.065 | 15.4 |

2. 巴甫洛夫斯基公式

$$C = \frac{1}{n} R^y \tag{4-41}$$

其中

$$y = 2.5\sqrt{n} - 0.13 - 0.75\sqrt{R}(\sqrt{n} - 0.10)$$

或采用近似公式:

$$y = 1.5\sqrt{n} \quad (R < 1.0\text{m 时})$$
$$y = 1.3\sqrt{n} \quad (R > 1.0\text{m 时})$$

式中,$n$ 和 $R$ 的意义与曼宁公式相同。

巴甫洛夫斯基公式适用于 $0.1\text{m} \leq R \leq 5.0\text{m}$ 和 $0.011 \leq n \leq 0.40$ 的范围,显然比曼宁公式的适用范围要宽。

应该说明的是,粗糙系数 $n$ 值的选择目前还没有十分成熟的方法。对 $n$ 值的选择,意味着对所给渠道的水流阻力进行估计,很难做到恰当取值。$n$ 值对渠道水力计算结果和工程造价影响颇大,若 $n$ 值取小了,即对水流阻力估计过小,预计渠道的泄水能力大了,由此可能造成渠道水流漫溢。因此,对于重要工程的 $n$ 值,有时还需通过实验确定。

**[例 4-4]** 温度为 20℃ 的水在 $d = 50\text{cm}$ 的焊接钢管中流动。已知水力坡度 $J = 0.006$,$\Delta/d = 0.046/500 = 0.00009$。求管中流量,并计算层流底层厚度。

**解**:由于 $Re$ 数未知,须用迭代方法计算。暂设 $\lambda$ 值为 0.03,由达西公式 $h_f = \lambda \frac{l}{d} \frac{v^2}{2g}$,则:

$$J = \frac{h_f}{l} = 0.006 = 0.03 \times \frac{1}{0.5} \times \frac{v^2}{2 \times 9.8}$$

所以

$$v^2 = 1.96(\text{m}^2/\text{s}^2) \quad v = 1.4(\text{m/s})$$

可算得雷诺数:

$$Re = \frac{vd}{\nu} = \frac{1.4 \times 0.5}{1 \times 10^{-6}} = 7 \times 10^5$$

由雷诺数 $Re = 7 \times 10^5$ 和相对粗糙度 $\Delta/d = 0.00009$,可在莫迪图(图 4-12)中查出 $\lambda = 0.0135$,它与原假设值不符。将 $\lambda = 0.0135$ 代入达西公式中再计算。

$$0.006 = 0.0135 \times \frac{1}{0.5} \times \frac{v^2}{2 \times 9.8}$$

$$v = 2.08 \text{(m/s)}$$

$$Re = \frac{0.5 \times 2.08}{10^{-6}} \approx 10^6$$

再由 $Re = 10^6$ 及 $\Delta/d$ 的值查莫迪图,可得 $\lambda = 0.0135$,即与所设值相等,试算完毕,$v = 2.08$m/s,

所以

$$Q = \omega v = \frac{\pi(0.5)^2}{4} \times 2.08 = 0.41 \text{(m}^3\text{/s)}$$

采用式(4-27)求黏性底层的厚度:

$$\delta = \frac{32.8\nu}{v\sqrt{\lambda}} = \frac{32.8 \times 10^{-6}}{2.08 \times \sqrt{0.0135}} = 136 \times 10^{-6} \text{(m)} = 0.136 \text{(mm)}$$

可知 $\delta \approx 3\Delta$,液流在紊流过渡区。

[例 4-5] 某水管长 $l = 500$m,直径 $d = 200$mm,管壁粗糙突起高度 $\Delta = 0.1$mm,如输送流量 $Q = 10$L/s,水温 $t = 10$℃,试计算沿程水头损失。

**解**:断面平均流速

$$v = \frac{Q}{\frac{1}{4}\pi d^2} = \frac{10\,000}{\frac{1}{4} \times 3.14 \times 20^2} = 31.83 \text{(cm/s)}$$

当 $t = 10$℃时,水的运动黏滞系数 $\nu = 0.01310$ cm$^2$/s,雷诺数为:

$$Re = \frac{vd}{\nu} = \frac{31.83 \times 20}{0.01310} = 48\,595 > 2\,300$$

管中水流为紊流。$Re < 10^5$,故可先采用勃拉休斯公式计算 $\lambda$:

$$\lambda = \frac{0.3164}{Re^{1/4}} = \frac{0.3164}{48\,595^{1/4}} = 0.0213$$

再计算层流底层厚度:

$$\delta = \frac{32.8d}{Re\sqrt{\lambda}} = \frac{32.8 \times 200}{48595\sqrt{0.0213}} = 0.92 \text{(mm)}$$

因为 $Re = 48\,595 < 10^5$,$\Delta = 0.1$mm $< 0.4\delta = 0.4 \times 0.92$(mm) $= 0.369$(mm),所以流态是紊流光滑区,勃拉休斯公式适用。沿程水头损失为:

$$h_f = \lambda \frac{l}{d} \frac{v^2}{2g} = 0.0213 \times \frac{500}{0.2} \times \frac{0.318^2}{2 \times 9.8} = 0.275 \text{(m)}(水柱)$$

也可查莫迪图(图 4-12),当 $Re = 48\,595$ 时,按光滑管查得:

$$\lambda = 0.0208$$

由此可以看出,在上面所得雷诺数范围内,计算和查表所得的 $\lambda$ 值是一致的。

[例 4-6] 铸铁管(按旧管计算)直径 $d = 25$cm,长 700m,通过自来水流量为 56 L/s,水温度为 10℃,求通过这段管道的水头损失。

**解**:断面平均流速:

$$v = \frac{Q}{\frac{1}{4}\pi d^2} = \frac{56\,000}{\frac{1}{4} \times 3.14 \times 25^2} = 114.1 \text{(cm/s)}$$

水流的雷诺数：

$$Re = \frac{vd}{\nu} = \frac{114.1 \times 25}{0.013 \; 10} = 217\;748$$

查表 4-1 可得当量粗糙高度，采用 $\Delta = 1.25$mm，则 $\Delta/d = 1.25/250 = 0.005$，由 $Re$ 和 $\Delta/d$ 的值，查莫迪图（图 4-12）得 $\lambda = 0.030\;4$。

沿程水头损失：

$$h_f = \lambda \frac{l}{d} \frac{v^2}{2g} = 0.030\;4 \times \frac{700}{0.25} \times \frac{1.14^2}{2 \times 9.8} = 5.64(\text{m})(\text{水柱})$$

**[例 4-7]** 一混凝土衬砌的矩形渠道，底宽 $b = 4.0$m，水深 $h = 1.2$m，假设流动属于紊流粗糙区，分别用曼宁公式和巴甫洛夫斯基公式计算谢才系数 $C$ 的值。

**解**：水力半径：$R = \dfrac{4 \times 1.2}{4 + 2 \times 1.2} = 0.75$m，查表 4-2 得：$n = 0.014$。

按曼宁公式计算：

$$C = \frac{1}{n} R^{1/6} = \frac{1}{0.014} \times 0.75^{1/6} = 68.08(\text{m}^{0.5}/\text{s})$$

按巴甫洛夫斯基公式计算：

$$y = 2.5 \sqrt{0.014} - 0.13 - 0.75 \sqrt{0.75}(\sqrt{0.014} - 0.10) = 0.153\;9$$

$$C = \frac{1}{n} R^y = \frac{1}{0.014} \times 0.75^{0.153\;9} = 68.34(\text{m}^{0.5}/\text{s})$$

从以上计算可以看出，按两种公式计算的结果比较接近。计算 $C$ 值主要取决于粗糙率 $n$ 的选择，而 $n$ 是一个综合性因素确定的值，它对计算结果的精确度影响较大，故在实际应用时应慎选。

# 第七节 局部水头损失

## 一、局部水头损失的一般特征

在液流中，除了平直流段外，常有边界条件急剧变化的局部地段，水流在这些局部地段产生局部阻力，引起局部水头损失。在产生局部水头损失的流段上，流态一般位于紊流粗糙区。尽管局部障碍的形状千差万别，水力现象极为复杂，但引起局部水头损失的原因却有一定的共性。以管道为例，管道中的局部障碍，可归纳为以下几类（图 4-13）：①流动断面的扩大、缩小或变形；②流动方向的改变；③管道流动中有各种障碍物（如闸、阀、栅、网等）；④管道中存在分叉口，有流量的汇入或分出。

由图中可见，虽然各类局部地段的流场情况不相同，但都有如下两方面的共同特征：

(1) 在局部地段的流场中，不同程度地存在着主流和固体壁面脱离的漩涡区，漩涡区内的液体具有强烈的紊动性，增大了液流的能量损失。

(2) 流速分布不断变化，造成液流沿流程的断面流速重新分布，并使某些断面上的流速梯度大大增加，从而加大了流层间的内摩擦力。

图 4-13 几种典型的局部障碍
a)突然放大；b)变管；c)闸板；d)汇合三通

这两个特征是形成局部水头损失的基本原因，也是改善流道设计以减少局部水头损失时应考虑的基本因素。

## 二、圆管有压流动过水断面突然扩大的局部水头损失

图 4-14 表示圆管水流流经管径从 $d_1$ 到 $d_2$ 突然扩大的流段，这种情况的局部水头损失可由理论分析结合实验求得。当水流从管径为 $d_1$ 的管道流入管径为 $d_2$ 的大管时，将与边界发生分离，并在断面突然扩大处形成漩涡区，在大管中水流前进至距离为 $(5\sim8)d_2$ 处，即图 4-14 的断面 2-2 处，主流才充满管路，在这个过程中，水流不断调整流速分布，至 2-2 断面成为渐变流。设 1-1 过水断面和 2-2 过水断面的断面平均流速分别为 $v_1$ 和 $v_2$，断面平均压强分别为 $p_1$ 和 $p_2$，列出 1-1 断面到 2-2 断面的伯诺里方程：

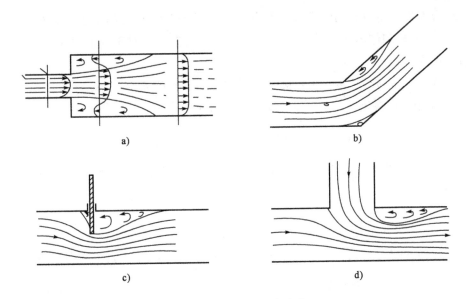

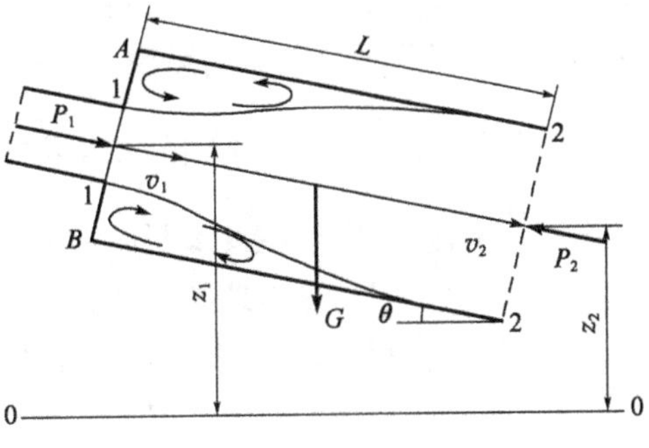

图 4-14 圆管断面突然扩大的局部水头损失

$$z_1 + \frac{p_1}{\gamma} + \frac{\alpha_1 v_1^2}{2g} = z_2 + \frac{p_2}{\gamma} + \frac{\alpha_2 v_2^2}{2g} + h_j$$

式中：$h_j$——急变流段 1-1 断面到 2-2 断面间的局部水头损失。

从上式可得：

$$h_j = (z_1 - z_2) + \left(\frac{p_1}{\gamma} - \frac{p_2}{\gamma}\right) + \frac{\alpha_1 v_1^2}{2g} - \frac{\alpha_2 v_2^2}{2g} \tag{4-42}$$

为将式(4-42)变为 $h_j$ 与流速 $v$ 的关系式，需消去压强 $p$，为此，取控制体 AB22 分析其受力，并列出动量方程。控制体内液体所受的外力有：作用在 1-1 和 2-2 过水断面上的总压力分别为 $P_1$ 和 $P_2$，$P_1 = p_1 \omega_1$，$P_2 = p_2 \omega_2$；AB 断面上环形面积(漩涡区)管壁的作用力，等于漩涡区

水作用于环形面积上的力 $P$，由实验知 $AB$ 断面上的压强基本符合静水压强分布规律，因此，$P = p_1(\omega_2 - \omega_1)$；控制体内水体的重力 $G = \gamma\omega_2 l\sin\theta$；略去了相对于其他力较小的管壁阻力。列出动量方程为：

$$p_1\omega_1 - p_2\omega_2 + \gamma\omega_2 l\sin\theta + p_1(\omega_2 - \omega_1) = \rho Q(\beta_2 v_2 - \beta_1 v_1) \tag{4-43}$$

从图 4-14 中可以看出几何关系：$\sin\theta = z_1 - z_2/l$，代入式(4-43)中得：

$$(z_1 - z_2) + \left(\frac{p_1}{\gamma} - \frac{p_2}{\gamma}\right) = \frac{v_2}{g}(\beta_2 v_2 - \beta_1 v_1) \tag{4-44}$$

在紊流状态下，可假设动能及动量修正系数 $\alpha_1 = \alpha_2 = 1, \beta_1 = \beta_2 = 1$，将式(4-44)代入式(4-42)中得：

$$h_j = \frac{(v_1 - v_2)^2}{2g} \tag{4-45}$$

式(4-45)即为断面突然扩大的局部水头损失的理论计算式，它表明断面突然扩大的水头损失等于所减小的平均流速水头。又由连续方程 $v_1\omega_1 = v_2\omega_2$ 得：$v_1 = \frac{\omega_2}{\omega_1}v_2$，代入式(4-45)得：

$$h_j = \left(\frac{\omega_2}{\omega_1} - 1\right)^2 \frac{v_2^2}{2g} = \zeta_2 \frac{v_2^2}{2g}$$

或

$$h_j = \left(1 - \frac{\omega_1}{\omega_2}\right)^2 \frac{v_1^2}{2g} = \zeta_1 \frac{v_1^2}{2g} \tag{4-46}$$

式中，$\zeta_1 = \left(1 - \frac{\omega_1}{\omega_2}\right)^2, \zeta_2 = \left(\frac{\omega_2}{\omega_1} - 1\right)^2$，称为断面突然扩大的局部阻力系数。

当液流从管道流入很大容器的液体中或气流流入大气时，$\omega_2 >> \omega_1, \omega_1/\omega_2 \approx 0$，则 $\zeta = 1$，这是断面突然扩大的局部阻力系数的特殊情况，称为出口局部阻力系数。

### 三、平面上断面突变的局部水头损失

在明渠水流中，常存在过水断面由宽变窄的情况，变化前后断面水深、平均流速可量测获得，有关参数也可用动量定理简化计算。当断面突然缩窄（直角入口）时，断面面积由 $A_1$ 变为 $A_2$，$\zeta_c = f(A_2/A_1)$，根据实验测定，其值见表4-3。当断面逐渐缩窄时，$\zeta_c = 0.05 \sim 0.10$。

$$h_j = \zeta_c \frac{v_2^2}{2g} \tag{4-47}$$

**断面突然缩窄的局部阻力系数 $\zeta_c$ 值**　　　　　　　　　　　　表 4-3

| $A_2/A_1$ | 0.1 | 0.2 | 0.4 | 0.6 | 0.8 | 1.0 |
|---|---|---|---|---|---|---|
| $\zeta_c$ | 0.5 | 0.4 | 0.3 | 0.2 | 0.1 | 0 |

渠道中断面扩宽的局部水头损失可表示为：

$$h_j = \zeta \frac{(v_1 - v_2)^2}{2g} \tag{4-48}$$

据实验资料，$\zeta$ 值如表4-4。

渠道中断面扩宽的局部阻力系数 ζ 值　　　　　　　　　　　表 4-4

| 扩宽边界条件 | ζ |
|---|---|
| 突然扩宽（直角出口） | 0.82 |
| 逐渐扩宽（边墙直线扩张）：1∶1 | 0.87 |
| 　　　　　　　　　　　　1∶2 | 0.68 |
| 　　　　　　　　　　　　1∶3 | 0.41 |
| 　　　　　　　　　　　　1∶4 | 0.29 |

## 四、其他类型的局部水头损失

大多数局部地段的水头损失，目前还不能用理论方法推导。但由于各种类型局部水头损失的基本特征有共同点，所以在工程水力计算问题中通常把局部水头损失表示为以下通用计算公式形式：

$$h_j = \zeta \frac{v^2}{2g} \tag{4-49}$$

局部阻力情况不同，局部阻力系数 ζ 值也不同。用不同的流速水头计算 $h_j$，则 ζ 值也不同。局部阻力系数 ζ 一般与雷诺数 Re 和边界条件有关，但由于局部障碍的强烈干扰，水流在较小的雷诺数（$Re = 10^4$）就进入了阻力平方区，因此，在一般的工程计算中，认为 ζ 只取决于局部障碍的不同类型而与雷诺数 Re 无关。对于不同形态的局部阻力，其局部阻力系数一般由实验确定。在专业用的设计手册中，详细列出了在阻力平方区、各种形状局部阻力地段的局部阻力系数 ζ 的实验值。在表 4-5 中摘选了管道中若干典型局部阻力系数 ζ 值，可供计算参考采用。在使用表 4-5 中的 ζ 值计算 $h_j$ 时，应注意采用与 ζ 对应的流速水头。

局部阻力系数 ζ　　　　　　　　　　　表 4-5

| 局部情况 | 计算流速 | ζ | | | | | | | |
|---|---|---|---|---|---|---|---|---|---|
| 管道锐缘进口 | v | 0.5 | | | | | | | |
| 管道边缘平缓进口 | v | 0.2 | | | | | | | |
| 圆管断面突然扩大 ($\omega_2 > \omega_1$) | $v_1 = V(\omega_1)$ | $(1 - \omega_1/\omega_2)^2$ | | | | | | | |
| | $v_2 = V(\omega_2)$ | $(\omega_2/\omega_1 - 1)^2$ | | | | | | | |
| 管道断面突然收缩 ($d_2 < d_1$) | $v_2 = V(d_2)$ | $\omega_1/\omega_2$ | 0.01 | 0.10 | 0.20 | 0.40 | 0.60 | 0.80 | 1 |
| | | ζ | 0.5 | 0.45 | 0.40 | 0.30 | 0.20 | 0.10 | 0 |
| 弯管（管径 d，弯曲半径 r，圆心角 θ） | v | $\zeta = [0.131 + 0.163(d/r)^{3.5}](\theta°/90°)^{0.5}$ | | | | | | | |
| 管道淹没出流 | v | 1.0 | | | | | | | |
| 管道中的蝶形阀门（阀门与流向所成角度为 α） | v | α° | 5 | 10 | 20 | 30 | 45 | 60 | 70 | 90 |
| | | ζ | 0.24 | 0.52 | 1.54 | 3.91 | 18.7 | 118 | 750 | ∞ |
| 管道平板闸门（高度 d，闸门开启高度 e） | | e/d | 0/8 | 1/8 | 2/8 | 3/8 | 4/8 | 5/8 | 6/8 | 7/8 | 8/8 |
| | | ζ | ∞ | 97.8 | 17.0 | 5.52 | 2.06 | 0.81 | 0.026 | 0.07 | 0 |
| 抽水机吸水管（直径为 d）末端莲蓬头（具有单向逆止阀） | v | d(cm) | 4 | 7 | 10 | 15 | 20 | 30 | 50 | 75 |
| | | ζ | 12 | 8.5 | 7 | 6 | 5.2 | 3.7 | 2.5 | 1.6 |

[**例 4-8**] 两水箱用两段不同直径的水管连接(图 4-15)。1—3 管段长度为 10m,直径 $d_1 = 200$mm,已知 $\lambda_1 = 0.019$,3—6 管段长度为 10m,直径 $d_2 = 100$mm,已知 $\lambda_2 = 0.018$。管路中有:90°弯头两个(2,5),每个 $\zeta = 0.6$;渐缩管一个(3),$\zeta = 0.10$;闸阀(全开,4)一个,$\zeta = 0.12$。已知进口 $\zeta = 0.5$,出口 $\zeta = 1.0$,管中流量 $Q = 20$L/s。求:两水箱间水流的总水头损失 $h_w$。

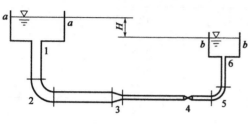

图 4-15 水管

**解:** 因为流量及管径已知,故可先算出流速水头。设 1—3 管段内流速为 $v_1$,3—6 管段内流速为 $v_2$。

$$v_1 = \frac{Q}{\omega_1} = \frac{0.02}{\frac{1}{4}\pi d_1^2} = \frac{0.02}{0.785 \times 0.04} = 0.64 (\text{m/s})$$

$$\frac{v_1^2}{2g} \approx 0.02 (\text{m})$$

$$v_2 = \frac{Q}{\omega_2} = \frac{0.02}{\frac{1}{4}\pi d_2^2} = \frac{0.02}{0.785 \times 0.01} = 2.55 (\text{m/s})$$

$$\frac{v_2^2}{2g} \approx 0.33 (\text{m})$$

两水箱间水流的总水头损失为自 $a$-$a$ 断面至 $b$-$b$ 断面水流的全部沿程水头损失及所有局部水头损失之和:

$$h_w = (0.5 + 0.019 \times \frac{10}{0.20} + 0.6)\frac{v_1^2}{2g} + (0.10 + 0.018 \times \frac{10}{0.1} + 0.12 + 0.6 + 1.0)\frac{v_2^2}{2g}$$
$$= 2.05 \times 0.02 + 3.62 \times 0.33 \approx 1.24 (\text{m}) (\text{水柱})$$

[**例 4-9**] 水从水箱流入一段管径不同的串联管道,管道连接情况如图 4-16 所示。已知: $d_1 = 150$mm, $l_1 = 25$m, $\lambda_1 = 0.037$; $d_2 = 125$mm, $l_2 = 10$m, $\lambda_2 = 0.039$。局部水头损失系数:进口 $\zeta_1 = 0.5$,逐渐收缩 $\zeta_1 = 0.15$,阀门 $\zeta_1 = 2.0$(以上 $\zeta$ 值相应的流速均采用发生局部水头损失后的流速)。

试计算:
(1)沿程水头损失 $\sum h_f$;
(2)局部水头总损失 $\sum h_j$;
(3)要保持流量 $Q$ 为 $0.025 \text{m}^3/\text{s}$ 所需水头 $H$。

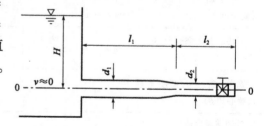

图 4-16 管道

**解:** (1)求沿程水头损失 $\sum h_f$

第一管段:
$$h_{f1} = \lambda_1 \frac{l_1}{d_1} \frac{v_1^2}{2g}$$

$$v_1 = \frac{Q}{\omega_1} = \frac{4 \times 0.025}{\pi (0.15)^2} = 1.415 (\text{m/s})$$

$$h_{f1} = 0.037 \times \frac{25}{0.15} \times \frac{1.415^2}{2 \times 9.8} = 0.63 \, (\text{m})$$

第二管段：
$$h_{f2} = \lambda_2 \frac{l_2}{d_2} \frac{v_2^2}{2g}$$

$$v_2 = \frac{Q}{\omega_2} = \frac{4 \times 0.025}{\pi (0.125)^2} = 2.04 \, (\text{m/s})$$

$$h_{f2} = 0.039 \times \frac{10}{0.125} \times \frac{2.04^2}{2 \times 9.8} = 0.663 \, (\text{m})$$

故
$$\sum h_f = h_{f1} + h_{f2} = 0.63 + 0.663 = 1.293 \, (\text{m})$$

（2）局部水头损失

进口水头损失：
$$h_{j1} = \xi_1 \frac{v_1^2}{2g} = 0.5 \times \frac{1.415^2}{2 \times 9.8} = 0.051 \, (\text{m})$$

逐渐收缩水头损失：
$$h_{j2} = \xi_2 \frac{v_2^2}{2g} = 0.15 \times \frac{2.04^2}{2 \times 9.8} = 0.032 \, (\text{m})$$

阀门水头损失：
$$h_{j3} = \xi_3 \frac{v_2^2}{2g} = 2.00 \times \frac{2.04^2}{2 \times 9.8} = 0.423 \, (\text{m})$$

故
$$\sum h_j = h_{j1} + h_{j2} + h_{j3} = 0.051 + 0.032 + 0.423 = 0.506 \, (\text{m})$$

（3）要保持 $Q$ 为 $0.025 \text{m}^3/\text{s}$ 所需的水头

以 0—0 为基准面，对水箱液面上（1—1 断面）与管子出口处（2—2 断面）列出能量方程：

$$H + 0 + 0 = 0 + 0 + \frac{v_2^2}{2g} + h_w$$

得
$$H = \frac{v_2^2}{2g} + h_w$$

因
$$h_w = \sum h_f + \sum h_j = 1.293 + 0.506 = 1.799 \, (\text{m})$$

故求得所需水头：
$$H = \frac{2.04^2}{2 \times 9.8} + 1.799 = 0.212 + 1.799 = 2.011 \, (\text{m})$$

## 第八节 短管的水力计算

水沿管道做满管流动的水力现象，称为有压管流。有压管流的基本特征是断面形状多为圆形，整个断面被水充满，无自由表面，过水断面的周界即为湿周，管壁处处受到水压力作用，液体压强一般都不等于大气层压；管中流量的变化，只会引起过水断面上的压强和流速变化，总水头线及测压管水头线则是这种变化的几何图示。

对于有压管流,可以根据局部水头损失及沿程水头损失在总水头损失中所占的比例不同,分为短管和长管。

短管是指局部水头损失与流速水头所占的比例均较大,在总水头损失中,它们与沿程水头损失所占的份额属同一量级,计算时均不能忽略的管道。如工程上常见的虹吸管、有压涵管、水泵的吸水管及压水管等,管道不太长,但局部变化较多的管道,一般均按短管计算。

长管是指有压管流的局部水头损失与流速水头之和与沿程水头损失相比,所占比例很小(一般小于沿程水头损失的5%~10%),因而可忽略不计或将它按沿程水头损失的某一百分比估计的管流系统。由于不计流速水头,长管的测压管水头等于总水头,测压管水头线与总水头线重合。城镇的供水管道系统通常按长管考虑。

短管的水力计算包括三类问题:
(1)已知作用水头、断面尺寸和局部阻力的组成,计算管道输水能力(求解流量$Q$)。
(2)已知管线的布置和必需输送的流量(设计流量),求所需水头。
(3)已知管线的布置、设计流量及作用水头,求管道直径$d$。
下面结合具体问题进一步说明。

**一、虹吸管的水力计算**

虹吸管一般属于短管,其布置如图4-17所示,顶部弯曲且其高程高于上游供水水面。虹吸管的工作原理是:将管内空气排出,使管内形成一定的真空,则作用在上游水面的大气压强与虹吸管内压强之间产生压差,水将能够由上游通过虹吸管流向下游。虹吸管内的真空度理论上不能大于最大真空度,否则管内液体将在常温下汽化,破坏水流的连续性,因此虹吸管顶部的真空度应限制在7~8m以下。

虹吸管输水,可以跨越高地,减少挖方,避免埋设管道工程,并便于自动操作,在水利工程应用普遍。虹吸管水力计算主要是确定虹吸管输水量或管径,确定虹吸管顶部的允许安装高度(安装高度指虹吸管顶部高于上游水面的高度)。

[例4-10] 用虹吸管将河水引入水池,如图4-17所示。已知河道与水池间的恒定位高差$z=2.6\text{m}$,选用铸铁管,铸铁管的粗糙系数$n=0.0125$,直径为$d=350\text{mm}$,每个弯头的局部阻力系数$\zeta_2=\zeta_3=\zeta_5=0.2$,阀门局部阻力系数$\zeta_4=0.15$,入口网罩的局部阻力系数$\zeta_1=5.0$,出

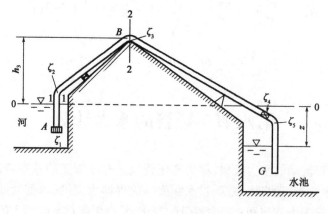

图4-17 虹吸管

口淹没在水面下,管线上游 AB 段长 15m,下游段 BC 长 20m,虹吸管顶部的安装高度 $h_s = 5$m,试确定虹吸管的输水量并核管顶断面的安装高度 $h_s$ 是否不大于允许值。

**解**:本问题属于短管淹没出流问题。

(1)确定输水量

忽略行近流速水头的影响,上游河道水面、下游水池水面符合渐变流条件,以这两个断面列出能量方程:

$$z + 0 + 0 = 0 + 0 + 0 + h_w$$

上式说明在短管淹没出流的情况下,其作用水头完全消耗在克服水流阻力上,水头损失为:

$$h_w = \sum h_f + \sum h_j = \left(\lambda \frac{l}{d} + \sum \zeta\right)\frac{v^2}{2g}$$

可见

$$v = \frac{1}{\sqrt{\lambda \frac{l}{d} + \sum \zeta}} \cdot \sqrt{2gz}$$

由已知条件可以求出:

$$R = \frac{d}{4} = \frac{0.35}{4} = 0.0875(\text{m})$$

由曼宁公式

$$C = \frac{1}{n}R^{\frac{1}{6}} = \frac{1}{0.0125} \times (0.0875)^{\frac{1}{6}} = 53.3(\text{m}^{0.5}/\text{s})$$

$$\lambda = \frac{8g}{C^2} = \frac{8 \times 9.8}{(53.3)^2} = 0.0275$$

$$\omega = \frac{\pi}{4}d^2 = \frac{3.14}{4} \times 0.35^2 = 0.096(\text{m}^2)$$

所以

$$Q = v\omega = 0.22(\text{m}^3/\text{s})$$

(2)计算虹吸管顶断面 2-2 的真空度

取上游河道水面为断面 1-1,列出断面 1-1 至断面 2-2 的水流的能量方程,采用相对压强,以 1-1 断面为基准,$z_1 = 0$,$z_2 = h_s$。取 $\alpha_1 = \alpha_2 = 1.0$,河面水位恒定,所以 $\alpha_1 v_1^2/2g = 0$,$p_1/\gamma = 0$,能量方程为:

$$0 + 0 + 0 = h_s + \frac{p_2}{\gamma} + \frac{v_2^2}{2g} + h_{w1-2}$$

又已求得流量 $Q = 0.22\text{m}^3/\text{s}$,故流速为:

$$v_2 = \frac{Q}{\omega} = \frac{0.22}{0.096} = 2.30(\text{m/s})$$

$$\frac{v_2^2}{2g} = \frac{2.3^2}{19.6} = 0.27(\text{m})$$

则

$$h_{w1-2} = \left(\lambda \frac{l_{AB}}{d} + \zeta_1 + \zeta_2 + \zeta_3\right)\frac{v_2^2}{2g} = \left(0.0275 \times \frac{15}{0.35} + 5 + 2 \times 0.2\right) \times 0.27 = 1.78(\text{m})$$

故断面 2-2 的真空度为:

$$h_v = -\frac{p_2}{\gamma} = h_s + \frac{v_2^2}{2g} + h_{w1-2} = 5 + 0.27 + 1.78 = 7.05$$

在允许限值（$[h_v]=7\sim 8$m 水柱）内，即管顶安装高度 $h_s=5.0$m 在允许范围内。

### 二、水泵的水力计算

水泵抽水是通过水泵转轮转动的作用，在水泵入口处形成真空，使水流在水源水面大气压力作用下沿吸水管上升。水流从吸水管入口至水泵入口的一段内，其流速水头、位置水头及克服水流阻力所损失的能量，均由吸水管进口与水泵入口之间的压强水头差转化得来。水流流经水泵时从泵取得能量，再经压水管而进入水塔或用水地区。

水泵管路系统的吸水管一般属于短管，压水管则视管道具体情况而定。水泵管路系统水力计算的任务，主要是确定水泵的安装高度 $h_s$ 及水泵的扬程 $H$。扬程是指水泵对单位重力液体提供的总能量，用于使水提升几何给水高度和补偿管路的水头损失。确定安装高度需要进行吸水管水力计算，确定水泵扬程必须进行压水管水力计算。

**[例 4-11]** 欲从水池取水，离心泵管路系统布置如图 4-18 所示。水泵流量 $Q=25\text{m}^3/\text{h}$，吸水管长 $l_1=3.5\text{m},l_2=1.5\text{m}$。压水管长 $l_3=20\text{m}$。水泵提水高度 $z=18\text{m}$，水泵最大真空度不超过 6m，水流沿程阻力系数 $\lambda=0.046$。试确定水泵的允许安装高度并计算水泵的扬程。

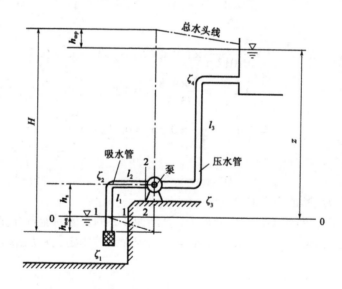

图 4-18 水泵

**解：**（1）确定水泵的允许安装高度 $h_s$

吸水管管径以 $d_1$ 表示，压水管管径以 $d_3$ 表示。由下式决定管径 $d$：

$$d_1 = \sqrt{\frac{4Q}{\pi v_1}}$$

一般在工程中取吸水管的经济流速 $v_1=1.6\text{m/s}$，则：

$$d_1 = \sqrt{\frac{4\times 25}{1.6\pi\times 3\,600}} = 0.074\,0(\text{m})$$

选标准管径 $d_1=75$mm，相应 $v_1=1.57$m/s。

取进口水池水面为1-1断面，水泵入口为2-2断面，列出能量方程，忽略水池水面流速，池面为大气压强，基准面取在水池水面，得

$$0 + 0 + 0 = h_s + \frac{p_2}{\gamma} + \frac{\alpha v_1^2}{2g} + h_{w1-2}$$

$$h_s = -\frac{p_2}{\gamma} - \left(\frac{\alpha v_1^2}{2g} + h_{w1-2}\right)$$

局部阻力系数由表4-5查得，有网底阀$\zeta_1 = 8.5$，弯头$\zeta_2 = \zeta_3 = \zeta_4 = 0.294$，出口$\zeta_5 = 1.0$，取$\alpha = 1.0$，而$h_v = 6.0$m水柱。将已知数据代入能量方程，则：

$$h_s = h_v - \left(1 + \lambda \frac{l_1 + l_2}{d_1} + \zeta_1 + \zeta_2\right)\frac{v_1^2}{2g} = 6.0 - \left(1 + 0.046 \frac{5}{0.075} + 8.5 + 0.294\right)\frac{1.57^2}{19.6} = 4.38(\text{m})$$

根据计算，水泵安装高度以水泵水平轴线在水池水面上4.38m为限，否则可能破坏水泵的正常工作。题中$l_1 = 3.5 < 4.38$m，故该方案是允许的。

(2)计算水泵的扬程

设水泵总扬程为$H$，吸水管水头损失为$h_{w1}$，压水管水头损失为$h_{w3}$，则：

$$H = z + h_{w1} + h_{w3}$$

对压水管，选定标准管径$d_3 = 0.075$m$= 75$mm，则相应$v_3 = 1.57$m/s。

$$h_{w1} = \left(\lambda \frac{l_1 + l_2}{d_1} + \zeta_1 + \zeta_2\right)\frac{v_1^2}{2g} = \left(0.046 \times \frac{5.0}{0.075} + 8.5 + 0.294\right) \times \frac{1.57^2}{19.6} = 1.49(\text{m})$$

$$h_{w3} = \left(\lambda \frac{l_3}{d_3} + \Sigma\zeta\right)\frac{v_3^2}{2g} = \left(0.046 \times \frac{20}{0.075} + 2 \times 0.294 + 1.0\right) \times \frac{1.57^2}{19.6} = 1.75(\text{m})$$

已知$z = 18$m，故水泵总扬程$H$为：

$$H = 18.0 + 1.49 + 1.75 = 21.24(\text{m})$$

根据计算的水泵扬程$H$与水泵抽水量$Q$，可以选择适当型号的水泵。

### 三、倒虹吸管的水力计算

倒虹吸管是穿越道路，河渠等障碍物的一种输水管道。倒虹吸管中的水流并无虹吸作用，由于它的外形像倒置的虹吸管，故称为倒虹吸管。倒虹吸管的水力计算主要是计算流量和确定管径。

[**例4-12**] 如图4-19所示，一穿越路堤的排水圆形管道，上下游水位差$H = 0.7$m，通过流量为$3.5$m³/s。假设各段管道长度如图中所示，局部阻力系数分别为：$\zeta_e = 0.45$，$\zeta_b = 0.3$(两处)，$\zeta_0 = 1.0$，水流沿程阻力系数$\lambda = 0.025$。求所需的圆管直径。

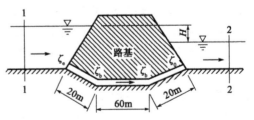

图4-19 倒虹吸管

**解：**因倒虹吸管出口在下游水面以下，为短管淹没出流，故应按[例4-10]的方法进行计算。

由

$$v = \frac{Q}{\omega} = \frac{1}{\sqrt{\lambda\frac{l}{d} + \Sigma\zeta}} \cdot \sqrt{2gH}$$

可得

$$H = \frac{Q^2}{2g\omega^2}\left(\lambda\frac{l}{d} + \sum\zeta\right) = \frac{8Q^2}{g\pi^2 d^4}\left(\lambda\frac{l}{d} + \sum\zeta\right)$$

代入已知数据得：

$$0.7 = \frac{0.0827\times 3.5^2}{d^4}\left(0.025\times\frac{100}{d} + 0.45 + 2\times 0.3 + 1.0\right)$$

$$0.7 = \frac{1.0132}{d^4}\left(\frac{2.5}{d} + 2.05\right)$$

整理可得：

$$0.7d^5 - 2.08d - 3.619 = 0$$

上式为高次方程，可利用试算法求解。

设 $d = 1.52\mathrm{m}$，代入上式，有

$$8.114 - 4.510 - 3.619 = 0.015 \approx 0$$

故求得所需管径 $d = 1.50\mathrm{m}$。

## 【习题】

4-1　某管道直径 $d = 50\mathrm{mm}$，通过温度为 $10°C$ 的中等燃料油，其运动黏滞系数 $\nu = 5.16\times 10^6\mathrm{m}^2/\mathrm{s}$。试求保持层流状态的最大流量。

4-2　水流经变断面管道，已知小管径为 $d_1$，大管径为 $d_2$，$d_2/d_1 = 2$。试问：哪个断面的雷诺数大？两个断面雷诺数的比值 $Re_1/Re_2$ 是多少？

4-3　圆管直径 $d = 6\mathrm{mm}$，有重油通过，密度 $\rho = 870\mathrm{kg/m}^3$，运动黏性系数为 $\nu = 2.2\times 10^{-6}\mathrm{m}^2/\mathrm{s}$，管中流量为 $0.02\mathrm{L/s}$。试判别其流态。

4-4　有一矩形断面的排水沟，水深 $h = 15\mathrm{cm}$，$b = 20\mathrm{cm}$，流速 $v = 0.15\mathrm{m/s}$，水温为 $15°C$，试判别其流态。

4-5　已知实验渠道断面为矩形，底宽 $b = 25\mathrm{cm}$，当 $Q = 10\mathrm{L/s}$ 时，渠中水深 $h = 30\mathrm{cm}$，测知水温 $t = 20°C$，运动黏度 $\nu = 0.0101\mathrm{cm}^2/\mathrm{s}$，试判别渠道中水流的流态。

4-6　输送石油管道直径 $d = 200\mathrm{mm}$，石油重度 $\gamma = 8.34\mathrm{kN/m}^3$，动力黏度 $\mu = 0.29\mathrm{Pa\cdot s}$，求管中流量 $Q$ 为多少时，液流将从层流转变为紊流。

4-7　管径 $d = 300\mathrm{mm}$，水温 $t = 15°C$，流速 $v = 3\mathrm{m/s}$，沿程阻力系数 $\lambda = 0.015$，求管壁切应力 $\tau_0$ 及 $r = 0.5r_0$ 处的切应力 $\tau$（$r_0$ 为圆管半径）。

4-8　某塑料管，直径 $d = 107\mathrm{mm}$，内壁当量粗糙凸出高为 $0.01\mathrm{mm}$，流速为 $1.2\mathrm{m/s}$，水温 $t = 10°C$，要求判别流态，并求出阻力系数 $\lambda$。

4-9　某水管长 $l = 500\mathrm{m}$，直径 $d = 200\mathrm{mm}$，当量粗糙度 $\Delta = 0.1\mathrm{mm}$，输水流量 $Q = 10\mathrm{L/s}$，水温 $t = 10°C$，试计算沿程水头损失 $h_f$（注意根据阻力分区，选用相应的计算公式）。

4-10　铸铁管直径 $d = 250\mathrm{m}$，长 $l = 700\mathrm{m}$，流量 $Q = 56\mathrm{L/s}$，水温 $t = 10°C$，求管中流动所属的流区与沿程水头损失 $h_f$。

4-11 钢筋混凝土涵管内径 $d = 800\text{mm}$,粗糙系数 $n = 0.014$,长 $l = 240\text{m}$,沿程水头损失 $h_f = 2\text{m}$,求断面平均流速及流量。

4-12 如习题4-12图所示,流速由 $v_1$ 变为 $v_3$ 的突然扩大圆管。若改为两级断面扩大,问中间级流速 $v_2$ 应取多大时,所产生的局部水头损失最小?

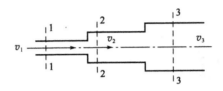

习题4-12图

4-13 有一水管,直径 $d$ 为20cm,管壁绝对粗糙度 $\Delta = 0.2\text{mm}$,已知液体的运动黏滞系数 $\nu$ 为 $0.015\text{cm}^2/\text{s}$。试求:$Q$ 为 $5\,000\text{cm}^3/\text{s}$、$4\,000\text{cm}^3/\text{s}$、$2\,000\text{cm}^3/\text{s}$ 时,管道的沿程阻力系数 $\lambda$ 分别是多少?

4-14 有三根直径相同的输水管,直径 $d = 10\text{cm}$,通过的流量 $Q = 15\text{L/s}$,管长约为 $l = 1\,000\text{m}$,各管的当量粗糙度分别为 $\Delta_1 = 0.1\text{mm}, \Delta_2 = 0.4\text{mm}, \Delta_3 = 0.3\text{mm}$,水温为20℃,试求各管中的沿程水头损失 $h_f$。

4-15 水管直径 $d = 50\text{mm}$,长 $l = 10\text{m}$,$Q = 10\text{L/s}$,处于阻力平方区,若测得沿程水头损失 $h_f = 7.5\text{m}$ 水柱,求管壁材料的当量粗糙度。

4-16 用虹吸管将河道中的水引入水池,如习题4-16图所示。钢管总长为30m,直径 $d = 400\text{mm}$,设沿程阻力系数 $\lambda = 0.02$,每个弯头的局部阻力系数为 $\zeta = 0.7$,求管中流量和最大真空值。

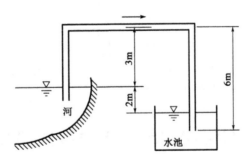

习题4-16图

# 第五章 明渠均匀流

【学习目的与要求】

通过"明渠均匀流"学习,了解明渠均匀流的水力特性和产生条件,掌握明渠均匀流基本计算公式、水力最优断面的概念和水力最优条件,熟悉公路工程中的渠道设计要求,掌握已建成渠道过流能力的校核和新建渠道的水力计算方法。

## 第一节 明渠均匀流的水力特性和基本公式

具有自由表面的水流,称为明渠流动。天然河道和人工渠道(公路排水系统中的边沟、排水沟、急流槽、无压力式涵洞等)中的水流都是明渠流动。明渠水流水面上的压强等于大气压强,相对压强为零,所以明渠流动又称为无压流动。

若明渠水流各运动要素不随时间变化,则为明渠恒定流;否则为明渠非恒定流。本书仅讨论明渠恒定流。

若明渠恒定流中的水深和流速等沿程不变,则称为明渠均匀流。为了使液体作均匀流动,渠底必须具有一定的坡度。渠底高程沿水流方向的变化,可以用渠道底坡 $i$ 表示。渠道底坡 $i$ 习惯上采用渠底的高差 $\Delta z$ 与相应渠长 $L$ 的比值计算:

$$i = \frac{\Delta z}{L} = \sin\theta \tag{5-1}$$

式中:$\theta$——渠底与水平线间的夹角,见图5-1。

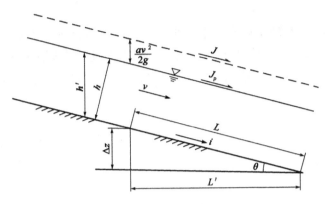

图 5-1 明渠均匀流

通常,渠道的底坡很小($i<1\%$),即$\theta$角很小,渠道底沿水流方向的长度$L$可用渠道水平投影长度$L'$代替,即$\sin\theta\approx\text{tg}\theta$。另外,在渠道底坡很小的情况下,水流的过水断面可以用铅垂断面代替,过水断面的水深也可以沿铅垂方向量取,即$h\approx h'$。

当渠底高程沿程降低时,$i>0$,称为顺坡渠道;当渠底高程沿程不变时,$i=0$,称为平坡渠道;当渠底高程沿程增加时,$i<0$,称为逆坡渠道。由于人工渠道的底坡一般比较平顺,$i\approx$常数,天然河道的河底凹凸不平,其底坡可取一定长度河段的平均底坡计算。

渠道的横断面形状、大小和方向沿程不变者称为棱柱形渠道;否则,为非棱柱形渠道。

## 一、明渠均匀流的形成条件与特性

1. 明渠均匀流的形成条件

明渠均匀流只能在一定条件下发生,这些条件是:

(1)渠底高程必须是沿程降低,即$i>0$(顺坡),且$i$沿程不变。

(2)渠道必须是长而直的棱柱形渠道,过水断面的大小及形状、渠道表面的粗糙系数$n$都应沿程不变。

(3)渠道中的流量应恒定不变。

由此可见,在明渠均匀流中,无分流或汇流,也无障碍物对水流运动的干扰。显然,天然河道中不能形成均匀流;人工渠道的过水断面比较规则,在基本符合上述条件时,可作为明渠均匀流计算;在没有障碍的天然顺直河道,如果过水断面基本一致,也可近似视为均匀流。

2. 明渠均匀流的主要特性

由于明渠均匀流的流线为平行直线,因此具有下列主要特征:

(1)过水断面的形状、尺寸及水深沿程不变,过水断面上流速的大小、方向及分布沿程不变,因此过水断面上的平均流速$v$、动能修正系数$\alpha$、动量修正系数$\beta$也都沿流程不变,所以流速水头$\alpha v^2/2g$也沿流程不变。

(2)由于流线为平行直线,所以过水断面上压强满足静水压强分布规律,即明渠均匀流的水面线就是测压管线。

(3)基于上述原因,总水头线为平行于水面的直线,而水深流程不变,水面线又平行于底

坡,所以总水头线坡度 $J$、测压管水头线坡度 $J_p$、渠底坡度 $i$ 这三个坡度相等,即:

$$J = J_p = i \tag{5-2}$$

上式说明,明渠均匀流的比动能和比压能沿程不变,比位能则沿程减少。比位能减少的数值,恰好等于水流克服阻力所消耗的比能,即明渠均匀流的重力功完全用来克服摩擦力功,所以明渠均匀流是重力和阻力达到平衡的一种流动。明渠均匀流的水深称为正常水深,用 $h_0$ 表示。

### 二、明渠均匀流的计算公式

明渠均匀流的流速一般按谢才公式计算。由于渠道底坡 $i$ 一般是已知的,而明渠均匀流的 $J = i$,所以有:

$$v = C\sqrt{Ri} \tag{5-3}$$

在公路工程中,谢才系数 $C$ 通常按曼宁公式计算,并且常将谢才—曼宁公式写成:

$$v = \frac{1}{n} R^{2/3} i^{1/2} \tag{5-4}$$

式中:$1/n$——粗糙系数 $n$ 的倒数,渠道 $1/n$ 的数值见表 5-1。

常见渠道的 $1/n$ 值　　　　　　　　　　表 5-1

| 渠道特征 | $1/n$ 值 | |
|---|---|---|
| | 灌溉渠 | 退水渠 |
| A. 土质渠道 | | |
| a. 流量大于 $25\text{m}^3/\text{s}$ | | |
| 　平整顺直,养护良好 | 50 | 45 |
| 　平整顺直,养护一般 | 45 | 40 |
| 　渠床多石、杂草丛生、养护较差 | 40 | 35 |
| b. 流量 $1\sim25\text{m}^3/\text{s}$ | | |
| 　平整顺直,养护良好 | 45 | 40 |
| 　平整顺直,养护一般 | 40 | 35 |
| 　渠底多石、杂草丛生、养护较差 | 35 | 33 |
| c. 流量小于 $1\text{m}^3/\text{s}$ | | |
| 　渠床弯曲,养护一般 | 40 | 36 |
| d. 支渠以下的固定渠道 | 36~33 | |
| B. 岩石上开凿的渠道 | | |
| 经过良好修整的 | 40 | |
| 经过中等修整的,无凸出部分的 | 33 | |
| 经过中等修整的,有凸出部分的 | 30 | |
| 未经过修整的,有凸出部分的 | 29~22 | |
| C. 用各种材料护面的渠道 | | |
| 抹光的水泥抹面 | 83 | |
| 不抹光的水泥抹面 | 71 | |
| 光滑的混凝土面 | 67 | |
| 平整的喷浆护面 | 67 | |
| 料石砌护面 | 67 | |
| 砖砌护面 | 67 | |
| 粗糙的混凝土护面 | 59 | |
| 不平整的喷浆护面 | 56 | |
| 浆砌护面 | 40 | |
| 干砌护面 | 30 | |

明渠均匀流的流量为：

$$Q = \omega C \sqrt{Ri} = \frac{1}{n}\omega R^{2/3} i^{1/2} \tag{5-5}$$

在计算流速和流量时，有时还采用下列两模数作为简化计算之用：

$$W = C\sqrt{R} = \frac{v}{\sqrt{i}} \tag{5-6}$$

$$K = \omega C \sqrt{R} = \frac{Q}{\sqrt{i}} \tag{5-7}$$

式中：$W$、$K$——渠道的流速模数和流量模数，是 $i=1$ 时的假想流速和流量，它们综合反映渠道断面形状、尺寸和壁面粗糙度对输水能力的影响。

当渠道断面形状及粗糙系数一定时，$K$ 是正常水深 $h_0$ 的函数。由式(5-7)可知，当流量 $Q$ 一定时，明渠底坡 $i$ 越大，则均匀流水深即正常水深 $h_0$ 越小，$h_0$ 与 $i$ 之间呈反比关系。

## 第二节 水力最优断面

明渠均匀流的流量取决于渠道底坡、粗糙系数以及过水断面的形状和大小。在设计渠道时，底坡 $i$ 一般随地形条件而定；粗糙系数 $n$ 取决于所采用的渠壁材料，通常是就地取材。于是，在渠道底坡和粗糙系数已定的前提下，明渠的流量 $Q$ 取决于过水断面的大小和形状。当渠道的 $i$、$n$ 及过水断面面积 $\omega$ 一定时，使渠道所通过的流量最大的那种断面形状称为水力最优断面。

由明渠均匀流的基本公式(5-5)得：

$$Q = \omega C \sqrt{Ri} = \frac{1}{n}\omega R^{2/3} i^{1/2} = \frac{\sqrt{i}}{n}\frac{\omega^{5/3}}{\chi^{2/3}}$$

可见，若 $i$、$n$、$\omega$ 不变，湿周 $\chi$ 最小的断面能通过最大流量；若 $Q$、$n$、$i$ 不变，$\omega$ 最小，则 $\chi$ 也应最小，所以水力最优断面的过水断面面积和湿周都最小。过水断面面积最小，则土方开挖量最小；湿周最小，则渠壁的阻力最小，渠壁加固数量和渠道渗漏也最小，在工程上都是有利的。

根据几何学可知，各种形状的渠道断面面积相同时，半圆形断面具有最小的湿周，所以它是水力最优断面；但这种断面的边坡比较陡，只能用砖石、混凝土等坚硬的材料修筑。为了施工方便，工程上的渠道断面一般多采用梯形断面，如图5-2所示。下面讨论梯形断面的水力最优条件。

各种梯形断面，当边坡系数 $m$ 和宽深比 $b/h$ 不同时，它们的水力性能也不相同，其中最接近半圆形的一种是正六边形的一半，但这种梯形的边坡系数对大多数种类的土壤仍然偏陡。

$$m = \operatorname{ctan}\alpha = \operatorname{ctan}60° = 0.577 \tag{5-8}$$

在工程实践中，通常首先根据渠面土壤的种类来确定边坡系数 $m$，可参阅表5-2。在这一前提下，要求选择梯形渠道水力最优断面。

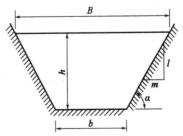

图5-2 梯形断面

**常见土壤种类对应的边坡系数 $m$**　　　　　　　　　　　　　表 5-2

| 土壤种类 | $m$ | 土壤种类 | $m$ |
|---|---|---|---|
| 细粒沙土 | 3.0~3.5 | 重壤土、密实黄土和普通黏土 | 1.0~1.5 |
| 砂壤土或松散土壤 | 2.0~2.5 | 密实重黏土 | 1.0 |
| 密实砂壤土和轻黏壤土 | 1.5~2.0 | 各种不同硬度的岩石 | 0.5~1.0 |
| 砾石和砂砾石土 | 1.5 | | |

设:明渠梯形过水断面(图 5-2)的底宽为 $b$,水深为 $h$,边坡系数 $m$,由几何关系得:

$$\omega = (b + mh)h \tag{5-9}$$

$$\chi = b + 2h\sqrt{1 + m^2} \tag{5-10}$$

由式(5-9)得,$b = \dfrac{\omega}{h} - mh$,代入式(5-10)得:

$$\chi = \dfrac{\omega}{h} - mh + 2h\sqrt{1 + m^2} \tag{5-11}$$

由前可知,水力最优断面是过水断面面积 $\omega$ 一定时湿周 $\chi$ 最小的断面。因此对式(5-11)取导数,求 $\chi = f(h)$ 的极小值,即可确定底宽 $b$ 和水深 $h$ 的关系。

$$\dfrac{d\chi}{dh} = -\dfrac{\omega}{h^2} - m + 2\sqrt{1 + m^2} = -\dfrac{bh + mh^2}{h^2} - m + 2\sqrt{1 + m^2}$$

$$= -\dfrac{b}{h} - 2m + 2\sqrt{1 + m^2} = 0$$

又

$$\dfrac{d^2\chi}{dh^2} = \dfrac{-b(-1)}{h^2} > 0$$

故是极小值,即湿周最小时,梯形断面的宽深比为:

$$\dfrac{b}{h} = 2(\sqrt{1 + m^2} - m) \tag{5-12}$$

为了便于计算,将上式列成表,如表 5-3。

**梯形断面渠道的水力最优宽深比**　　　　　　　　　　　　　表 5-3

| $m$ | 0 | 0.25 | 0.5 | 1.0 | 1.5 | 2.0 | 2.5 | 3.0 |
|---|---|---|---|---|---|---|---|---|
| $b/h$ | 2.00 | 1.56 | 1.24 | 0.83 | 0.61 | 0.47 | 0.39 | 0.32 |

表 5-3 中,$m = 0$ 是半个正方形的矩形断面。此外,由于梯形水力最优断面的 $b/h$ 有固定的比值,因此,它的水力要素的计算公式就具有比较简单的形式,这一特性使水力最优断面的水力计算大为简化。由式(5-12)的关系可得梯形水力最优断面的断面参数为:

$$\omega = (b + mh)h = (2\sqrt{1 + m^2} - m)h^2 \tag{5-13}$$

$$\chi = b + 2h\sqrt{1 + m^2} = 2h(2\sqrt{1 + m^2} - m) \tag{5-14}$$

$$R = \dfrac{\omega}{\chi} = \dfrac{h}{2} \tag{5-15}$$

水力最优断面只是从水力学角度讨论的。对于中小型渠道,挖土不深,造价基本由渠道的土方工程量来决定,因此水力最优断面的造价也最经济;对于大型渠道,按水力最优断面设计,往往挖土过深,使土方的单价增加,一般来说不经济,也不适用,增加了施工、养护的难度。因此,是否采用水力最优断面,应综合考虑各方面的因素,权衡利弊后确定。

公路工程中的渠道一般都比较小,如果受条件限制不能采用水力最优断面,则可采用比较宽浅一些的断面。实践证明,只要渠道断面不偏离水力最优断面太远,其断面水力性能还是与水力最优断面比较相近的。

## 第三节 允许流速

在渠道的设计中,除了要考虑水力最优断面这一因素外,还需对渠道的最大和最小流速进行限制:流速过大,将使渠道受冲刷或塌方,流速过小,将使渠道发生淤积。因此,渠道中的流速应是不冲不淤流速。

所谓允许流速,是指对渠身不会产生冲刷,也不会使水中悬浮的泥沙在渠道中发生淤积的断面平均流速。设:渠道中最大允许流速为不冲流速,用 $v_{max}$ 表示,最小允许流速为不淤流速,用 $v_{min}$ 表示,则渠道中的设计流速应满足:

$$v_{min} < v < v_{max}$$

渠道中的不冲流速与渠道壁面的土壤或加固材料和水深有关,由实验确定。表5-4~表5-6为我国陕西省水利电力勘测设计院1965年总结的各种渠道的最大允许流速值,可供渠道设计时选用。

渠道中的最小允许不淤流速与水流中含沙量、泥沙的粒径以及水深等因素有关,一般不小于0.5m/s,具体可按经验公式计算。经验公式很多,建议采用下式:

$$v_{min} = a\sqrt{R}\ (\text{m/s}) \tag{5-16}$$

式中:$R$——水力半径(以米计);

$a$——系数,其值与水中所含泥沙有关,粗沙 $a = 0.65 \sim 0.77$;中沙 $a = 0.58 \sim 0.64$;细沙 $a = 0.41 \sim 0.45$。

坚硬岩石和人工护面渠道的最大允许不冲流速(m/s)　　表5-4

| 岩石或护面的种类 | 渠道的流量(m³/s) | | |
|---|---|---|---|
| | <1 | 1~10 | >10 |
| 软质水成岩(泥灰岩、页岩、软砾岩) | 2.5 | 3.0 | 3.5 |
| 中等硬质水成岩(致密砾岩、多孔石灰岩、层状石灰岩、白云石灰岩、灰质沙岩) | 3.5 | 4.25 | 5 |
| 硬质水成岩(白云砂岩、沙质石灰岩) | 5.0 | 6.0 | 7.0 |
| 结晶岩、火成岩 | 8.0 | 9.0 | 10.0 |
| 单层块石铺砌 | 2.5 | 3.5 | 4.0 |
| 双层块石铺砌 | 3.5 | 4.5 | 5.0 |
| 混凝土护面(水流中不含沙和砾石) | 6.0 | 8.0 | 10.0 |

**均质黏性土质渠道最大允许不冲流速（m/s）** 表 5-5

| 土 质 | 最大允许不冲流速（m/s） | 土 质 | 最大允许不冲流速（m/s） |
|---|---|---|---|
| 轻壤土 | 0.6～0.8 | 重壤土 | 0.75～1.0 |
| 中壤土 | 0.65～0.85 | 黏土 | 0.75～0.95 |

**均质无黏性土质渠道最大允许不冲流速（m/s）** 表 5-6

| 土 质 | 粒径（mm） | 最大允许不冲流速（m/s） |
|---|---|---|
| 极细沙 | 0.05～0.1 | 0.35～0.45 |
| 细沙和中沙 | 0.25～0.5 | 0.45～0.60 |
| 粗沙 | 0.5～2.0 | 0.60～0.75 |
| 细砾石 | 2.0～5.0 | 0.75～0.90 |
| 中砾石 | 5.0～10.0 | 0.90～1.10 |
| 粗砾石 | 10.0～20.0 | 1.10～1.30 |
| 小卵石 | 20.0～40.0 | 1.30～1.80 |
| 中卵石 | 40.0～60.0 | 1.80～2.20 |

注：(1) 均质黏性土质渠道中各种土质的干重度为 $13\sim17\text{kN/m}^3$。

(2) 表中所列为水力半径 $R=1.0\text{m}$ 的情况，若 $R\neq1.0\text{m}$ 时，则应将表中数值乘以 $R^\alpha$ 才得到相应的不允许流速值。对于沙、沙石、卵石、疏松的沙壤土、壤土和黏土，$\alpha=1/3\sim1/4$；对于中等密实和密实的沙壤土、壤土和黏土，$\alpha=1/4\sim1/5$。

(3) 对于流量大于 $50\text{m}^3/\text{s}$ 的渠道，最大允许不冲流速应专门研究确定。

## 第四节 明渠均匀流的水力计算

由明渠均匀流的基本公式 $Q=K\sqrt{i}$［式（5-7）］可知，$K$ 决定于渠道断面的特征。在 $Q$、$K$、$i$ 中，已知其二，即可求出另一个。因此，梯形断面中明渠均匀流的水力计算可归纳为以下三类。

### 一、已知渠道断面形状及大小、渠壁的粗糙系数及渠道底坡，求渠道的输水能力

这一类问题多用来校核已建成渠道的过水能力，已知：$m$、$n$、$b$、$h_0$、$i$，求 $Q$。在这种情况下，可根据已知条件，求出 $\omega$、$\chi$、$R$、$C$，直接用式（5-5）计算流量 $Q$。

[例 5-1] 某梯形断面浆砌石渠道，按水力最优断面设计，底宽 $b=3\text{m}$，$n=0.025$，底坡 $i=0.001$，$m=0.25$，求 $Q$。

**解**：因渠道较长，断面规则，底坡较为一致，故可按均匀流计算。由于按水力最优的断面设计，所以由（5-12）式得：

$$\frac{b}{h}=2(\sqrt{1+m^2}-m)=2(\sqrt{1+0.25^2}-0.25)=1.56$$

| | |
|---|---|
| 水深 | $h = \dfrac{b}{1.56} = \dfrac{3}{1.56} = 1.92 \text{(m)}$ |
| 过水断面 | $\omega = (b+mh)h = (3+0.25\times1.92)\times1.92 = 6.68 \text{(m}^2)$ |
| 湿周 | $\chi = b + 2h\sqrt{1+m^2} = 3 + 2\times1.92\times\sqrt{1+0.25^2} = 6.96 \text{(m)}$ |
| 水力半径 | $R = \dfrac{\omega}{\chi} = \dfrac{6.68}{6.96} = 0.96 \text{(m)}$ |
| 谢才系数 | $C = \dfrac{1}{n}R^{1/6} = \dfrac{1}{0.025}\times 0.96^{1/6} = 39.7 \text{(m}^{0.5}/\text{s)}$ |
| 流量 | $Q = \omega C\sqrt{Ri} = 6.68\times 39.7 \times \sqrt{0.96\times 0.001} = 8.22 \text{(m}^3/\text{s)}$ |

## 二、已知渠道断面尺寸、粗糙系数以及通过的流量或速度，求渠道的底坡

设计新建渠道时，要求确定渠道的底坡。一般是已知渠道断面形状及尺寸、粗糙系数以及通过的流量或速度，求所需的渠道的底坡。对于这一类情况，与第一类问题相似，首先根据已知的参数算出流量模数 $K = \omega C\sqrt{R}$，再按式（5-7）直接求出渠道底坡 $i$，即 $i = Q^2/K^2$。

[例 5-2]　已知：某石砌渠道底宽 $b = 10\text{m}$，水深 $h = 3.5\text{m}$，壁面粗糙系数 $n = 0.025$，通过的设计流量为 $Q = 54.6\text{m}^3/\text{s}$，边坡系数 $m = 1.5$，可按均匀流计算，求渠道底坡 $i$ 及流速。

**解**：首先计算流量模数 $K$

| | |
|---|---|
| 过水断面面积 | $\omega = (b+mh)h = (10+1.5\times3.5)\times3.5 = 53.4 \text{(m}^2)$ |
| 湿周 | $\chi = b + 2h\sqrt{1+m^2} = 10 + 2\times3.5\sqrt{1+1.5^2} = 22.6 \text{(m)}$ |
| 水力半径 | $R = \dfrac{\omega}{\chi} = \dfrac{53.4}{22.6} = 2.36 \text{(m)}$ |
| 谢才系数 | $C = \dfrac{1}{n}R^{1/6} = \dfrac{1}{0.025}\times 2.36^{1/6} = 46.15 \text{(m}^{0.5}/\text{s)}$ |
| 流量模数 | $K = \omega C\sqrt{R} = 53.4\times 46.15\times\sqrt{2.36} = 3785.9 \text{(m}^3/\text{s)}$ |

故渠道的底坡为：

$$i = \dfrac{Q^2}{K^2} = \dfrac{54.6^2}{3785.9^2} = 0.0002$$

渠道中的流速　　$v = \dfrac{Q}{\omega} = \dfrac{54.6}{53.4} = 1.02 \text{(m/s)}$

## 三、已知输水量 $Q$、底坡 $i$，确定渠道断面尺寸

因为 $K = Q/\sqrt{i} = 1/n\omega R^{2/3}$，$K$ 决定于粗糙系数 $n$，边坡系数 $m$，断面尺寸 $b$、$h$。一般情况下，渠身材料已初步拟定，可参阅表5-1确定粗糙系数 $n$ 值；根据土壤种类，可参照表5-2，确定边坡系数 $m$。在这种情况下，已知设计流量 $Q$、底坡 $i$、粗糙系数 $n$ 及边坡系数 $m$，要设计一条新的渠道，则需求出渠道断面尺寸 $b$ 和 $h$。可见，这类问题的未知量有两个，满足式（5-7）的 $b$ 和对应的 $h$ 有无限多个，因此，必须结合工程实际和技术经济要求，再附加一个条件，才能得到唯一的解，一般工程中有以下两种情况：

1. 根据工程要求或地形,选定渠道底宽 $b$ 或水深 $h$,求对应的水深 $h$ 或对应的渠底宽 $b$

对这类问题,直接解方程计算往往比较复杂,所以常采用试算法,即先假定若干个水深 $h$ 值或若干个渠底宽 $b$ 值,计算出相应的 $K$ 值,并作 $h \sim K$ 或 $b \sim K$ 曲线(图5-3),再从已知 $K$ 值上作垂线和 $h \sim K$ 或 $b \sim K$ 曲线交于 $A$ 点,过 $A$ 点作水平线和纵轴的交点 $B$,即为所求的 $h$ 值或 $b$ 值。

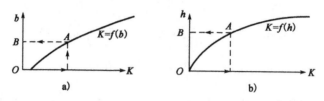

图5-3 $b \sim K$ 和 $h \sim K$ 曲线
a) $b \sim K$ 曲线; b) $h \sim K$ 曲线

[**例5-3**] 已知: $b = 10\text{m}, m = 1.5, i = 0.000\ 3, n = 0.025, Q = 40\text{m}^3/\text{s}$,求 $h$。

**解**:由已知 $Q$、$i$ 值,计算 $K$。

$$K = \frac{Q}{\sqrt{i}} = \frac{40}{\sqrt{0.000\ 3}} = 2\ 309.4(\text{m}^3/\text{s})$$

假定不同的 $h$ 值,按 $K = \frac{1}{n}\omega R^{\frac{2}{3}}$ 计算 $K$,而

$$\omega = (b + mh)h$$
$$\chi = b + 2h\sqrt{1 + m^2}$$
$$R = \frac{\omega}{\chi}$$

计算结果,列表如下:

| $h$ | $\omega$ | $\chi$ | $R$ | $R^{2/3}$ | $K$ |
|---|---|---|---|---|---|
| 3.00 | 43.5 | 20.8 | 2.09 | 1.63 | 2 836 |
| 2.70 | 37.94 | 19.7 | 1.93 | 1.55 | 2 352 |
| 2.66 | 37.2 | 19.6 | 1.90 | 1.53 | 2 277 |
| 2.50 | 34.4 | 19.0 | 1.81 | 1.49 | 2 050 |

做 $h \sim K$ 曲线,在横坐标轴上取 $K = 2\ 309.4\text{m}^3/\text{s}$,引垂线和曲线相交,再从交点引水平线 $h$ 轴相交,得 $h = 2.68\text{m}$,即为所求。

2. 按水力最优断面的条件或给定设计流速 $v$,求设计断面尺寸 $b$、$h$

[**例5-4**] 已知:一梯形断面渠道,通过设计流量为 $Q = 4.0\text{m}^3/\text{s}$,边坡系数 $m = 1.5$,壁面粗糙系数 $n = 0.025$,底坡 $i = 0.003$,按水力最优断面设计,试求渠道的底宽 $b$ 和水深 $h$。

**解**:根据水力最优断面的特点,由式(5-13)和式(5-15),即:

$$\omega = (2\sqrt{1 + m^2} - m)h^2, \quad R = \frac{h}{2}$$

将上式代入式(5-5)中,并加以整理就可得出:

$$h = \left[\frac{1.58nQ}{(2\sqrt{1+m^2}-m)i^{1/2}}\right]^{3/8}$$

代入已知值,求得:$h = 1.127\text{m}$。

查表5-3,当$m = 1.5$时,$b/h = 0.61$,所以

$$b = 0.61 \times 1.127 = 0.69(\text{m})$$

[例5-5] 已知:某石砌梯形断面渠道,设计流量$Q = 4.0\text{m}^3/\text{s}$,边坡系数$m = 1.5$,壁面粗糙系数$n = 0.025$,底坡$i = 0.003$,渠道的设计流速为$1.4\text{m/s}$,求渠道的$b$和$h$。

**解**:根据梯形断面的几何关系可知:

$$\omega = (b + mh)h$$

$$\chi = \frac{\omega}{R} = b + 2h\sqrt{1+m^2}$$

解这个方程组,消去$b$得:

$$h = \frac{\frac{\omega}{R} - \sqrt{\frac{\omega^2}{R^2} - 4\omega(2\sqrt{1+m^2}-m)}}{2(2\sqrt{1+m^2}-m)}$$

由连续方程得:

$$\omega = \frac{Q}{v} = \frac{4}{1.4} = 2.86(\text{m}^2)$$

水力半径为:

$$R = \left(\frac{nv}{i^{1/2}}\right)^{3/2} = \left(\frac{0.025 \times 1.4}{0.003^{1/2}}\right)^{3/2} = 0.511(\text{m})$$

将这些数值代入,得$h = 0.69\text{m}$,$b = 3.11\text{m}$。

## 第五节 无压圆管均匀流

工程上常采用圆形管道输送液体。圆形管既是水流最优断面,又具有受力性能良好、制作方便、节省材料的优点。

无压圆管均匀流是指管道中的水流具有自由表面时的均匀流,即不满流的长管道中的水流,其性质与明渠水流相同。在公路工程中常采用的钢筋混凝土圆形涵洞(简称管涵)中,当水流为无压流动且洞身很长时,就存在这样的均匀流。下面介绍圆形管道中无压均匀流的水力计算问题。无压圆管均匀流仍采用谢才—曼宁公式进行计算。

1. 当水流恰好满管,但最高点的压强等于大气压时,仍可按无压均匀流计算

对于钢筋混凝土圆管,粗糙系数$n = 0.013$,满管时的水力半径$R = d/4$,因此满管时均匀流的流速和流量式可写成:

$$v_\text{d} = \frac{1}{n}R^{2/3}i^{1/2} = 30.5d^{2/3}i^{1/2} \tag{5-17}$$

$$Q_d = \frac{\pi}{4}d^2 v_d = 24.0 d^{8/3} i^{1/2} \tag{5-18}$$

2. 不满管时,无压圆管均匀流的各水力要素均为圆心角的函数(图 5-4)

$$\left.\begin{array}{l} \omega = \dfrac{d^2}{8}(\theta - \sin\theta) \\[4pt] \chi = \dfrac{d}{2}\theta \\[4pt] R = \dfrac{d}{4}(1 - \dfrac{\sin\theta}{\theta}) \\[4pt] h = \dfrac{d}{2}(1 - \cos\dfrac{\theta}{2}) \end{array}\right\} \tag{5-19}$$

圆形管道水深 $h$ 和管径 $d$ 的比值,称为充满度 $a$,即 $a = h/d$。

设:以 $Q_d$、$v_d$、$C_d$、$R_d$ 和 $Q$、$v$、$C$、$R$ 分别代表满管和不满管时的流量、流速、谢才系数、水力半径;另外,再令 $A = Q/Q_d$,$B = v/v_d$,采用曼宁公式得:

$$A = \frac{Q}{Q_d} = \frac{\omega C \sqrt{Ri}}{\omega_d C_d \sqrt{R_d i}} = \frac{\omega}{\omega_d}\left(\frac{R}{R_d}\right)^{2/3} = \frac{\theta}{2\pi}\left(1 - \frac{\sin\theta}{\theta}\right)^{5/3} \tag{5-20}$$

$$B = \frac{v}{v_d} = \left(\frac{R}{R_d}\right)^{2/3} = \left(1 - \frac{\sin\theta}{\theta}\right)^{2/3} \tag{5-21}$$

以上两个公式的计算比较困难,一般均制成图表,如图 5-5、表 5-7,以简化计算。

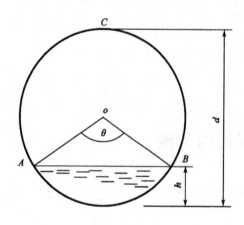

图 5-4 圆形断面

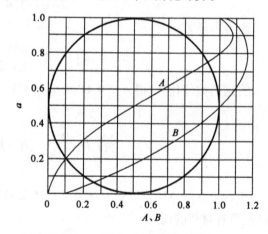

图 5-5 不满管水力计算图

不满管水力计算    表 5-7

| $\dfrac{h}{d}$ | $\dfrac{v}{v_d}$ | $\dfrac{Q}{Q_d}$ | $\dfrac{\omega^3}{Bd^5} = \dfrac{\alpha Q^2}{gd^5}$ |
|---|---|---|---|
| 0.05 | 0.184 | 0.004 | 0.000 |
| 0.10 | 0.333 | 0.017 | 0.000 |
| 0.15 | 0.457 | 0.043 | 0.000 |
| 0.20 | 0.565 | 0.080 | 0.001 |

续上表

| $\dfrac{h}{d}$ | $\dfrac{v}{v_d}$ | $\dfrac{Q}{Q_d}$ | $\dfrac{\omega^3}{Bd^5}=\dfrac{\alpha Q^2}{gd^5}$ |
|---|---|---|---|
| 0.25 | 0.661 | 0.129 | 0.005 |
| 0.30 | 0.748 | 0.188 | 0.009 |
| 0.35 | 0.821 | 0.250 | 0.016 |
| 0.40 | 0.889 | 0.332 | 0.025 |
| 0.45 | 0.948 | 0.414 | 0.040 |
| 0.50 | 1.000 | 0.500 | 0.060 |
| 0.55 | 1.045 | 0.589 | 0.088 |
| 0.60 | 1.083 | 0.678 | 0.121 |
| 0.65 | 1.113 | 0.766 | 0.166 |
| 0.70 | 1.137 | 0.850 | 0.220 |
| 0.75 | 1.151 | 0.927 | 0.294 |
| 0.80 | 1.159 | 0.994 | 0.382 |
| 0.85 | 1.157 | 1.048 | 0.500 |
| 0.90 | 1.142 | 1.082 | 0.685 |
| 0.95 | 1.108 | 1.087 | 1.035 |
| 1.00 | 1.000 | 1.000 | ∞ |

从图 5-5 中可见,满管时的流速和流量都不是最大,这是由于水力半径不是最大的缘故。最大流速发生在 $a=h/d=0.81$ 处,这时 $v_{max}/v_d=1.16$,因为这时的水力半径 $R$ 最大。水深超过 $0.81d$,$\omega$ 虽有增加,但湿周增加更快,以致 $R$ 反而降低。同样,最大流量发生在 $a=h/d=0.95$ 处,这时 $Q_{max}/Q_d=1.087$。

[**例 5-6**] 圆管直径 $d=1.0$m,$i=0.01$,$Q=2.0$m³/s,$n=0.013$,求管中均匀流的水深和流速。

**解**:首先计算满管时,圆管均匀流的流速和流量为:

$$v_d=\frac{1}{n}R^{2/3}i^{1/2}=30.5d^{2/3}i^{1/2}=30.5\times1\times0.01^{1/2}=3.05(\text{m/s})$$

$$Q_d=\frac{\pi}{4}d^2v_d=24.0d^{8/3}i^{1/2}=24\times1\times0.01^{1/2}=2.4(\text{m}^3/\text{s})$$

根据已知流量 $Q=2.0$m³/s,得:

$$\frac{Q}{Q_d}=\frac{2.0}{2.4}=0.833$$

查表 5-7 得,充满度 $a=\dfrac{h}{d}=0.69$,$\dfrac{v}{v_d}=1.13$

所以

$$h=0.69d=0.69(\text{m})$$

$$v=1.13v_d=1.13\times3.05=3.45(\text{m/s})$$

[**例 5-7**]　圆形管道的直径 $d=1.0\text{m}, i=0.0036, n=0.013$，求 $h=0.7\text{m}$ 时的流量和流速。

**解**：满管时，$R = \dfrac{d}{4} = 0.25m, C_d = \dfrac{1}{n}R_d^{1/6} = \dfrac{1}{0.013} \times 0.25^{1/6} = 61.1(\text{m}^{0.5}/\text{s})$

$$v_d = C_d\sqrt{R_d i} = 61.1 \times \sqrt{0.25 \times 0.0036} = 1.84(\text{m/s})$$

$$Q_d = \omega v_d = \dfrac{\pi}{4} \times 1^2 \times 1.84 = 1.44(\text{m}^3/\text{s})$$

充满度 $a = \dfrac{h}{d} = 0.7$，查图 5-5，得 $A = 0.86, B = 1.12$

$$Q = AQ_d = 0.86 \times 1.44 = 1.24(\text{m}^3/\text{s})$$
$$v = Bv_d = 1.12 \times 1.84 = 2.06(\text{m/s})$$

## 【习题】

5-1　明渠均匀流有哪些特点？产生均匀流的条件是什么？

5-2　有两条梯形断面的长渠道，已知流量 $Q_1 = Q_2$，边坡系数 $m_1 = m_2$，但是下列参数不同：

(1)粗糙系数 $n_1 > n_2$，其他条件均相同；

(2)底宽 $b_1 > b_2$，其他条件均相同；

(3)底坡 $i_1 > i_2$，其他条件均相同。

试问：这两条渠道中的均匀流水深哪个大？哪个小？为什么？

5-3　(1)何谓水力最优断面？其特点是什么？

(2)对于矩形和梯形断面渠道，水力最优断面的条件是什么？

5-4　求 $Q$ 和 $v$。已知：梯形断面，$m = 1.5, 1/n = 50, i = 0.004, b = 3\text{m}, h = 1.5\text{m}$。

5-5　求 $n$。已知：矩形断面，$b = 2\text{m}, h = 1.4\text{m}, i = 0.003, Q = 2.0\text{m}^3/\text{s}$。

5-6　求 $h$。已知：梯形断面，$m = 2.0, b = 3\text{m}, i = 0.001, 1/n = 30, Q = 4.0\text{m}^3/\text{s}$。

5-7　求 $b$ 和 $h$。已知：梯形断面渠道，按水力最优断面设计，$n = 0.02, i = 0.002, m = 1.5, Q = 3.0\text{m}^3/\text{s}$。

5-8　求 $b$ 和 $h$。已知：梯形断面，$m = 1.5, i = 0.0025, 1/n = 90, Q = 2.45\text{m}^3/\text{s}, v_{\max} = 2.2\text{m}^3/\text{s}$。

5-9　求 $Q$ 和 $v$。已知：钢筋混凝土圆管，$d = 1.5\text{m}, n = 0.013, i = 0.003, h = 1.25\text{m}$。

5-10　求 $v$。某梯形断面渠道，已知：$h = 1.3\text{m}, m = 1.5, n = 0.025, i = 0.001, Q = 15\text{m}^3/\text{s}$。

5-11　求坡度 $i$。某梯形断面渠道，$b = 6.0\text{m}, m = 1.0, h = 0.9\text{m}, n = 0.015, Q = 10\text{m}^3/\text{s}$。

5-12　求水深 $h$。矩形断面渠道，$b = 6.0\text{m}, Q = 6.7\text{m}^3/\text{s}, n = 0.025$，水力坡度 $i = 0.0001$。

5-13　已知：$Q = 10\text{m}^3/\text{s}, n = 0.020, m = 3.0, i = 0.0004$，求水力最优断面的梯形断面尺寸。

5-14　钢筋混凝土圆管直径 $d = 2.0\text{m}, h = 1.75\text{m}, i = 0.011, n = 0.013$，求流量及流速。

# 第六章
# 明渠非均匀流

**【学习目的与要求】**

通过"明渠非均匀流"学习,了解明渠非均匀流水力现象的类型,掌握明渠中三种水流流态的判别方法,熟悉断面比能的概念及随流态变化的特点,掌握明渠渐变流水面曲线定性分析,了解定量计算方法,掌握水跃的概念、工程意义以及水跃的衔接形式,了解水跃的水力计算。

## 第一节 概 述

渠道中的恒定流不满足均匀流条件的称为明渠非均匀流。对非均匀流,渠道的底坡、过水断面的形状或尺寸、壁面粗糙系数等都可能沿程发生变化。另外,筑坝挡水、桥孔束狭、出口水面突降等也会使流动变为非均匀流动。

明渠非均匀流与均匀流不同,液体质点做变速运动(包括大小和方向),各过水断面面积不相等,各过水断面上流速大小、方向及速度分布均可能不同。

均匀流的底坡必须是单一的顺坡($i>0$)。非均匀流的底坡则可以是顺坡($i>0$)、平坡($i=0$)、逆坡($i<0$)或由几段不同的底坡组成。

渠道的横断面形状、大小和方向沿程不变者称为棱柱形渠道,沿程变更者称为非棱柱形渠道。均匀流只能在棱柱形渠道内形成，非均匀流则可在任何形状的渠道中形成。

明渠均匀流的水深和流速是沿程不变的，水面线是直线，三个坡度相等，即 $J = J_P = i$。明渠非均匀流的水深和流速均沿程变化，水面线一般是曲线，三个坡度互不相等，即 $J \neq J_P \neq i$，水流所受重力沿水流方向的分力与流动阻力不平衡。

可见，明渠非均匀流的规律及其水力计算，要比明渠均匀流复杂得多。

根据流线弯曲程度的不同，明渠非均匀流可分为渐变流和急变流两种。过水断面和流速沿流程变化缓慢的为渐变流，变化急剧的为急变流。在渐变流中，沿程阻力占主要地位；在急变流中，局部阻力的作用影响很突出。

水深的变化，对渐变流和急变流是不同的。渐变流的水深可能沿流程增大而形成壅水，其水面线称为壅水曲线；水深也可能沿流程逐渐减小而形成降水，其水面线称为降水曲线。急变流的水深可能沿流程急剧增大而形成水跃，也可能沿流程急剧减小而形成水跌，如图6-1所示。

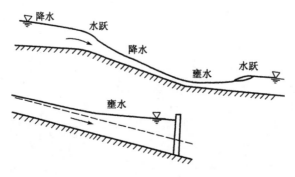

图6-1 明渠非均匀的水力现象

工程上的明渠水流以非均匀流为最常见，所以研究明渠非均匀的流动规律具有更普遍的意义。

本章只介绍棱柱形渠道中的恒定非均匀流。

## 第二节 明渠中的三种水流状态判别

### 一、三种流态及判别

观察河流、溪涧中障碍物对水流的影响，可以看到明渠水流有两种截然不同的流动形态。在山区底坡较陡、水流湍急的河道和溪涧中或底坡陡峻的渠道中，水流速度较大，若有大块孤石或其他障碍物阻水，则水面只在石上隆高，激起浪花，而孤石或障碍物对上游水流并不发生任何影响，这种水流状态称为急流。如果在底坡平坦、水流缓慢的平原河道中，水流遇到桥墩等障碍物，则桥墩上游水面的壅高可以延伸到上游较远的地方，这种水流状态称为缓流。

这说明明渠水流有两种截然不同的流态：一种流态能把障碍物的干扰向上游传播；而另一种流态则是水流遇到障碍物，不能将障碍物对水流的干扰向上游传播。由于障碍物对水流的局部干扰，对这两种流态的影响不同，故当渠道边界条件发生改变时，在两种流动中会出现明显不同的水面变化。

由上述可知,在分析明渠水流问题或进行水工建筑物设计时,应科学地区分这两种不同的流态。

1. 明渠干扰微波的传播特性

将石块投入静水中,水面受到扰动后将产生波高不大的波浪并向四周均匀传播,当波浪高度 $\Delta h$ 远远小于平均水深 $\bar{h}$(任意断面形状的棱柱形渠道的平均水深为过水断面面积 $\omega$ 与水面宽度 $B$ 的比值,即 $\bar{h}=\omega/B$)时,称为微波。其波峰所到之处将引起一系列水深变化,平面上的波形为一系列以投石为中心的同心圆。微波波峰在静水中的传播速度,称为微波波速,以 $c$ 表示,如图 6-2a)所示。

水流受桥墩、桥台、底坡转折等局部因素的干扰,也会产生水面波动,其性质与投石于静水中所引起的波动相同。微波在明渠水流中的传播,也会引起渠道中水面曲线一系列的变化,使渠道中水深沿流程发生变化。但是,这种干扰微波的传播与静水情况不同,它还要受到渠道中水流速度 $v$ 的影响。因此,出现以下三种情况:

(1) 当水流速度 $v$ 大于微波波速 $c$ 时,即 $v>c$

如图 6-2b)所示,微波只能向下游传播,不能向上游传播,向下游传播的绝对速度为 $c+v$;这说明,当 $v>c$ 时,局部干扰只能引起下游水面曲线的变化,但对上游水面曲线的形状没有影响,即急流。

(2) 当水流速度 $v$ 小于微波波速 $c$ 时,即 $v<c$

如图 6-2c)所示,此时微波既可以向下游传播,也可以向上游传播,向下游传播的绝对速度为 $c+v$,向上游传播的绝对速度为 $c-v$。这表明,当 $v<c$ 时,局部干扰不但可以引起下游水面曲线变化,而且还可以引起上游水面曲线的变化,即缓流。

(3) 当水流速度 $v$ 等于微波波速 $c$ 时,即 $v=c$

如图 6-2d)所示,此时微波只能向下游传播,不能向上游传播,向下游传播的绝对速度为 $2c$,向上游传播的绝对速度为 0;这说明,当 $v=c$ 时,局部干扰只能引起下游水面曲线的变化,对上游水面曲线无影响。显然,这是一种临界情况,称为临界流。

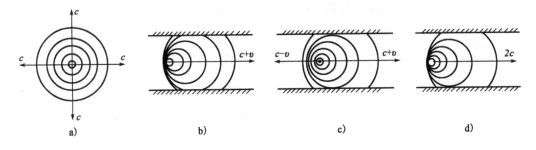

图 6-2 明渠干扰微波的传播特性
a)$v=0$; b)$v>c$; c)$v<c$; d)$v=c$

2. 微波波速

由上述分析可知,明渠水流可以有三种状态,而微波波速 $c$ 则是区别的标准,$v<c$,时,明渠水流为缓流;$v>c$ 时为急流;$v=c$ 时为临界流。运用水力学的能量方程,对任意断面形状的棱柱形渠道中的微波运动进行分析可知,当 $\Delta h < < \bar{h}$,可以忽略 $\Delta h$ 时,有微波波速为:

$$c = \pm \sqrt{g\frac{\omega}{B}} = \pm \sqrt{g\bar{h}} \qquad (6-1)$$

上式表明,水深越大,微波传播越快。

### 3.佛汝德数 $Fr$

佛汝德数是为纪念英国学者佛汝德(Froude)而命名的无量纲数。佛汝德数反映了作用于水流上的惯性力与重力的对比关系,由量纲分析可知:

$$Fr = \frac{惯性力}{重力} = \left[\frac{\rho L^3 \frac{V}{T}}{\rho L^3 g}\right] = \left[\frac{v^2}{gL}\right] \qquad (6-2)$$

式中:$L$——水流的特征长度,对于明渠水流,可以用平均水深 $\bar{h}$ 来表示。

式(6-2)可以改写为:

$$Fr = \frac{v^2}{g\bar{h}} \qquad (6-3)$$

对比式(6-1)和式(6-3)可知:

$$Fr = \left(\frac{v}{c}\right)^2 = \frac{v^2}{g\bar{h}} = \frac{Q^2 B}{g\omega^3} \qquad (6-4)$$

由上式可以看出,佛汝德数与渠道中的流量、过水断面面积及水面宽度有关。简单地说,它是过水断面中流速水头 $v^2/2g$ 的两倍与平均水深 $\bar{h}$ 之比,或者是断面比能中水流的平均比动能的两倍与水面每单位宽度所对应的平均比势能之比。

佛汝德数 $Fr$ 是明渠水流的重要判别数,可以作为判别缓流、急流和临界流的标准。即 $Fr < 1$,则 $v < c$,明渠水流为缓流;$Fr > 1$,则 $v > c$,明渠水流为急流;$Fr = 1$,为临界流。

当 $Fr < 1$ 时,明渠水流为缓流,由佛汝德数的意义可知,在缓流中,重力对水流的影响占优势,微波既可以向下游传播,也可以向上游传播,惯性力对微波的制约作用不大;当 $Fr > 1$ 时,明渠水流为急流,表明水流的惯性力占优势,微波只能向下游传播,不能向上游传播;当 $Fr = 1$ 时,$v = c$,这是一种临界状态,惯性力与重力的作用相当。

临界流是判别缓流和急流的标准,为了区别方便,将临界流所对应的水力要素都用下标 $k$ 表示,如 $h_k$、$i_k$、$\omega_k$、$\chi_k$、$V_d$ 等。

在本章中,对均匀流的水力要素用下标 0 表示,如 $h_0$、$i_0$、$\omega_0$、$\chi_0$、$V_0$ 等,将均匀流的水深称为正常水深。

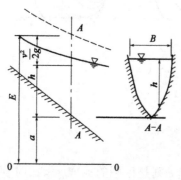

图 6-3  断面比能

### 二、断面比能 $E_s$

在明渠渐变流(图6-3)的过水断面 $A\text{-}A$ 中,水流所具有的平均比能为:

$$E = a + h + \frac{\alpha v^2}{2g}$$

其中,$a$ 为渠底最低点的高度,由渠底坡度决定,只有沿流程的变化,通常呈线性变化规律,比较简单。而水深 $h$ 和流速高度 $\alpha v^2/2g$ 的变化取决于渠道断面和底坡的沿流程变化以及渠道内构造物设置情况,变化规律比较复杂,不仅沿流程有变化,而且在一个固定断面中可能也有变化。为了研究方便,将 $h$ 和 $\alpha v^2/2g$ 合并,专门研究它的变化规律,并以 $E_s$ 表示,则:

$$E_s = h + \frac{v^2}{2g}(\text{取 } \alpha = 1) \tag{6-5}$$

由上式可见,断面比能 $E_s$ 是指某一过水断面以最低点为基准起算的液流所具有的平均比能。

在非均匀流中,由于条件的改变,一定流量 $Q$ 有可能以不同的水深 $h$ 通过某一断面,因而有不同的过水断面面积和相应的断面平均流速,可得出不同的断面比能 $E_s$。

对于棱柱形渠道,流量一定时,式(6-5)为:

$$E_s = h + \frac{v^2}{2g} = h + \frac{Q^2}{2g\omega^2} = f(h) \tag{6-6}$$

可见,当明渠断面形状、尺寸和流量一定时,断面比能 $E_s$ 只是水深 $h$ 的函数。若以水深为纵坐标,断面比能为横坐标,则可以做出一定流量下断面比能随水深的变化规律曲线,即 $E_s \sim h$ 曲线。

从式(6-6)看出:在明渠断面形状、尺寸和通过的流量一定时,当 $h \to 0$ 时,$\omega \to 0$,则 $Q^2/2g\omega^2 \to \infty$,此时 $E_s \to \infty$,则曲线 $E_s = f(h)$ 以横坐标为渐近线;当 $h \to \infty$ 时,$\omega \to \infty$,则 $Q^2/2g\omega^2 \to 0$,此时 $E_s \approx h \to \infty$,则曲线 $E_s = f(h)$ 必以通过坐标原点与横坐标成45°夹角的直线为渐近线。函数 $E_s = f(h)$ 一般是连续的,当 $h$ 以 $0 \to \infty$ 时,断面比能 $E_s$ 值从 $\infty$ 减小再增至 $\infty$,则必有一个极小值 $E_{smin}$。

综上所述,得函数 $E_s = f(h)$ 的曲线图形,如图6-4所示。断面比能 $E_s$ 的极小值 $E_{smin}$ 可由 $dE_s/dh = 0$ 求出,即:

$$\frac{dE_s}{dh} = \frac{d(h + \frac{Q^2}{2g\omega^2})}{dh} = 1 - \frac{Q^2}{g\omega^3}\frac{d\omega}{dh} = 0 \tag{6-7}$$

式中:$\dfrac{d\omega}{dh}$——过水断面面积 $\omega$ 由于水深 $h$ 的变化所引起的变化率,它恰等于水面宽度 $B$(图6-5),则 $d\omega/dh = B$,将式(6-4)的关系一同代入式(6-7),得:

$$\frac{d(h + \frac{Q^2}{2g\omega^2})}{dh} = 1 - \frac{Q^2 B}{g\omega^3} = 1 - Fr = 0 \tag{6-8}$$

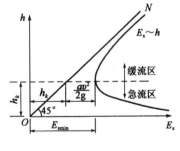

图6-4 断面比能曲线

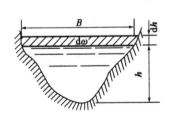

图6-5 河床横断面

也就是 $Fr = 1$,断面比能 $E_s$ 为最小,由图中可见,它所对应的水深就是临界水深,这是经过实践证明了的。所以断面比能最小的那一点代表的是临界流,这一点将曲线分为上、下两支。在上支,断面比能 $E_s$ 随水深 $h$ 的增加而增加,则 $dE_s/dh > 0$, $Fr < 1$ 为缓流;在下支,断面比能 $E_s$ 随水深 $h$ 的增加而减少,则 $dE_s/dh < 0$, $Fr > 1$ 为急流。

由图 6-4 可知,断面比能随流态变化的几个重要特点是:

(1) 临界流的断面比能最小,缓流和急流的断面比能都比较大,并且同一个断面比能可能是缓流,也可能是急流。

(2) 缓流的水深越大,则断面比能越大;急流的水深越小,断面比能越大;临界流则水深稍有变动,断面比能不变。

(3) 缓流的断面比能中,动能只占很小部分;急流的断面比能中,动能可占较大部分;临界流中动能约占 1/3(矩形断面恰好占 1/3,其他形状的断面接近于 1/3)。

对于同一渠道而言,若断面比能不变,即 $E_s$ = 常数,则水深不同,渠道中通过的流量也就不同,其中临界流的流量最大。将式(6-6)改写成:

$$Q = \omega \sqrt{2g(E_s - h)} \tag{6-9}$$

设:上式中的断面比能等于常数,并将上式点绘成曲线,如图 6-6 所示,从图中可见,流量有一最大值,可以用数学方法证明,这一最大值所对应的水深恰好等于临界水深 $h_k$。

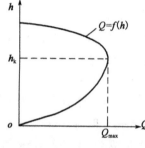

图 6-6 临界水深

为了便于记忆,将三种流态的主要特性归纳于表 6-1 之中。

三种流态的主要特性  表 6-1

| 三种流态 | 水深 $h$ | 流速 $v$ | 佛汝德数 $Fr$ | 渠道底坡 $i$ | 水深增大时断面比能变化 | | |
|---|---|---|---|---|---|---|---|
| | 均匀流或非均匀流 | | | 均匀流 | 非均匀流 | 均匀流 | 非均匀流 |
| 缓流 | $> h_k$ | $< v_k$ | $< 1$ | $< i_k$ | 与底坡无关 | 水深不变 | 增大 |
| 临界流 | $= h_k$ | $= v_k$ | $= 1$ | $= i_k$ | | | 不变 |
| 急流 | $< h_k$ | $> v_k$ | $> 1$ | $> i_k$ | | | 减小 |

## 第三节 临界水深和临界坡度

### 一、临界水深

临界水深是指在断面形状、尺寸和流量一定的条件下,相应于断面比能最小的水深,亦即 $Fr = 1$ 时对应的水深,用 $h_k$ 表示。临界水深 $h_k$,可根据 $Fr = 1$ 进行计算,由式(6-4)得:

$$\frac{Q^2 B_k}{g \omega_k^3} = 1$$

或

$$\frac{\omega_k^3}{B_k} = \frac{Q^2}{g} \tag{6-10}$$

这一方程称为临界水深方程,它对任何形状的断面都适用。显然,临界水深与渠道底坡及壁面粗糙系数无关,仅与流量和渠道断面形状、尺寸有关。对于一个固定的断面来说,式(6-10)的左端仅随水深而变化,所以只要该式右端的流量是已知的,则临界水深就可算出。对于棱柱形渠道,在不同底坡的各个渠段中,临界水深相等。

工程上,渠道的断面形状以梯形、矩形和圆形居多。对矩形断面,临界水深的计算比较简单;对于其他断面,一般均要借助于专门的图表进行计算。

对于矩形断面,若渠道宽度为$B$,则有:

$$\omega_k = Bh_k$$

代入式(6-10)得:

$$\frac{B^3 h_k^3}{B} = \frac{Q^2}{g}$$

化简后,得:

$$h_k = \sqrt[3]{\frac{Q^2}{gB^2}} \tag{6-11}$$

又因$V_k = \dfrac{Q}{Bh_k}$,所以

$$h_k = \frac{v_k^2}{g} \tag{6-12}$$

上式表明:矩形断面的临界水深等于临界流速水头的两倍,则在临界流的断面比能中,临界水深占2/3,临界流速水头占1/3,这是矩形断面中的一个重要特性。

对于梯形断面,将$\omega_k = (b + mh_k)h_k$,$B_k = b + 2mh_k$代入式(6-10)得:

$$\frac{g(1 + \dfrac{mh_k}{b})^3 (\dfrac{mh_k}{b})^3}{1 + \dfrac{2mh_k}{b}} = (\frac{Q}{b})^2 (\frac{m}{b})^3 \tag{6-13}$$

根据上式,已知渠道的$b$、$m$和通过的流量$Q$,可利用试算的方法进行计算,也可编成表格进行计算,如表6-2,该表中的$A = (Q/b)^2 (m/b)^3$,$B = mh_k/b$。先根据已知条件,计算出$A$,由表6-2中查出相应的$B$,再由$B$计算得到$h_k$。

对于圆形断面,可采用表5-7进行计算。表中右端$\alpha Q^2/gd^5$为已知时,则查表左端对应的充满度$h/d$,其中$h$就是临界水深。

[**例6-1**] 梯形断面渠道,底宽$b = 1.0$m,$m = 1.5$,流量$Q = 4$m³/s,试按表6-2求$h_k$。

**解**:按表6-2,先计算$A$值:

$$A = (\frac{Q}{b})^2 (\frac{m}{b})^3 = (\frac{4}{1})^2 (\frac{1.5}{1})^3 = 54$$

查表得:

$$B = \frac{mh_k}{b} = 1.20$$

所以

$$h_k = 1.20 \frac{b}{m} = 1.20 \times \frac{1.0}{1.5} = 0.8 (\text{m})$$

梯形断面临界水深    表 6-2

| A | B | A | B | A | B | A | B | A | B |
|---|---|---|---|---|---|---|---|---|---|
| 450 | 1.97 | 45 | 1.150 | 4.5 | 0.622 | 0.55 | 0.340 | 0.070 | 0.181 |
| 350 | 1.90 | 40 | 1.120 | 4.0 | 0.601 | 0.50 | 0.330 | 0.060 | 0.174 |
| 300 | 1.83 | 30 | 1.040 | 3.5 | 0.580 | 0.45 | 0.319 | 0.055 | 0.168 |
| 250 | 1.76 | 25 | 0.985 | 3.0 | 0.556 | 0.40 | 0.308 | 0.050 | 0.163 |
| 225 | 1.71 | 22.5 | 0.955 | 2.6 | 0.535 | 0.35 | 0.296 | 0.045 | 0.157 |
| 200 | 1.66 | 20 | 0.930 | 2.3 | 0.516 | 0.30 | 0.283 | 0.040 | 0.151 |
| 175 | 1.61 | 17.5 | 0.902 | 2.0 | 0.494 | 0.275 | 0.276 | 0.035 | 0.145 |
| 150 | 1.55 | 15 | 0.864 | 1.8 | 0.481 | 0.250 | 0.268 | 0.030 | 0.138 |
| 125 | 1.49 | 13 | 0.830 | 1.6 | 0.464 | 0.225 | 0.259 | 0.028 | 0.135 |
| 110 | 1.44 | 11 | 0.795 | 1.4 | 0.447 | 0.200 | 0.249 | 0.026 | 0.132 |
| 100 | 1.41 | 10 | 0.774 | 1.2 | 0.428 | 0.175 | 0.239 | 0.024 | 0.129 |
| 90 | 1.37 | 9 | 0.752 | 1.0 | 0.407 | 0.150 | 0.229 | 0.022 | 0.126 |
| 80 | 1.33 | 8 | 0.728 | 0.9 | 0.392 | 0.125 | 0.215 | 0.020 | 0.122 |
| 70 | 1.29 | 7 | 0.702 | 0.8 | 0.379 | 0.100 | 0.202 | 0.018 | 0.117 |
| 60 | 1.24 | 6 | 0.674 | 0.7 | 0.364 | 0.090 | 0.194 | 0.016 | 0.113 |
| 50 | 1.18 | 5 | 0.642 | 0.6 | 0.348 | 0.080 | 0.188 | | |

[例 6-2] 已知:圆管直径 $d = 1.5\text{m}$, $Q = 2\text{m}^3/\text{s}$, 求 $h_k$。

解:首先计算出

$$\frac{\alpha Q^2}{gd^5} = \frac{1 \times 2^2}{9.8 \times 1.5^5} = 0.054$$

查表 5-7, 内插得 $h/d = 0.48$, 所以

$$h_k = 0.48 \times 1.5 = 0.72(\text{m})$$

## 二、临界坡度

对于明渠均匀流,若流量和渠道的断面形状、尺寸相同,只是渠道底坡不同,则底坡较缓的水流,水深较大,流速较小,为缓流均匀流;底坡较陡的水流,水深较小,流速较大,为急流均匀流。缓流均匀流和急流均匀流之间有一分界,它的水深为临界水深,它所对应的水流称为临界流均匀流。缓流均匀流、急流均匀流、临界流均匀流所对应的渠道底坡分别称为缓坡、陡坡和临界坡。

在棱柱形渠道中,当断面形状、尺寸和流量一定时,渠道中均匀流水深(正常水深)$h_0$ 与渠道底坡 $i$ 的大小有关,$i$ 越大,$h_0$ 越小。根据明渠均匀流的基本计算式 $Q = \omega C \sqrt{Ri}$, 可按上述条件对不同的底坡 $i$ 计算出相应的正常水深 $h_0$, 并绘制 $h_0 = f(h)$ 曲线, 如图 6-7 所示。当正常水深 $h_0$ 恰等于临界水深 $h_k$ 时,其相应的渠道底坡称为临界坡度 $i_k$。

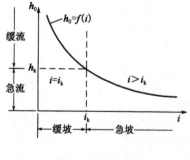

图 6-7 临界坡度

根据上述定义,临界坡度 $i_k$ 可从均匀流基本公式 $Q = \omega_k C_k \sqrt{R_k i_k}$ 及临界水深方程 $\omega_k^3/B_k = Q^2/g$ 联立求解中得到:

$$i_k = \frac{Q^2}{\omega_k^2 C_k^2 R_k} = \frac{g \chi_k}{C_k^2 B_k} \tag{6-14}$$

对于宽浅型渠道, $\chi_k \approx B_k$,有:

$$i_k = \frac{g}{C_k^2} \tag{6-15}$$

由此可见,临界坡度 $i_k$ 是对应某一流量和某一给定渠道的特定渠底坡度值,它只是为了便于分析明渠流动而引入的一个假想坡度。如果实际的明渠底坡小于某一给定流量下的临界坡度,即 $i < i_k$,则 $h_0 > h_k$,此时渠底坡度称为缓坡;如果 $i > i_k$,则 $h_0 < h_k$,此时渠道底坡称为陡坡;如果 $i = i_k$,则 $h_0 = h_k$,此时渠道底坡称为临界坡。

临界流动通常是不稳定的,在一般渠道设计时应尽量避免,设计底坡通常不能接近临界坡度。为保证渠道中形成的水流是设计流态,一般常使渠道设计底坡 $i_s$ 与设计流量相应的临界底坡 $i_k$ 相差两倍以上。

[**例 6-3**] 有一条长直的棱柱形矩形断面渠道,$n = 0.02$,渠宽 $B = 5\text{m}$,正常水深 $h_0 = 2\text{m}$ 时的通过流量 $Q = 40\text{m}^3/\text{s}$。试求 $h_k, i_k, Fr$,并判断明渠水流的流态。

**解**:(1)临界水深 $h_k$

按式(6-11)得:

$$h_k = \sqrt[3]{\frac{Q^2}{gB^2}} = \sqrt[3]{\frac{40^2}{9.8 \times 5^2}} = 1.87(\text{m})$$

可见 $h_0 > h_k$,此明渠均匀流水流为缓流。

(2)临界坡度 $i_k$

按式(6-14)得:

$$i_k = \frac{g\chi_k}{C_k^2 B_k}$$

其中:

$$\chi_k = B_k + 2h_k = 5 + 2 \times 1.87 = 8.74(\text{m})$$
$$\omega_k = B_k h_k = 5 \times 1.87 = 9.35(\text{m})$$
$$R_k = \frac{\omega_k}{\chi_k} = \frac{9.35}{8.74} = 1.07(\text{m})$$
$$C_k = \frac{1}{n} R_k^{\frac{1}{6}} = \frac{1}{0.02} \times 1.07^{\frac{1}{6}} = 50.57(\text{m}^{1/2}/\text{s})$$

所以

$$i_k = \frac{g\chi_k}{C_k^2 B_k} = \frac{9.8 \times 8.74}{50.57^2 \times 5} = 0.006\ 7$$

另外,正常水深 $h_0 = 2\text{m}$ 的渠道底坡 $i = \frac{Q^2}{K^2}$,而 $K = \omega C \sqrt{R}$

其中:

$$\omega = Bh_0 = 5 \times 2 = 10(\text{m})$$

$$\chi = B + 2h_0 = 5 + 2 \times 2 = 9(\text{m})$$

$$R = \frac{\omega}{\chi} = \frac{10}{9} = 1.11(\text{m})$$

$$C = \frac{1}{n} R^{\frac{1}{6}} = \frac{1}{0.02} \times 1.11^{\frac{1}{6}} = 50.88(\text{m}^{\frac{1}{2}}/\text{s})$$

$$K = \omega C \sqrt{R} = 10 \times 50.88 \times \sqrt{1.11} = 536.05(\text{m}^3/\text{s})$$

$$i = \frac{Q^2}{K^2} = \frac{40^2}{536.05^2} = 0.0056$$

可见 $i < i_k$,此明渠均匀流水流为缓流。

(3) 佛汝德数 $Fr$

按式(6-4)得:

$$Fr = \frac{Q^2 B}{g\omega^3} = \frac{Q^2 B}{g(Bh_0)^3} = \frac{40^2 \times 5}{9.8 \times (5 \times 2)^3} = 0.816$$

$Fr < 1$,可见此明渠均匀流水流为缓流均匀流。

## 第四节 渐变流水面曲线形状的定性分析

渐变流的水深是沿程变化的,为了确定不同断面的水深及流速,必须先确定水面曲线的形状及其具体位置,本节只分析水面曲线的形状。

### 一、明渠渐变流的基本方程

前面已提到,明渠渐变流有减速流动和加速流动,其相应的水面曲线也分两类:减速流动水深沿流程增加,即 $dh/dL > 0$,称为壅水曲线;加速流动水深沿流程减小,即 $dh/dL < 0$,称为降水曲线。

由于明渠的底坡不同,流量的变化,渠首、渠尾进出流边界条件或渠内建筑物所形成的控制水深的不同,可以形成各式各样的水面线,其中棱柱形渠道的恒定渐变流的水面线分析最为简单,共有12条水面线,现分析如下。

在棱柱形渠道的恒定渐变流中(图6-8),任取一过水断面 $A$-$A$,并以 0-0 为基准面,则这一断面的总比能 $E$ 为:

$$E = a + h + \frac{v^2}{2g} = a + E_s$$

式中,$a$、$h$、$v$ 都是沿流程距离 $L$ 的连续函数,取上式各项对 $L$ 的一次导数,可得:

$$\frac{dE}{dL} = \frac{da}{dL} + \frac{dE_s}{dL} = \frac{da}{dL} + \frac{dE_s}{dh}\frac{dh}{dL}$$

其中: $\frac{dE}{dL} = -J$, $\frac{da}{dL} = -i$, $\frac{dE_s}{dh} = 1 - Fr$, 代入上式可得:

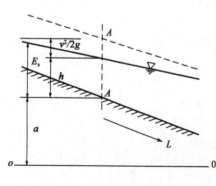

图 6-8 渐变流

$$\frac{dh}{dL} = \frac{i-J}{1-Fr} \qquad (6\text{-}16)$$

这就是明渠渐变流的基本方程。它表明：渐变流水深的沿程变化率 $dh/dL$ 与底坡 $i$、水力坡度 $J$ 和水流的佛汝德数 $Fr$ 有关。

## 二、水面曲线性质的说明

根据明渠渐变流基本方程可分析确定渐变流水面曲线的形状，但须对水面曲线的性质做下列的说明：

(1) 水面曲线形状根据 $dh/dL$ 的性质而定。当 $dh/dL > 0$ 时，水深沿流程增加，成为壅水曲线；当 $dh/dL < 0$ 时，水深沿程减小，成为降水曲线；当 $dh/dL = i$ 时，水面线是一水平线；当 $dh/dL = 0$ 时，水深沿流程不变，是均匀流；当 $dh/dL \rightarrow \pm \infty$ 时，水面与渠底垂直，是急变流，已不属于渐变流的范围，实际上，在这一范围内，降水曲线与水跌相接，壅水曲线与水跃相接。

(2) 水力坡度 $J$。对于均匀流，$J = i$；对于渐变流，当非均匀流水深 $h > h_0$ 时，$v < v_0$，则 $J < i$；当 $h < h_0$ 时，$v > v_0$，则 $J > i$。

(3) 渠道的底坡 $i$。明渠渐变流对应的渠道底坡可以分为：顺坡($i > 0$)，平坡($i = 0$)及逆坡($i < 0$)。

(4) 流态的区分。缓流时，$Fr < 1$，$h > h_k$；急流时，$Fr > 1$，$h < h_k$；临界流时，$Fr = 1$，$h = h_k$。

根据上述特性，利用渐变流基本方程就可以很容易地确定水面曲线形状。

## 三、渐变流水面曲线形状的定性分析

由前述可知，当渠道断面形状、尺寸和流量一定时，渠道中的临界水深 $h_k$ 就可确定；同时，可以按明渠均匀流计算公式求出相应的均匀流水深 $h_0$。为了便于区分水面曲线沿流程变化的情况，一般在水面曲线的分析图上画出两条平行于渠底的直线，其中一条是距渠底为 $h_0$ 的正常水深线 $N\text{-}N$，另一条是距渠底为 $h_k$ 的临界水深线 $K\text{-}K$。这样，根据渠道底坡线、$N\text{-}N$ 线及 $K\text{-}K$ 线，把渠道水深变化范围划分成三个不同的区域，这三个区分别称为 $a$ 区、$b$ 区和 $c$ 区。其中，$a$ 区指 $N\text{-}N$ 线和 $K\text{-}K$ 线以上的区域，其水深 $h$ 大于 $h_0$ 和 $h_k$；$b$ 区指 $N\text{-}N$ 线和 $K\text{-}K$ 线之间的区域，其水深 $h$ 介于 $h_0$ 和 $h_k$ 之间；$c$ 区指 $N\text{-}N$ 线和 $K\text{-}K$ 线以下的区域，其水深 $h$ 小于 $h_0$ 和 $h_k$。

现分别对顺坡($i > 0$)、平坡($i = 0$)及逆坡($i < 0$)三种棱柱形渠道中水面曲线变化的情况进行讨论。

**1. 顺坡渠道($i > 0$)**

根据渠道底坡 $i$ 的大小，可将顺坡渠道分为缓坡($i < i_k$)、陡坡($i > i_k$)及临界坡($i = i_k$)三种情况。

(1) 缓坡($i < i_k$)

这种情况下，正常水深 $h_0$ 大于临界水深 $h_k$，均匀流属于缓流，$N\text{-}N$ 线在 $K\text{-}K$ 线之上；对于非均匀流，根据水面线位于不同的区域，可分为三种不同的水面线，如图 6-9 所示。

$a$ 区：位于 $a$ 区的水面线，其水深大于正常水深和临界水

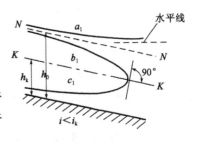

图 6-9 缓坡水面曲线

深,即 $h>h_0>h_k$。因 $h>h_0$,故 $J<i$,即 $i-J>0$;又因 $h>h_k$,非均匀流为缓流,故 $Fr<1$,即 $1-Fr>0$,所以 $dh/dL=+/+>0$,水深沿程增加,水面线是壅水曲线,称为 $a_1$ 型壅水曲线。

从式(6-16)还可以分析 $a_1$ 型壅水曲线的两端特征:该水面线的上游水深逐渐减小,当上游水深 $h\to h_0$ 时,则 $J\to i, i-J\to 0$; $Fr<1, 1-Fr>0$,因此 $dh/dL\to 0$,这说明 $a_1$ 型壅水曲线上游端以 N-N 线为渐近线;该水面线的下游水深逐渐增加,若渠道有足够的深度,当下游水深 $h\to\infty$,则 $v\to 0, J\to 0, i-J\to i, Fr\to 0, 1-Fr\to 1$,因此 $dh/dL\to i$,说明 $a_1$ 型壅水曲线下游端以水平线为渐近线。

在缓坡渠道上修建闸、坝、桥梁墩台及其他束狭水流的建筑物时,都可能在其上游出现 $a_1$ 型壅水曲线[图6-10a)]。

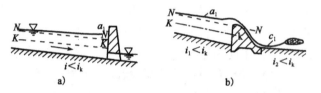

图6-10 缓坡渠道 $a_1$ 型、$c_1$ 型壅水曲线

$b$ 区:位于 $b$ 区的水面线,其水深小于正常水深,但大于临界水深,即 $h_k<h<h_0$。因 $h<h_0$,故 $J>i$,即 $i-J<0$;又因 $h_k<h$,非均匀流为缓流,故 $Fr<1$,即 $1-Fr>0$,所以 $dh/dL=-/+<0$,水深沿程减小,水面线是降水曲线,称为 $b_1$ 型降水曲线。

$b_1$ 型降水曲线的两端特征为:该水面线的上游水深逐渐增加,当 $h\to h_0$ 时,$J\to i$,$b_1$ 型降水曲线上游端以 N-N 线为渐近线;该水面线的下游水深逐渐减小,当 $h\to h_k$ 时,$Fr\to 1$,流态接近临界状态,$dh/dL\to\infty$,水面线与 K-K 正交。但此处水深急剧减小已不是渐变流,将发生从缓流到急流过渡的水跌现象,水面迅速下降,形成光滑曲线,故用虚线标出。

在缓坡渠道末端出现跌坎,就可能出现 $b_1$ 型降水曲线(图6-11)。

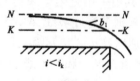

图6-11 缓坡渠道 $b_1$ 型降水曲线

$c$ 区:位于 $c$ 区的水面线,其水深小于正常水深和临界水深,即 $h<h_k<h_0$。因 $h<h_0$,故 $J>i$;又因 $h<h_k$,非均匀流为急流,故 $Fr>1$,因此 $dh/dL=>0$,水深沿程增加,水面线是壅水曲线,称为 $c_1$ 型壅水曲线。其上游端 $h$ 的最小值随具体条件而定(例如收缩断面的水深 $h_c$),下游端 $h\to h_k$,$Fr\to 1$,$dh/dL\to\infty$,此处也属于急变流,$c_1$ 型壅水曲线下游端与 K-K 线垂直,将发生水跃现象。

在缓坡渠道中的闸孔出流或溢流坝泄流时,闸坝下游出现的常是 $c_1$ 型壅水曲线[图6-10b)]。

综上所述,水面曲线的凹凸,可根据其两端特性决定:

当 $h\to h_0$ 时,$J\to i$,$dh/dL\to 0$,即 $a_1$、$b_1$ 曲线上游端水面以正常水深线为渐近线;

当 $h\to\infty$ 时,$J\to 0$,$Fr\to 0$,$dh/dL\to i$,即 $a_1$ 曲线的下游端水面趋于水平线;

当 $h\to h_k$ 时,$Fr\to 1$,$dh/dL\to\infty$,即 $b_1$、$c_1$ 曲线的下游端水面与临界水深线 K-K 垂直。

由此可见,$a_1$ 是下凹的壅水曲线,$b_1$ 是下凸的降水曲线,$c_1$ 是下凹的壅水曲线。

(2)陡坡($i>i_k$)

在这种情况下,正常水深 $h_0$ 小于临界水深 $h_k$,N-N 线在 K-K 线之下,均匀流属于急流,非均匀流的水深可以在三个区域内变化,分析方法与缓坡时相同,如图6-12所示。

$a$ 区:水深大于临界水深和正常水深,即 $h > h_k > h_0$,$J < i$,$Fr < 1$,所以 $dh/dL > 0$,水面线是壅水曲线,称为 $a_2$ 型壅水曲线。其上游端与 $K$-$K$ 线垂直,下游端以水平线为渐近线。

$b$ 区:水深小于临界水深,但大于正常水深,即 $h_0 < h < h_k$。由于 $J < i$,$Fr > 1$,所以 $dh/dL < 0$,水面线是降水曲线,称为 $b_2$ 型降水曲线。其上游端与 $K$-$K$ 线垂直,下游端以 $N$-$N$ 线为渐近线。

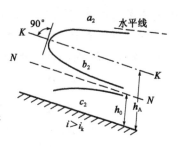

图 6-12 陡坡水面曲线

$c$ 区:水深小于临界水深和正常水深,即 $h < h_0 < h_k$。因 $J > i$,$Fr > 1$,所以 $dh/dL > 0$,水面线是壅水曲线,称为 $c_2$ 型壅水曲线。其上游端由具体条件决定,下游端以 $N$-$N$ 线为渐近线。

在陡坡渠道中筑坝,当坝前水深大于临界水深,则在坝的上游形成 $a_2$ 型壅水曲线,而在坝的下游形成 $c_2$ 型壅水曲线[图 6-13a)]。在陡坡渠道上挡水建筑物的下游形成 $b_2$ 型降水曲线[图 6-13b)]。

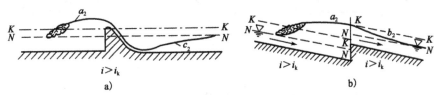

图 6-13 陡坡渠道

(3)临界坡($i = i_k$)

在这种情况下,正常水深 $h_0$ 等于临界水深 $h_k$,均匀流属于临界流均匀流。$N$-$N$ 线与 $K$-$K$ 线重合,非均匀流的水深只可以在 $a$ 区($h > h_0 = h_k$)和 $c$ 区($h < h_0 = h_k$)内变化,只有两条水面曲线,即 $a_3$、$c_3$ 型壅水曲线,并且这两区的水面曲线近似水平线,如图 6-14 所示。

$a_3$ 型壅水曲线和 $c_3$ 型壅水曲线,在实际工程中很少出现。

2. 平坡渠道 $i = 0$

平坡渠道中不能形成均匀流,正常水深 $h_0 \to \infty$,所以正常水深线($N$-$N$ 线)不存在,只有临界水深线($K$-$K$ 线);$K$-$K$ 线将流动空间分为区 $b$ 和 $c$ 区,非均匀流的水深只能在 $b$ 区和 $c$ 区内变动,它们的水面线如图 6-15 所示。明渠渐变流基本方程变为:

$$\frac{dh}{dL} = \frac{-J}{1 - Fr}$$

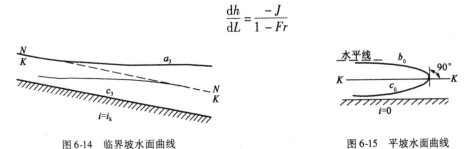

图 6-14 临界坡水面曲线　　　图 6-15 平坡水面曲线

对 $b$ 区:$h > h_k$,$Fr < 1$,所以 $dh/dL < 0$,水面线为降水曲线,称为 $b_0$ 型降水曲线。其上游端以水平线为渐近线,下游端与 $K$-$K$ 线垂直。

对 $c$ 区:$h < h_k$,$Fr > 1$,所以 $dh/dL > 0$,水面线是壅水曲线,称为 $c_0$ 型壅水曲线。其上游端

由具体条件决定,下游端与 K-K 线垂直。

在平坡渠道中的闸孔出流,其水面曲线即为 $c_0$ 型壅水曲线。若渠道末端为跌坎,在跌坎前的水深 $h>h_k$ 时的水面线即为 $b_0$ 型降水曲线(图 6-16)。

3. 逆坡渠道 ($i<0$)

与平坡情况一样,逆坡渠道中不可能形成均匀流,故不存在正常水深。临界水深线(K-K 线)将流动空间分为区 $b$ 和 $c$ 区,非均匀流的水深只能在 $b$ 区($h>h_k$)和 $c$ 区($h<h_k$)内变动。与平坡水面线变化规律相似,仿照上述分析方法,在 $b$ 区形成 $b'$ 型降水曲线,在 $c$ 区形成 $c'$ 型壅水曲线,它们的水面线如图 6-17 所示。

在逆坡渠道中的闸孔出流,当闸门开启度 $e$ 小于临界水深 $h_k$ 时,闸下形成 $c'$ 型壅水曲线。若明渠末端为跌坎时,在跌坎前($h>h_k$)的水面线为 $b'$ 型降水曲线(图 6-18)。

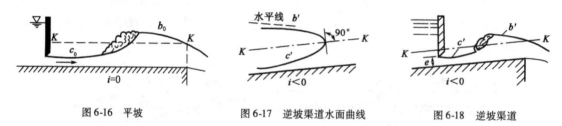

图 6-16 平坡   图 6-17 逆坡渠道水面曲线   图 6-18 逆坡渠道

综上所述,棱柱形渠道中渐变流的水面曲线共有 12 条,这 12 条水面曲线在不同条件下出现。从以上图中可见,在闸坝、桥墩以及缩窄水流断面的各种水工建筑物的上游,一般会形成 $a$ 型壅水曲线;在跌水处及缓坡渠道与陡坡渠道衔接时常发生 $b$ 型降水曲线;而在堰、闸、坝下游则常有 $c$ 型壅水曲线或发生水跃现象。

另外,在进行水面曲线分析和计算时,必须从已知水深的断面,即所谓的控制断面出发,确定水面曲线的类型。控制断面由明渠水流的具体条件来决定。例如桥(或堰闸)前断面的水深、临界水深断面的水深 $h_k$ 或堰下、闸门下出流的收缩断面的水深 $h_c$,均可根据已知条件,事先求得,作为控制断面处的控制水深。

[**例 6-4**] 如图 6-19 所示,试定性分析,在由四段底坡不同的渠道所组成的长棱柱形中,恒定流时水面曲线的类型及变化,设每一段渠道的长度足够长,其中间流段不受进、出口影响。

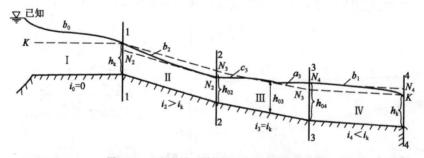

图 6-19 四段底坡不同的渠道水面曲线的连接

**解**:按前面所介绍的方法进行分析:

(1)画各段渠道的 N-N 线和 K-K 线,分区

由于各段渠道均为相同的棱柱形且流量相同,因此临界水深均相同。虽然各段渠道的流

量相同,但由于底坡 $i$ 不同,因此正常水深 $h_0$ 不同。在 I 段中 $i_1=0$,故无正常水深,即无 $a$ 区;在 II 段中 $i_2>i_k$(陡坡),故 $h_{02}<h_k$;在 III 段中 $i_3=i_k$(临界坡),故 $h_{03}=h_k$;在 IV 段中 $i_4<i_k$(缓坡),故 $h_{04}>h_k$。

(2)找出各段渠道的控制水深

I 段到 II 段是由缓坡($i=0$ 作为缓坡特例)向陡坡($i_2>i_k$)过渡,所以 1-1 断面处的水深为 $h_k$。由于是长渠道,所以 2-2 断面处的水深为 $h_{02}$,同理,3-3 断面处的水深为 $h_{04}$。

(3)确定各段水面曲线的类型

I 段渠道的两个端点的水深均在 $b$ 区,又发生在 $i_1=0$ 的渠中,因此产生 $b_0$ 型降水曲线。在 II 段渠道中上游断面水深为 $h_k$,下游断面水深为 $h_{02}$,又在陡坡的 $b$ 区,因此产生 $b_2$ 型降水曲线。同理可得,在 IV 段渠道中产生 $b_1$ 型降水曲线。III 段渠道上游断面水深为 $h_{02}$,当它向正常水深 $h_{03}$ 过渡时在 $c$ 区,因此产生 $c_3$ 型壅水曲线。III 段渠道下游断面水深为 $h_{04}$,当它向正常水深 $h_{03}$ 过渡时在 $a$ 区,因此产生 $a_3$ 型壅水曲线。

## 第五节　渐变流水面曲线的绘制

渐变流水面曲线的绘制方法很多,这里只介绍两种最简单的方法。

### 一、分段求和法

分段求和法是计算明渠恒定流水面线的基本方法,适用于各种流动情况。

由前可知,对渐变流任一断面所具有的总比能为:

$$E = a + E_s$$

将上式改写为:

$$\frac{dE}{dL} = \frac{da}{dL} + \frac{dE_s}{dL}$$

其中: $\frac{dE}{dL} = -J, \frac{da}{dL} = -i$。

故

$$\frac{dE_s}{dL} = i - J \tag{6-17}$$

上式为断面比能沿程变化表示的明渠恒定渐变流微分方程。

若两相邻水深相差不是很大,则这两相邻断面之间的距离 $\Delta L$ 可近似用式(6-17)的差分方程形式表示,并令 $J=\bar{J}$,则:

$$\Delta L = \frac{\Delta E_s}{i-\bar{J}} = \frac{E_{s2}-E_{s1}}{i-\bar{J}} = \frac{(h_2+\frac{v_2^2}{2g})-(h_1+\frac{v_1^2}{2g})}{i-\bar{J}} \tag{6-18}$$

式中:$\bar{J}$——两断面间水力坡度的平均值,可按下式计算:

$$\bar{J} = \frac{1}{2}(J_1 + J_2) = \frac{1}{2}(\frac{v_1^2}{C_1^2 R_1} + \frac{v_2^2}{C_2^2 R_2})$$

流程的总长： $L = \sum \Delta L$

上述各式中，$h_1$、$h_2$ 分别为两相邻断面的水深；$v_1$、$v_2$ 分别为两相邻断面的流速；$J_1$、$J_2$ 分别为两相邻断面处的水力坡度。

式(6-18)即为水面曲线分段求和法的基本公式。它表明，在相邻两断面间，若已知其中一个断面水深和水面曲线的变化趋势，就可以假定另一个断面的水深并求得两断面间的距离 $\Delta L$。具体步骤是：把水面曲线全长按不同水深分成若干段，将相邻水深之间的曲线长度求出，然后逐段连接，就得到整个水面曲线。两相邻断面水深取值越接近，$\Delta L$ 越小，水面曲线的计算精度越高。

水面曲线分段求和法的基本公式很简单，但要计算每个断面的水力要素，计算工作量比较大，采用计算机完成将是十分方便的。按这一方法绘制水面曲线时，应注意：

(1)这一方法只适用于棱柱形渠道。对于断面沿程变化不大的非棱柱形渠道，也可近似使用。

(2)这一方法的精确程度，视两相邻断面水深取值的差值大小而定。

(3)绘制水面曲线时，首先需要选择控制断面，正确求得该处水深，作为分段求和法的起始断面。如果起始断面选择不当或断面上的水深不够准确，势必影响整个水面线的计算。对于急流，应在上游寻找控制断面；对缓流一般在下游寻找控制断面。另外，从缓流过渡到急流处(如坡度转折处、渠末端跌落处)水深为临界水深，也常用来作为起始断面水深。

进行分段时，一般来说，降水曲线水面变化较大，分段宜短；壅水曲线水面变化较小，分段可长一些。每段的断面形状、糙率和底坡等应尽可能一致。在断面、糙率和底坡等突变处，应作为分段位置。

[例6-5] 某一梯形断面的渠道，$m=2.0$，$b=45\text{m}$，$n=0.025$，$i=1/3\,000$，$Q=500\text{m}^3/\text{s}$ 水面曲线为壅水曲线，末端水深 $h=8.95\text{m}$，试绘制 $h=8.95\sim 8.0\text{m}$ 之间的水面曲线。

**解**：(1)判别水面曲线的形式

经计算，正常水深 $h_0=4.93\text{m}$，临界水深 $h_k=2.25\text{m}$。

因 $h_0 > h_k$，所以渠道为缓坡($i<i_k$)，均匀流为缓流；又因为 $h > h_0 > h_k$，所以水面曲线为 $a_1$ 型壅水曲线。

(2)计算水面曲线

计算列表进行，如表6-3。

**分段求和法计算水面曲线表** 表6-3

| 断面 | $h(\text{m})$ | $\omega(\text{m}^2)$ | $v(\text{m/s})$ | $\frac{v^2}{2g}(\text{m})$ | $E_s(\text{m})$ | $\chi(\text{m})$ | $R(\text{m})$ | $J\times 10^5$ | $\Delta E_s(\text{m})$ | $(i-J)\times 10^5$ | $\Delta L(\text{m})$ | $\sum \Delta L$ (m) |
|---|---|---|---|---|---|---|---|---|---|---|---|---|
| 1 | 8.95 | 563 | 0.89 | 0.040 | 8.99 | 85.0 | 6.62 | 4.08 | 0.156 | 29.3 | 513 | 0 |
| 2 | 8.80 | 551 | 0.91 | 0.042 | 8.84 | 84.3 | 6.54 | 4.39 | 0.196 | 29.0 | 677 | 513 |
| 3 | 8.60 | 535 | 0.94 | 0.044 | 8.64 | 83.5 | 6.40 | 4.80 | 0.197 | 28.5 | 690 | 1 190 |
| 4 | 8.40 | 519 | 0.96 | 0.047 | 8.45 | 82.6 | 6.28 | 5.24 | 0.197 | 28.1 | 700 | 1 880 |
| 5 | 8.20 | 503 | 0.99 | 0.050 | 8.25 | 81.7 | 6.16 | 5.70 | 0.196 | 27.9 | 710 | 2 580 |
| 6 | 8.00 | 488 | 1.03 | 0.054 | 8.05 | 80.8 | 6.04 | | | | | 3 290 |

根据表中的计算值绘制的水面曲线如图 6-20 所示。

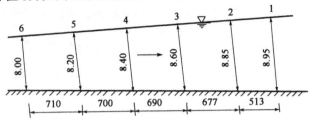

图 6-20　分段求和法的水面曲线(尺寸单位:m)

$a_1$ 型水面曲线变化比较缓慢,曲线也比较长,绘制曲线时,相邻水深相差稍大一些,尚不致引起很大的误差。但对 $b$、$c$ 型曲线,因曲线较短,且两端水深相差不大,因此计算曲线长度时,相邻水深相差得小一些。

### 二、$a_1$ 型壅水曲线的近似计算

桥梁上游经常形成 $a_1$ 型壅水曲线,若只需近似确定水面曲线的位置和数值时,则可用简单的几何曲线,如圆弧线或抛物线来代替。

最常用的是假定水面曲线为二次抛物线,曲线下端与水平线相切,上端与正常水深线相切,并且假定两切线的交点与曲线中心在同一个铅直线上,如图 6-21 所示。根据这些假定,不难得出壅水曲线沿水平方向的长度为:

$$L = \frac{2\Delta H}{i} \tag{6-19}$$

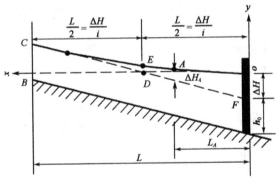

图 6-21　$a_1$ 型壅水曲线的近似计算法的水面曲线

曲线上任意点 $A$,距曲线下游端的距离为 $L_A$,则 $A$ 点的壅水高度 $\Delta H_A$ 为:

$$\Delta H_A = (1 - \frac{L_A}{L})^2 \Delta H \tag{6-20}$$

而 $A$ 点水深为:$h_A = h_0 + \Delta H_A$。

## 第六节　水　　跃

水跃是明渠水流从急流转变到缓流时,水面突然升高的一种局部水力现象(图 6-22、图 6-23)。水跃中的水流是急变流,在水跃内部,水流紊动剧烈,并夹有大量气泡,水面附近形成

封闭的漩涡,使水跃中水头损失很大。当水跃发生前,急流的 $Fr=9$ 或更高时,发生水跃后,水流损失的能量可达急流中能量的 85%。所以,工程上常将水跃作为一种有效的消能方式。

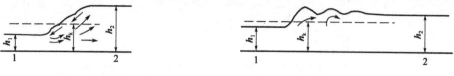

图 6-22 完整水跃　　　　　图 6-23 波状水跃

水跃前端的过水断面称为跃首或跃前断面,其水深 $h_1$ 称为跃前水深,$h_1 < h_k$;水跃末端称为跃尾或跃后断面,其水深 $h_2$ 称为跃后水深,$h_2 > h_k$。这两个水深,由于相互存在着函数关系,称为共轭水深。跃前水深、跃后水深只有满足这个共轭水深的条件,才能发生水跃,这是急流过渡到缓流时必须具备的条件。两个水深的差 $a = h_2 - h_1$ 称为水跃高度。跃前断面与跃后断面之间的距离称为水跃长度。

水跃可以有两种形式:当 $h_2/h_1 > 2$ 时,水跃表面产生旋滚,空气大量掺入称为完整水跃(图 6-22),是典型的水跃形式;当 $h_2/h_1 \leq 2$ 时,跃前水深接近于临界水深,水跃高度不大,水跃成为一系列起伏的波浪,称为波状水跃(图 6-23)。

## 一、水跃的基本方程

棱柱形渠道中,完整水跃共轭水深之间的关系可由动量定理求得。在推导水跃基本方程时,为简便起见,假定:

(1)渠道底坡很小,水跃长度不大,重力和渠道壁面的摩阻力的影响可略去不计。

(2)水跃前、后两过水断面为渐变流断面,于是过水断面的压强分布满足静水压强分布规律。

(3)设水跃前、后两过水断面上的动量修正系数相等,即 $\beta_1 = \beta_2 = \beta$。

在上述假定下,取断面 1-1(跃前断面)、断面 2-2(跃后断面)之间的水体作为隔离体,列出沿水流方向上动量方程为:

$$\sum F = \gamma h_{c1} \omega_1 - \gamma h_{c2} \omega_2 = \frac{\beta \gamma}{g} Q(v_2 - v_1)$$

又因为 $v_1 = \dfrac{Q}{\omega_1}, v_2 = \dfrac{Q}{\omega_2}$,代入上式,得:

$$\frac{\beta Q^2}{g \omega_1} + h_{c1} \omega_1 = \frac{\beta Q^2}{g \omega_2} + h_{c2} \omega_2 \tag{6-21}$$

上式称为棱柱形平坡渠道中完整水跃的基本方程。这说明:在水跃区内,单位时间流入 1-1 断面的动量与该断面上动水总压力之和等于 2-2 断面的流出动量与该断面上动水总压力之和。

令

$$\theta(h) = \frac{\beta Q^2}{g \omega} + h_c \omega \tag{6-22}$$

式中:$h_c$——断面形心的水深;

$\theta(h)$——水跃函数,当流量和断面形状、尺寸一定时,水跃函数只是水深 $h$ 的函数。

若水跃的共轭水深分别为 $h_1$ 和 $h_2$,则完整水跃的基本方程可写为:

$$\theta(h_1) = \theta(h_2) \tag{6-23}$$

上式说明:棱柱形平底渠道中,在某一流量 $Q$ 下,存在着具有相同的水跃函数 $\theta(h)$ 值的两个水深,这一对水深就是共轭水深。

对于任意断面形状的棱柱形渠道和已给定的流量,可绘出 $\theta(h) \sim h$ 关系曲线(图6-24):

当 $h \to 0$ 时,$\omega \to 0$,则水跃函数 $\theta(h) \to \infty$;

当 $h \to \infty$ 时,$\omega \to \infty$,则水跃函数 $\theta(h) \to \infty$;

当 $0 < h < \infty$ 时,水跃函数 $\theta(h)$ 为有限值。

显然,在水深变化过程中,水跃函数 $\theta(h)$ 存在一个极小值。从图6-24可见,对应于某一水深,$\theta(h) = \theta(h)_{min}$。由 $d\theta(h)/dh = 0$,可证明对应于 $\theta(h)_{min}$ 的水深恰好就是临界水深 $h_k$,即当 $h = h_k$ 时,则 $\theta(h_k) = \theta(h)_{min}$。另外,由图可见,水跃函数 $\theta(h)$ 曲线被 $h_k$ 分为上、下两支,若已知共轭水深之一 $h_1$ 或 $(h_2)$,则做 $h$ 的平行线交于 $M$、$N$ 两点,则 $N$ 点(或 $M$ 点)对应的水深 $h_2$ 或 $(h_1)$ 为所求的另一共轭水深。

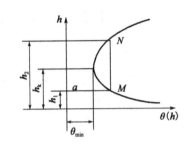

图6-24 水跃函数曲线

## 二、共轭水深的计算

对于矩形断面的棱柱形渠道,因为 $\omega = Bh$,$h_c = h/2$,根据测定,$\beta = 1.0 \sim 1.05$,视流速分布均匀程度而定,一般采用 $\beta = 1.0$,式(6-21)变成:

$$\frac{Q^2}{gB^2 h_1} + \frac{h_1^2}{2} = \frac{Q^2}{gB^2 h_2} + \frac{h_2^2}{2}$$

化简得:

$$h_1 h_2 (h_1 + h_2) = \frac{2Q^2}{gB^2} \qquad (6\text{-}24)$$

上式称为矩形断面渠道的水跃方程。方程是对称的,则解也对称,求解后可得矩形断面的水跃前、后水深为:

$$h_1 = \frac{h_2}{2}\left( \sqrt{1 + \frac{8Q^2}{gh_2^3 B^2}} - 1 \right) \qquad (6\text{-}25)$$

或

$$h_2 = \frac{h_1}{2}\left( \sqrt{1 + \frac{8Q^2}{gh_1^3 B^2}} - 1 \right) \qquad (6\text{-}26)$$

若代入:

$$h_k = \sqrt[3]{\frac{Q^2}{gB^2}}, Fr = \frac{v^2}{gh} = \frac{Q^2}{gh^3 B^2} = \frac{h_k^3}{h^3}$$

则式(6-25)、式(6-26)也可写成:

$$h_1 = \frac{h_2}{2}\left[ \sqrt{1 + 8\left(\frac{h_k}{h_2}\right)^3} - 1 \right] \qquad (6\text{-}27)$$

$$h_2 = \frac{h_1}{2}\left[ \sqrt{1 + 8\left(\frac{h_k}{h_1}\right)^3} - 1 \right] \qquad (6\text{-}28)$$

或

$$h_1 = \frac{h_2}{2}\left( \sqrt{1 + 8Fr_2} - 1 \right) \qquad (6\text{-}29)$$

$$h_2 = \frac{h_1}{2}(\sqrt{1+8Fr_1} - 1) \tag{6-30}$$

式中：$Fr_1$，$Fr_2$ 分别为跃前和跃后断面的佛汝德数。

对于非矩形断面的水跃，其共轭水深的计算可按类似方法求得计算公式，但公式复杂，一般须按经验公式或专门的图表进行计算。

### 三、水跃长度和水跃中的能量损失

1. 水跃长度

水跃长度虽然较短，但它是泄水建筑物消能设计的主要依据之一。水跃运动现象复杂，理论分析还没有成熟的结果，目前仍只是根据经验公式计算。但由于水跃的跃尾位置的选定有不同的标准，因此各种经验公式的计算值相互之间出入较大，下面列出几种不同类型的常见公式：

$$l = 6.9(h_2 - h_1) \tag{6-31}$$

$$l = 9.4(\sqrt{Fr_1} - 1)h_1 \tag{6-32}$$

上述的水跃长度公式经过试验资料证实，适用于完整水跃，即 $2 < h_2/h_1 < 12$。但当 $h_2/h_1 > 12$ 时，由于水跃长度很大，渠道摩阻力已不能忽略，计算的 $h_2$ 值偏大；当 $h_2/h_1 < 2$ 时，水跃呈无漩滚的波状水跃，水跃后水面波动很大，不属于渐变流，计算的 $h_2$ 值偏小。

2. 水跃中的能量损失

水跃中的能量损失主要是由于旋滚区（水跃区域的上部）和主流区（水跃区域的下部）的交界处流速梯度很大，脉动混掺强烈造成的，最大可达跃前能量的85%，因此工程上常利用水跃形式削减水流的多余能量。对于平坡矩形渠道的水跃能量损失，可由下式求得：

$$\Delta h_w = \frac{(h_2 - h_1)^3}{4h_1 h_2} \tag{6-33}$$

可见，在给定流量下，水跃越高，则水跃中的能量损失 $\Delta h_w$ 越大。

### 四、水跃的形式

由建筑物泄出的急流贴渠底冲出时，若未经特殊措施控制，则水跃形成的位置随下游水流状态不同可能出现不同的衔接形式。现以溢流坝下泄水流为例，讨论限于二维问题。

一般河流中，下游河渠水流多是缓流，由于收缩断面为急流，因此在过渡处必发生水跃。设收缩断面处水深为 $h_c$，所要求的共轭水深为 $h_c''$，则下游水深 $h_t$ 与 $h_c''$ 的差异，会有下列三种可能的衔接形式。

1. 临界水跃

当 $h_t = h_c''$，即下游水深 $h_t$ 恰好等于 $h_c$ 的共轭水深 $h_c''$ 时，则水跃就在收缩断面处开始形成，这种水跃称为临界水跃，如图 6-25b) 所示。

2. 远驱式水跃

当 $h_t < h_c''$ 时，水流在收缩断面后，形成一段 $c$ 型壅水曲线，水深沿程逐渐增大直至与下游水深 $h_t$ 成为共轭水深后发生水跃，这种水跃称为远驱式水跃，如图 6-25a) 所示。如果下游水深 $h_t$ 仅略大于临界水深 $h_k$，则水跃是波状水跃。

3. 淹没式水跃

当 $h_1 > h_c''$ 时,尾水淹没了收缩断面,下游渠道的水面将水跃覆盖,这种水跃称为淹没式水跃,如图 6-25c)所示。

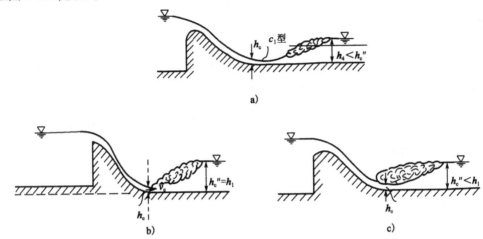

图 6-25 水跃与下游的衔接方式

临界水跃和远驱式水跃的位置是不稳定的,流量稍有变化,水跃位置也就变化。另外,远驱式水跃有很长一段急流,易引起渠道冲刷,所以工程上为了节省渠道加固数量,总是采取一些措施保证在下游渠道内能形成淹没式水跃。但当淹没度较大,它的消能效率比较低,水跃长度也增大。

[例 6-6] 已知矩形断面渠道,流量 $Q = 40\text{m}^3/\text{s}$,底宽 $B = 5\text{m}$,跃前水深 $h_1 = 1.17\text{m}$,试求:(1)跃后共轭水深 $h_2$;(2)水跃长度 $L$;(3)水跃中能量损失 $\Delta h_w$。

**解:**(1)跃后共轭水深 $h_2$

按式(6-30),有:

$$Fr_1 = \frac{v^2}{gh_1} = \frac{Q^2}{gh_1^3 B^2} = \frac{40^2}{9.8 \times 1.17^3 \times 5^2} = 4.0775$$

$$h_2 = \frac{h_1}{2}(\sqrt{1+8Fr_1} - 1) = \frac{1.17}{2}(\sqrt{1 + 8 \times 4.0775} - 1) = 2.81(\text{m})$$

(2)水跃长度 $l$

按式(6-31)、式(6-32)计算水跃长度,有:

$$l = 6.9(h_2 - h_1) = 6.9(2.81 - 1.17) = 11.32(\text{m})$$

$$l = 9.4(\sqrt{Fr_1} - 1)h_1 = 9.4(\sqrt{4.0775} - 1) \times 1.17 = 11.21(\text{m})$$

为安全设计,取 $l = 12\text{m}$。

(3)水跃中能量损失 $\Delta h_w$

按式(6-33),有:

$$\Delta h_w = \frac{(h_2 - h_1)^3}{4h_1 h_2} = \frac{(2.81 - 1.17)^3}{4 \times 1.17 \times 2.81} = 0.335(\text{m})$$

[例 6-7] 有一长而直的棱柱形矩形断面渠道,底宽 $B = 12\text{ m}$,底坡 $i = 0$,$Q = 14.4\text{m}^3/\text{s}$,已知下游水深 $h_1 = 1.0\text{m}$。现在渠中修一溢流坝下泄水流,收缩断面的水深 $h_c = 0.12\text{m}$,试判别

下游水流的衔接方式。

**解**:按式(6-11)求 $h_k$

$$h_k = \sqrt[3]{\frac{Q^2}{gB^2}} = \sqrt[3]{\frac{14.4^2}{9.8 \times 12^2}} = 0.53 \text{ (m)}$$

因为

$$h_c < h_k < h_t$$

这表明坝趾处为急流,下游渠道中水流为缓流,必然出现水跃方式与下游水面线相衔接。

按式(6-28)计算收缩断面 $h_c$ 的共轭水深 $h_c''$,得:

$$h_c'' = \frac{h_c}{2}\left[\sqrt{1+8\left(\frac{h_k}{h_c}\right)^3} - 1\right] = \frac{0.12}{2}\left[\sqrt{1+8\left(\frac{0.53}{0.12}\right)^3} - 1\right] = 1.52 \text{ (m)}$$

与下游水深 $h_t$ 比较,$h_c'' > h_t$,所以发生远驱式水跃。

【**习题**】

6-1　明渠非均匀流有哪些特点？产生非均匀流的原因是什么？

6-2　缓流和急流各有什么特点？有哪些判别方法？

6-3　什么是断面比能？它与单位重力液体的总能量 $E$ 有何区别？断面比能和水深有何重要关系？

6-4　佛汝德数 $Fr$ 有什么物理意义？怎样应用它判别水流的形态？

6-5　什么是临界水深？当两条渠道的断面形状、尺寸、粗糙系数、底坡都一样,流量不一样时,它们的临界水深一样吗？若两条渠道的流量相同,断面形状、尺寸、粗糙系数、底坡不一样,这两条渠道的临界水深是否相等？

6-6　(1)试说明:棱柱形渠道中,恒定非均匀渐变流的基本微分方程式 $dh/dL = (i-j)/(1-Fr)$ 中分子分母的物理意义；

(2)从分析 $dh/dL$ 的极限值说明:当 $h$ 趋于 $h_0$ 及 $h$ 趋于 $h_k$ 时,水面曲线的变化趋势。

6-7　(1)在分析非均匀流水面曲线时,怎样分区？怎样确定控制水深？怎样判别变化趋势？

(2) $a$ 区、$b$ 区、$c$ 区的水面曲线各有什么特点？

6-8　什么是水跃？水跃的形成条件是什么？水跃与下游水流的衔接方式有哪几种？

6-9　梯形断面渠道,$b=10\text{m}$,$m=1.5$,$h=5\text{m}$,$Q=30\text{m}^3/\text{s}$,试求水流的 $Fr$,并判别水流的缓、急状态。

6-10　矩形断面渠道,$B=5\text{m}$,$Q=40\text{m}^3/\text{s}$,$n=0.025$,试求临界水深及临界坡度。

6-11　梯形断面渠道,$b=3\text{m}$,$m=2.0$,$n=0.02$,$Q=5\text{m}^3/\text{s}$,求临界水深和临界坡度。

6-12　圆形断面渠道,$d=2.0\text{m}$,$Q=2\text{m}^3/\text{s}$,$n=0.017$,试求临界水深和临界坡度。

6-13　试确定习题6-13图中桥前壅水曲线的类型:

(1)$H > h_k > h_0$;

(2) $H = 1.8\text{m}, h_0 = 0.80\text{m}, h_k = 0.40\text{m}$;
(3) $H = 1.6\text{m}, h_0 = 0.80\text{m}, h_k = 0.80\text{m}$。

6-14 确定习题 6-14 图中跌水上游的水面曲线类型:
(1) $h_0 < h < h_k$;
(2) $h = h_0 = 0.40\text{m}, h_k = 0.30\text{m}$;
(3) $i = 0, h > h_k$。

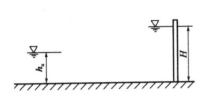

习题 6-13 图

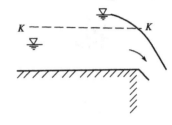

习题 6-14 图

6-15 试确定习题 6-15 图中跌水下游水面曲线:
(1) $h_c < h_k < h_0$;
(2) $h_c = 0.40\text{m}, h_0 = 0.20\text{m}, h_k = 0.60\text{m}$;
(3) $h_c = 0.20\text{m}, h_0 = 0.30\text{m}, h_k = 0.50\text{m}$。

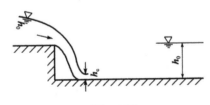

习题 6-15 图

6-16 试仿照第五节的 [例 6-5],绘制水深 8.0~7.6m 的水面曲线,相邻断面的水深差按 0.2m 计算。

6-17 矩形断面渠道内单宽流量 $q = 2\text{m}^2/\text{s}$,跃前水深 $h_1 = 0.3\text{m}$,求跃后水深和水跃长度。

6-18 断面形状、尺寸均相等的长棱柱形渠道,流量和粗糙系数也相等,试分析下列不同坡度相连接时,其中可能产生的水面曲线形状:

(1) $i_1 > i_k, i_2 < i_k$; (2) $i_1 < i_k, i_2 < i_k, i_1 > i_2$; (3) $i_1 > i_k, i_2 > i_k, i_1 > i_2$; (4) $i_1 < i_k, i_2 > i_k$;
(5) $i_1 > i_k, i_2 > i_k, i_1 < i_2$; (6) $i_1 = i_k, i_2 < i_k$。

# 第七章 堰流

【学习目的与要求】

通过"堰流"学习,了解堰的类型,熟悉堰的基本特点,掌握宽顶堰的水力计算。

## 第一节 堰的类型

水流从构造物顶上溢流的水力现象称为堰流,构造物称为堰。这种构造物对水流的作用通常是从底部约束水流,如闸坝等水工建筑物,但也有从侧面约束水流,如桥涵,或者从底部、侧面两方面同时约束水流。堰流在工程上应用十分广泛,在水利工程中,可作为引水灌溉、宣泄洪水、排除内涝的水工建筑物;在给排水工程中,堰流是常用的溢流设备和量水设备;宽顶堰理论也是小桥和涵洞的孔径水力计算的基础。

### 一、堰的类型

在工程上,按使用要求,堰的类型有多种。如图 7-1 所示,水流接近堰顶时,由于流线收缩,流速加大,自由表面也将逐渐下降。习惯上把堰前水面无明显下降的断面称为堰前断面;该断面堰顶以上的水深称为堰前水头,以 $H$ 表示;堰前断面的流速称为行近流速 $V_0$,实测表明,堰前断面距堰进口断面的距离为:

# 第七章 堰 流

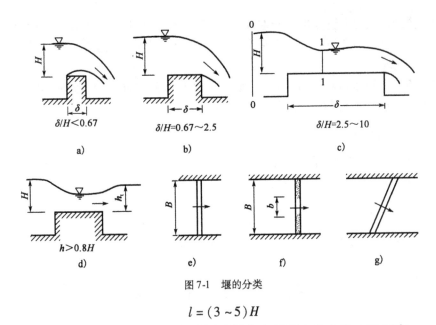

图 7-1 堰的分类

$$l = (3 \sim 5)H$$

根据实验资料,流过堰顶的水流形态随堰壁厚度与堰顶水头之比 $\delta/H$ 而变。

(1) 按堰壁厚度与堰前水头 $H$ 的比值的大小,可将堰分为三类:

① 薄壁堰:$\delta/H < 0.67$

水流越过堰顶时,底部水流向上收缩,水面逐渐下降,使过堰水流形如舌状,称为水舌。水舌的下缘与堰顶只沿周线接触,堰壁厚度不影响水舌的流动特性,水流过堰呈自由下落运动,水流阻力主要受堰口形状影响,如图 7-1a) 所示。它常被用作量水设备。

② 实用堰:$0.67 < \delta/H < 2.5$

由于堰壁较厚,水舌下缘与堰顶呈面的接触,堰壁厚度影响堰顶水流特性,但是过堰水流还是在重力作用下的自由下落运动,如图 7-1b) 所示。常用的实用堰有折线形和曲线形。水利工程中常用作泄水建筑物,如溢流坝等。

③ 宽顶堰:$2.5 < \delta/H < 10$

堰顶厚度对水流的约束加大。水流进入堰顶,在堰壁厚度的顶托作用下,水面发生跌落后略有回升,形成收缩断面。堰顶水面与堰顶近似平行且呈急流状态,堰顶水深接近临界水深,如图 7-1c) 所示。

而当 $\delta/H > 10$ 时,堰顶水流的沿程水头损失已不能忽略,水流特性不再属于堰流,堰顶水流为明渠水流。对于堰流,主要是局部阻力作用,只考虑局部水头损失。

上述三种堰流,在实际工程中都是常见的。在水力特征上,它们还有一个共同点,即是由于堰坎存在,产生水流垂直方向的收缩,而引起水面跌落。

(2) 按堰下游水位对堰的过流能力的影响程度,将堰的出流分为自由出流和淹没出流:

① 自由堰:下游水位较低,对堰的过流能力没有影响。

② 淹没堰:下游水位较高,对堰的过流能力有影响。如图 7-1d) 所示。

(3) 按堰前渠道宽度和堰口宽度的变化,可将堰分为无侧收缩堰和有侧收缩堰,如图 7-1e)、f) 所示:

① 无侧收缩堰:堰前渠道宽度与堰顶宽度相等。

②有侧收缩堰:堰前渠道宽度大于堰顶泄水宽度时,堰顶水流将出现横向收缩,并使水头损失增大,堰的过水能力有所下降。当只有侧向收缩而无坎时,水面也会发生跌落,与有坎堰流相似,称为无坎堰。

(4)按堰的平面布置可将堰分为正堰[堰顶前缘与水流方向垂直,如图7-1e)、f)所示]和斜堰[堰顶前缘与水流方向斜交,如图7-1g)所示]。

## 二、堰的基本特点

堰的基本特点主要体现在两个方面:

(1)水流在重力作用下由势能转化为动能。水流趋近堰顶时,流速增大,溢流的自由水面均有明显的降落。

(2)因为流程短,流动变化急剧,因此局部水头损失是主要的。

由于堰的边界条件复杂,对堰流问题目前主要依靠实验的方法解决。

# 第二节 薄 壁 堰

薄壁堰的最典型例子是锐缘堰,它广泛地运用于实验室、野外的流量测量。这是因为薄壁堰溢流具有稳定的水头与流量关系,所以研究薄壁堰具有实用意义。

常用的薄壁堰,堰顶溢流的断面(称为堰口)常做成矩形、三角形或梯形,分别称为矩形薄壁堰、三角形薄壁堰或梯形薄壁堰。

## 一、矩形薄壁堰

溢流口呈矩形的堰,称为矩形薄壁堰。实验表明:无侧收缩、自由出流时,矩形薄壁堰的水流最为稳定,测量精度也较高。

自矩形断面的堰口流出的水流,可能出现以下几种情况:

(1)当水舌很小($H < 5 \sim 7 \text{cm}$)时,水舌贴附于堰壁而流动,如图7-2a)所示。

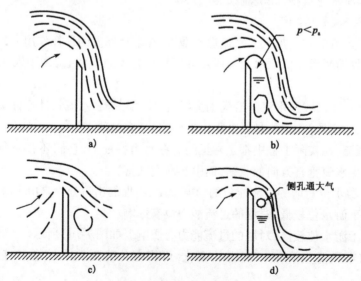

图7-2 矩形薄壁堰出流形式

(2) 水舌稍大，但水舌下侧的空间与大气不相通，则该部分的空气被水舌卷吸抽去，产生真空，使 $p<p_a$，水舌被吸附，将趋向于贴附堰壁，水舌下面的水位被吸高，甚至可能充满整个水舌下面的空间，如图 7-2b) 所示。

(3) 当下游水位较高时，可能将水舌淹没而成淹没堰，如图 7-2c) 所示。

(4) 只有当 $H>5\sim7\text{cm}$，水舌下面的空间压强等于大气压和下游水位较低时才出现自由出流的堰流，如图 7-2d) 所示。自由堰流的水力性能较稳定，故测量流量时只采用这种堰流。

根据实测数据绘出矩形薄壁堰（锐缘堰）自由出流的水流形态，如图 7-3 所示。由图可见，水舌下缘先上凸，然后再下降。水舌的水面是逐渐下降的，但在距堰口 $3H$ 处只下降了 $0.003H$，实用上将这一点水面与堰顶的高差作为堰的作用水头已具足够精确。与堰顶同一高程的水舌断面厚度为 $0.435H$，水舌与水平线的夹角为 $41°30'$，这一断面的上下表面已接近于平行。

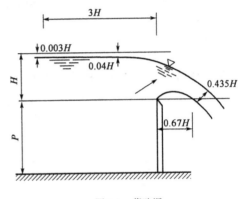

图 7-3 薄壁堰

堰流的流量公式为：

$$Q = mb\sqrt{2g}H^{3/2} \tag{7-1}$$

式中：$m$——堰的流量系数。

根据大量实验资料得出锐缘堰的流量系数为：

$$m = \left(0.405 + \frac{0.0027}{H} - 0.03\frac{B-b}{B}\right)\left[1+0.55\left(\frac{b}{B}\right)^2\left(\frac{H}{H+P}\right)^2\right] \tag{7-2}$$

式中：$B$、$b$——堰前渠道和堰顶上的水面宽度，m；

$P$——堰高，m；

$H$——堰的作用水头，m。

当 $b \leq 2\text{m}$、$P \leq 1.13\text{m}$ 和 $H \leq 1.24\text{m}$ 时，按上式计算的误差不超过 1%（$Q<5.75\text{m}^3/\text{s}$）。

如果堰下游水位高于堰顶，因下游水体对溢流水舌的顶托、阻挡作用，使水流不畅，因而可能影响堰的过流能力，形成淹没堰（图 7-4）。下游水位高于下游堰高是形成淹没出流的必要条件，但不是充分条件。因为，即使 $h>P'$，如果上、下游水位高差很大，则水舌具有很大的动能，容易将下游水体推开一段距离，发生远驱式水跃，临近堰壁的下游处，水深仍小于堰顶，则发生自由式出流。根据实验测定，薄壁堰发生淹没出流的充分条件是必须满足下列两个条件：

$$h>P'$$

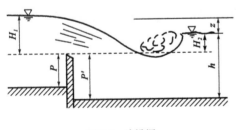

图 7-4 淹没堰

及

$$\frac{z}{P'}<0.7$$

淹没堰的流量比不淹没堰的流量要小，可按下式计算：

$$Q = \sigma mb \sqrt{2g} H^{3/2} \tag{7-3}$$

式中：$m$——自由出流的流量系数；

$\sigma$——淹没系数，其数值必然小于1。

$\sigma$ 值可按下式计算：

$$\sigma = 1.05\left(1 + 0.2\frac{H_2}{P}\right)\left(\frac{z}{H_1}\right)^{1/3} \tag{7-4}$$

## 二、三角堰

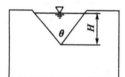

溢流口做成三角形的堰，称为三角堰（图 7-5）。若量测的流量较小（例如 $Q < 0.1 \text{m}^3/\text{s}$ 时），采用矩形薄壁堰则水头过小，测量水头的相对误差增大，一般采用三角形薄壁堰。三角堰流量的一般公式为：

$$Q = \frac{8}{15}\mu\tan\frac{\theta}{2}\sqrt{2g}H^{5/2} \; (\text{m}^3/\text{s}) \tag{7-5}$$

当 $\theta = 90°$ 时，

$$Q = 1.4H^{5/2} \; (\text{m}^3/\text{s}) \tag{7-6}$$

图 7-5 三角堰

当 $P > 2H$，槽宽 $B > 5H$ 和 $H = 0.06 \sim 0.65\text{m}$，下面经验公式给出更精确的结果：

$$Q = 1.343H^{2.47} \; (\text{m}^3/\text{s}) \tag{7-7}$$

## 三、梯形堰

溢流口做成梯形的堰，称为梯形堰（图 7-6）。梯形堰流量的一般公式为：

$$Q = m\left(b + 0.8H\tan\frac{\theta}{2}\right)\sqrt{2g}H^{3/2} \tag{7-8}$$

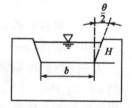

当 $\theta/2 = 14°$ 或 $\tan\theta/2 = 0.25$，且 $b > 3H$ 时，堰的流量系数与水头 $H$ 无关而为一常数，即 $m = 0.42$，这时，若 $b \geq 4H$ 和堰前的行近流速 $v_0 < 0.5\text{m/s}$，则堰的流量公式可写为：

$$Q = 1.86bH^{3/2} \; (\text{m}^3/\text{s}) \tag{7-9}$$

梯形堰一般用以测定 $Q > 0.1\text{m}^3/\text{s}$ 的小流量。

图 7-6 梯形堰

[**例 7-1**] 如图 7-7 所示为实验室内的矩形薄壁堰，已知：堰高 $P_1 = P_2 = P = 0.5\text{m}$。堰上水头 $H = 0.3\text{m}$，槽宽 $B = 0.6\text{m}$，堰宽 $b = 0.4\text{m}$。试求：

(1) 当下游水位不超过堰顶时的泄流量；

(2) 当下游水深 $h_t = 0.6\text{m}$ 时的泄流量。

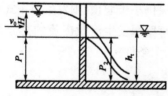 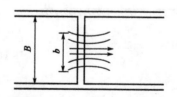

图 7-7 矩形薄壁堰

**解**：(1) 当下游水位低于堰顶时，为自由式出流，由式(7-1)得流量

$$Q = mb\sqrt{2g}H^{3/2}$$

$$m = \left(0.405 + \frac{0.0027}{H} - 0.03\frac{B-b}{B}\right)\left[1 + 0.55\left(\frac{b}{B}\right)^2\left(\frac{H}{H+P}\right)^2\right]$$

$$= \left(0.405 + \frac{0.0027}{0.3} - 0.03 \times \frac{0.6-0.4}{0.6}\right)\left[1 + 0.55 \times \left(\frac{0.4}{0.6}\right)^2\left(\frac{0.3}{0.3+0.5}\right)^2\right]$$

$$= 0.418$$

所以
$$Q = 0.418 \times 0.4 \sqrt{2 \times 9.8} \times 0.3^{3/2}$$
$$= 0.122 (\text{m}^3/\text{s})$$

(2) 当下游水深 $h_t = 0.6$ m 时,首先判别此堰是自由式或淹没式。

因 $h_t > P_2$

及 $z/P_2 = [(0.5 + 0.3) - 0.6]/0.5 = 0.4 < 0.7$

故为淹没式出流,其淹没系数由式(7-4)得:

$$\sigma = 1.05\left(1 + 0.2\frac{H_2}{P_2}\right)\left(\frac{z}{H_1}\right)^{1/3} = 1.05 \times \left(1 + 0.2 \times \frac{0.6-0.5}{0.5}\right) \times \left(\frac{0.2}{0.3}\right)^{1/3} = 0.954$$

所以 $Q = m\sigma b \sqrt{2g}H^{3/2} = 0.418 \times 0.954 \times 0.4 \sqrt{2 \times 9.8} \times 0.3^{3/2} = 0.116(\text{m}^3/\text{s})$

## 第三节 实 用 堰

实用堰主要在水利和灌溉工程中作为滚水坝用,其断面可以做成曲线形或折线形,视所用的材料而定,但混凝土坝做成曲线形的较常见。

曲线形堰又可分成非真空堰和真空堰两大类。如果坝的剖面曲线基本与矩形锐缘堰水舌的下表面相吻合时,则堰表面承受大于大气压的压强,这种堰称为非真空堰[图 7-8a];若堰面的剖面曲线做得低于矩形锐缘堰水舌的下表面,则水舌与堰面间出现真空,水舌被吸向坝面而流动,这种堰称为真空堰[图 7-8b]。

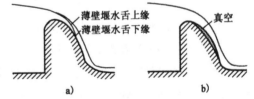

图 7-8 曲线形实用堰

在其他条件相同的情况下,真空堰由于堰面上真空区的存在,增加了堰的过水能力,即增加了流量系数;但是,由于真空值不稳定,使坝体振动,并且可能产生汽蚀现象,破坏坝面的材料,所以实际工程中,多采用非真空堰。

无收缩的不淹没实用断面堰的流量公式,不论断面的形状如何均采用下列形式:

$$Q = m \sqrt{2g}bH^{3/2} \tag{7-10}$$

式中:$m$——流量系数,与断面的形状、水头大小等有关,近似值为:真空堰 $m = 0.50$,非真空堰 $m = 0.45$,更精确的数值由经验公式算出,或通过专门的试验求得;其他形状的断面,$m$ 值都较低,在 $0.35 \sim 0.42$ 之间。

## 第四节 宽 顶 堰

当 $2.5 < \delta/H < 10$ 时,堰顶水流呈渐变流状态,沿程阻力处于次要地位,这种堰称为宽顶堰。

公路上的小桥和无压力涵洞与无槛宽顶堰的作用相类似。无槛宽顶堰是宽顶堰的堰高 $P=0$ 的特殊情况，它的水面变化是由于渠道宽度突然缩小而引起的。水利工程中的分洪闸、泄水闸，灌溉工程中的进水闸、排水闸等，当闸门全开时都具有宽顶堰的水力性质。

宽顶堰上的水面形状与堰顶宽度（沿水流方向计量）和下游的水深等有关，如图 7-9 所示，对于自由出流：

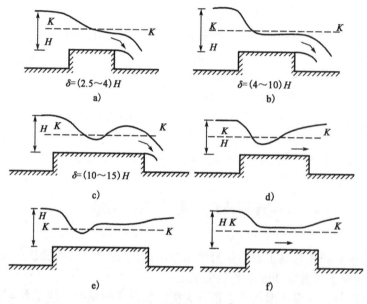

图 7-9　宽顶堰水面形状

（1）当 $\delta = 2.5H \sim 4H$ 时，水面连续下降[图 7-9a)]。

（2）当 $\delta = 4H \sim 10H$ 时，在距进口不远处形成一个收缩断面，这一断面的水深略小于临界水深，流速增大，势能转化为动能，水位发生一次跌落，此后水面为 $c_0$ 型曲线，水深逐渐增大，直至距出口 $(3 \sim 4)h_k$ 处，水面经堰槛末端形成第二次跌落[图 7-9b)]，这是宽顶堰中比较典型的一种堰流，称为标准宽顶堰的堰流。

（3）当 $\delta = 10H \sim 15H$ 时，由于堰顶上的摩阻力增大，出现波状水跃，随堰顶的宽度不同，水跃可能移至收缩断面处[图 7-9c)]，宽顶堰的水流特点减少，明渠水流的特点增加。

（4）当 $\delta > 15H$ 时，堰顶上的摩阻力进一步增大，水跃将被淹没，堰顶上的水面为 $b_0$ 型曲线，这时除进出口附近水面变化较剧烈外，中间部分的水深变化很小，可以近似地按明渠渐变流计算。

可见，取 $2.5 < \delta/H < 10$ 作为宽顶堰的确定范围是较为合理的。

宽顶堰下游的水位升高时，对堰顶的水流有一定的影响。以标准宽顶堰为例，当下游水位在 $K$-$K$ 线（临界水深线）以下时，对堰顶上的水流没有影响；当水位升高超过 $K$-$K$ 线时，则在堰的出口附近形成波状水跃[图 7-9d)]；当水位继续升高，水跃逐渐向收缩断面移动，直至将收缩断面淹没[图 7-9e)]；当水位继续上升达到比较高时，因为堰顶的流速比下游大一些，则在堰顶末端的下游，水面突然升高[图 7-9f)]，这种现象称为反弹。

对于宽顶堰，其收缩断面不被淹没的称为自由堰，淹没的则称为淹没堰。

## 一、自由式无侧收缩宽顶堰

宽顶堰的理论尚处于发展阶段,各种理论和实验数据也不完全统一,下面以标准宽顶堰为例介绍宽顶堰的流量基本公式,如图 7-10 所示。

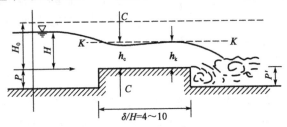

图 7-10 自由式无侧收缩宽顶堰水面特征

以水平堰顶为基准面,列出 1-1(堰前断面)及 C-C(收缩断面)的能量方程:

$$H + 0 + \frac{\alpha v_1^2}{2g} = h_c + 0 + \frac{\alpha v_c^2}{2g} + \sum \zeta \frac{v_c^2}{2g} + h_f \tag{7-11}$$

如果略去两断面间的沿程阻力,并令 $H_0 = H + \frac{\alpha v_1^2}{2g}$ 和 $\varphi = \frac{1}{\sqrt{\alpha + \sum \zeta}}$ 及假定过水断面为矩形,宽为 $b$,则:

$$v_c = \varphi \sqrt{2g(H_0 - h_c)} \tag{7-12}$$

$$Q = \omega_c v_c = bh_c \varphi \sqrt{2g(H_0 - h_c)} \tag{7-13}$$

如果令 $h_c = kH_0$,则:

$$Q = \varphi bk \sqrt{1-k} \sqrt{2g} H_0^{3/2} \tag{7-14}$$

或

$$Q = mb \sqrt{2g} H_0^{3/2} \tag{7-15}$$

式中,$m = \varphi k \sqrt{1-k}$ 称为宽顶堰的流量系数。显然流量系数 $m$ 与堰进口的局部阻力(进口形状)、堰前水头、堰顶高等有关,根据别列金斯基的研究,系数 $m$ 可按下列公式计算:

当 $0 \leq P/H < 3$ 时,对直角边缘进口:

$$m = 0.32 + 0.01 \frac{3 - \frac{P}{H}}{0.46 + 0.75 \frac{P}{H}} \tag{7-16}$$

对堰顶进口为圆角(当 $r/H \geq 0.2$,$r$ 为圆进口圆弧半径):

$$m = 0.36 + 0.01 \frac{3 - \frac{P}{H}}{1.2 + 1.5 \frac{P}{H}} \tag{7-17}$$

当 $P/H \geq 3$ 时,采用 $P/H = 3$,直角边缘进口 $m = 0.32$,圆进口 $m = 0.36$。

## 二、淹没式宽顶堰

1. 淹没条件和无侧收缩淹没式宽顶堰

自由式宽顶堰的堰顶上水深稍小于临界水深,堰上水流属于急流,而堰下游一般属于缓流。由急流过渡到缓流将产生水跃(反弹),将下游水流推开。从直观上看,下游水位升高,迫使堰上水位壅高,堰的过流能力减小,如图7-11所示。目前由理论分析来确定淹没条件还有困难。实验研究指出:当下游水深 $H_2 \approx 1.3h_k$ 或 $H_2 \approx 0.8H_0$ 时,才开始发生淹没影响。所以宽顶堰的淹没条件为:

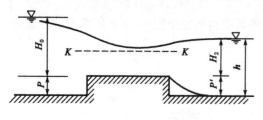

图7-11 无侧收缩淹没式宽顶堰

$$\frac{H_2}{H_0} \geq 0.8 \text{ 或 } \frac{H_2}{h_k} \geq 1.3 \quad (7-18)$$

淹没堰的水流在离开堰顶时水面升高一个高度 $Z$,这一高度称为反弹高度或复跃高度,这是由于堰顶上的流速大于下游渠道中的流速的缘故。根据别列金斯基的研究:

$$Z = \left(0.30 - \frac{K'-1.30}{3.22K'-3.65}\right)h_k \quad (7-19)$$

式中:$K' = \dfrac{H_2}{h_k}$。

淹没式出流的流量可按下式计算:

$$Q = bH_2\varphi\sqrt{2g(H_0-H_2)} \quad (7-20)$$

堰前水头 $H_0$ 由于受到下游水流的顶托而抬高,即比自由式出流时要大一些。$\varphi$ 为考虑阻力(主要决定于进口形状),进口为圆时,$\varphi = 0.92$;进口为直角时,$\varphi = 0.85$。

淹没式出流的流量也可按下式计算:

$$Q = \sigma mb\sqrt{2g}H_0^{3/2} \quad (7-21)$$

式中:$\sigma$——淹没系数,可按表7-1确定;

$m$——流量系数,可按式(7-16)和式(7-17)确定。

淹没系数 $\sigma$ 值　　　　　表7-1

| $\dfrac{H_2}{H_0}$ | 0.80 | 0.82 | 0.84 | 0.86 | 0.88 | 0.90 | 0.92 | 0.94 | 0.96 | 0.98 |
|---|---|---|---|---|---|---|---|---|---|---|
| $\sigma$ | 1.00 | 0.99 | 0.97 | 0.95 | 0.90 | 0.84 | 0.78 | 0.70 | 0.59 | 0.40 |

**2. 有侧收缩淹没式宽顶堰**

如果堰前渠道宽度 $B$ 大于堰顶宽度 $b$,则水流流进堰后,在侧壁发生分离,即进口发生收缩,使堰流的过水断面有效宽度 $b_c$ 小于 $b$,如图 7-12 所示,同时也增加了局部水头损失,使流速减少,堰的过水能力也降低。用侧收缩系数 $\varepsilon$ 反映上述影响,则淹没式宽顶堰流量公式为:

$$Q = \varepsilon b\sigma m\sqrt{2g}H_0^{3/2} = b_c\sigma m\sqrt{2g}H_0^{3/2} \quad (7-22)$$

式中:$b_c = b\varepsilon$ 称为收缩宽度,收缩系数 $\varepsilon$ 由实验资料得经验公式:

$$\varepsilon = 1 - \frac{\xi}{\sqrt[3]{0.2+\dfrac{P}{H}}}\sqrt[4]{\dfrac{b}{B}}\left(1-\dfrac{b}{B}\right) \quad (7-23)$$

式中:$\xi$——墩形系数,矩形边缘 $\xi = 0.19$,圆形边缘 $\xi = 0.1$;

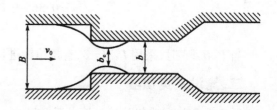

图7-12 有侧收缩淹没式宽顶堰

$b$、$B$——堰顶渠道和堰上水面宽度,当 $b/B < 0.2$ 时,采用 $b/B < 0.2$。

[**例 7-2**] 有一矩形宽顶堰,槛高 $P = 1\text{m}$,堰顶水头 $H = 2\text{m}$,堰宽 $b = 2\text{m}$,引水渠道宽 $B = 8\text{m}$,堰下游水深 $h_t = 1\text{m}$。试求堰的泄流量,设行近流速略去不计。

**解:** 因 $B > b$,故为有侧收缩堰。

设:行近流速 $v_0 = 0$,则 $H_0 = H = 2\text{m}$。

(1) 首先判别此堰是自由式或淹没式

因下游水深 $h_t = 1\text{m}$,故 $H_2 = h_t - P = 1 - 1 = 0$,而 $0.8H_0 = 0.8 \times 2 = 1.6\text{m}$,即 $h_t < 0.8H_0$,则为自由式出流宽顶堰。

(2) 计算流量系数 $m$

因 $P/H = 1/2 = 0.5 < 3$,应按式(7-16)计算 $m$:

$$m = 0.32 + 0.01 \frac{3 - \dfrac{P}{H}}{0.46 + 0.75 \dfrac{P}{H}} = 0.32 + 0.01 \times \frac{3 - \dfrac{1}{2}}{0.46 + 0.75 \times \dfrac{1}{2}} = 0.3499$$

(3) 计算侧收缩系数 $\varepsilon$

因边墩为矩形边缘,$\xi = 0.19$,由式(7-23)得:

$$\varepsilon = 1 - \frac{\xi}{\sqrt[3]{0.2 + \dfrac{P}{H}}} \sqrt[4]{\dfrac{b}{B}} \left(1 - \dfrac{b}{B}\right) = 1 - \frac{0.19}{\sqrt[3]{0.2 + \dfrac{1}{2}}} \sqrt[4]{\dfrac{2}{8}} \left(1 - \dfrac{2}{8}\right) = 0.8865$$

(4) 计算堰的泄流量

因为自由式宽顶堰,故 $\sigma = 1.0$

$$Q = \varepsilon m b \sqrt{2g} H^{3/2} = 0.8865 \times 0.3499 \times 2 \sqrt{19.6} \times 2^{3/2} = 7.768 (\text{m}^3/\text{s})$$

【**习题**】

7-1 矩形薄壁堰,流量为 $100\text{L/s}$,$B = b = 0.4\text{m}$,$P = 0.3\text{m}$,不淹没。求堰前水头 $H$。

7-2 梯形薄壁堰自由出流,$b = 1.0\text{m}$,$H = 0.3\text{m}$,$\theta = 28°$。求流量。

7-3 不淹没、无侧收缩的标准宽顶堰,$P = H = 1\text{m}$,$b = 2\text{m}$,矩形棱角进口,行近流速不计。求流量。

7-4 试求无侧收缩矩形薄壁堰的宽度 $b$,此时堰前水头 $H = 0.63\text{m}$,堰高 $P = 0.6\text{m}$,下游水深 $h_t = 0.6\text{m}$,泄水流量 $Q = 3.0\text{m}^3/\text{s}$。

7-5 求流经圆角进口宽顶堰的流量 $Q$(不计行近流速)。已知:堰前水头 $H = 1.5\text{m}$,槛高 $P = 0.5\text{m}$,堰宽 $b = 2\text{m}$,引水渠宽 $B = 8$,堰下游水深 $h_t = 1.2\text{m}$。

# 第八章
# 小桥与涵洞水力计算

**【学习目的与要求】**

通过"小桥与涵洞水力计算"学习，了解小桥涵水力计算的目的，掌握水流通过小桥、涵洞的图式，掌握小桥、涵洞的孔径水力计算，熟悉跌水和急流槽的水力计算。

这里所说的小桥是指桥孔比河水水面窄，且河底比较坚固或经过加固不能冲刷的小桥。桥孔与水面同宽的小桥对水流无扰动，不需计算；桥下可冲刷的小桥与大中桥同样需计算。小桥和涵洞一般不允许桥下和涵内的河底发生冲刷，但允许有较大的壅水高度，通常都采用人工加固的方法，提高河床的容许流速，以达到适当缩减孔径的目的。小桥涵水力计算的目的，在于合理确定桥涵孔径的大小、河床加固的类型和尺寸、壅水高度、桥涵处路基和桥涵顶面的最低标高。

## 第一节 小桥水力计算

### 一、小桥泄流的淹没标准

当桥孔压缩河槽时，水流受到桥头路堤和桥梁墩台的挤束，桥前水位抬高，产生壅水，桥下水面降低,出现收缩断面。

小桥的水流图式与无槛宽顶堰相同,可采用宽顶堰理论作为小桥水力计算的理论依据。但是小桥的水流长度较短,坡度的影响较小,收缩断面淹没的可能性较大。通常将桥下水流分为自由出流与淹没出流两类,其判别标准称为淹没标准。

如图8-1所示,水流进入桥孔后,在进口附近产生收缩断面,其水深 $h_c < h_k$($h_k$ 为桥孔中的临界水深),有:

$$h_c = \psi h_k \tag{8-1}$$

式中:$\psi$——进口形状系数,非平滑进口取 $\psi = 0.75 \sim 0.80$,平滑进口取 $\psi = 0.80 \sim 0.89$。为简化计算,通常可取 $\psi = 0.9$。

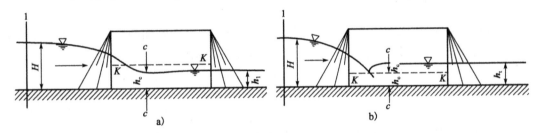

图 8-1 小桥过流图式
a)自由出流;b)淹没出流

小桥墩台对过流产生影响,使实际过流宽度缩小,用侧向收缩系数 $\varepsilon$ 反映桥孔的有效过流宽度 $B_c$,即:$B_c = \varepsilon B$,其中 $B$ 为桥孔净宽。小桥侧收缩系数 $\varepsilon$ 由实验确定,见表8-1。

表 8-1 小桥侧收缩系数 $\varepsilon$ 及流速系数 $\varphi$

| 桥台形状 | $\varepsilon$ | $\varphi$ |
| --- | --- | --- |
| 单孔桥,锥坡填土 | 0.90 | 0.90 |
| 单孔桥,有八字翼墙 | 0.85 | 0.90 |
| 多孔桥,或无锥坡,或桥台伸出锥坡之外 | 0.80 | 0.85 |
| 拱脚淹没的拱桥 | 0.75 | 0.80 |

对于矩形断面桥孔,有:

$$\left. \begin{array}{l} h_k = \sqrt[3]{\dfrac{\alpha Q^2}{(\varepsilon B)^2 g}} = \dfrac{\alpha v_k^2}{g} \\ Q = m(\varepsilon B)\sqrt{2g}\, H_0^{3/2} \end{array} \right\}$$

从而得到:

$$h_k = \sqrt[3]{2\alpha m^2}\, H_0 \tag{8-2}$$

式中:$m$——流量系数。

若取 $\alpha = 1.0$,$m$ 取宽顶堰流量系数的平均值,即 $m = 0.3442$,得:

$$h_k = 0.6188 H_0$$
$$1.3 h_k = 0.8044 H_0 \approx 0.8 H_0$$

对照宽顶堰的淹没标准,设小桥下游水深为 $h_t$,则

自由出流        $h_t < 1.3 h_k$

淹没出流        $h_t \geqslant 1.3 h_k$

小桥的泄流能力可按下式计算：

$$\left. \begin{array}{l} 自由出流 \quad Q = \varepsilon B_c h_c v_c = \varepsilon \psi B h_k v_{\max} \\ 淹没出流 \quad Q = \varepsilon B h_t v_{c-c} = \varepsilon B h_t v_{\max} \end{array} \right\} \tag{8-3}$$

式中：$v_c$——收缩断面流速（$v_c > v_k$）；

$v_{c-c}$——淹没出流时，收缩断面处的流速（$v_{c-c} < v_k$）；

$v_{\max}$——容许不冲刷流速，见表 5-4。

## 二、小桥临界水深计算

小桥桥孔中的临界水深一般不等于上下游的临界水深，桥下收缩断面的断面平均流速最大，取 $v_c \leqslant v_{\max}$，按临界流计算，将式（8-3）代入临界水深公式得：

$$h_k = \frac{\alpha \psi^2 v_{\max}^2}{g}$$

$$v_k = \psi v_{\max}$$

此外，桥孔中的临界水深也可由进口阻力条件及桥前水深求得。式（8-2）中的流量系数表示为：

$$m = \varphi k \sqrt{1-k}$$

$$k = \frac{h_c}{H_0} = \frac{h_c h_k}{h_k H_0} = \varphi \frac{h_k}{H_0}$$

则得：

$$h_k = \frac{2\alpha \varphi^2 \psi^2}{1 + 2\alpha \varphi^2 \psi^3} H_0 \tag{8-4}$$

其中

$$H_0 = H + \frac{\alpha_0 v_0^2}{2g}$$

式中：$H$——桥前水深；

$\varphi$——流速系数，可查表 8-1；

$v_0$——桥前行近流速。

求得桥孔临界水深后，即可由下游水深 $h_t$ 判别小桥的出流状态。下游水深和桥前水深计算方法如下：

（1）下游水深 $h_t$

一般按正常水深 $h_0$ 计算，可根据已知的设计流量 $Q$ 及河槽特征，按明渠均匀流计算。先假定一个水深 $h_1$，从河槽断面图上量得过水面积 $\omega$ 和水力半径 $R$，按谢才—曼宁公式计算相应的流量 $Q_1$，若计算的流量与设计流量相差不大（一般不得超过 10%），则假定的水深即可作为所求的正常水深，否则需要新假定水深进行计算，直到符合要求为止。

（2）桥前水深 $H$

①自由出流

桥下流速以收缩断面水深 $h_c$ 控制。

以矩形断面计算的公式:

$$H = \psi h_k + \frac{v_k^2}{2g\varphi^2\psi^2} - \frac{\alpha_0 Q^2}{2gA_0^2} \tag{8-5}$$

式中:$v_k$——临界流速,可取 $v_k = \psi v_{max}$;
$A_0$——上游行近流速对应的断面面积,$A_0 = A_0(H)$;
其他符号同前。

式(8-5)的求解需用试算法。通常式中可取 $\alpha_0 = 1$,$\Psi = 0.9$。

以梯形断面计算时,桥下临界水深需试算求解,请参考第五章有关内容。

②淹没出流

由于桥下收缩断面淹没,桥下水深与下游水深接近相等,桥的泄水能力降低,桥前水深比自由出流时的桥前水深要大。但桥下流速相应减小,有利于桥下河床加固材料的选择。桥前水深 $H$ 的计算公式为:

$$H = h_t + \frac{v_{max}^2}{2g\varphi^2} - \frac{\alpha_0 Q^2}{2gA_0^2} \tag{8-6}$$

同样,$H$ 通过试算求得。

### 三、小桥桥孔长度计算

桥孔长度是指设计水位上两个桥台之间的最大间距。小桥可有单跨和多跨两类,桥孔长度取决于桥下水面宽度、桥墩宽度、上部结构底面对水面的超高及桥孔断面形状。小桥水力计算任务是统一解决孔径、桥下流速和桥前水深之间的矛盾。处理的原则和解决的办法通常是通过设计流量时,按临界水流状态设计,根据天然河床土质情况或加固河床的类型选择确定允许流速,再根据设计流量计算孔径大小和桥前壅水水深,然后与允许的桥前水深值比较,从而判断是否要调整孔径大小。若桥前壅水水深超过实际允许的桥前水深值,则应增大孔径,使桥前壅水水深降低至允许值。

1. 自由出流

桥孔泄流呈急流状态,且有 $h_c = \psi h_k$,$v_c = v_k/\psi$,全桥孔水深 $h < h_k$,按临界流计算,考虑侧收缩的影响,有:

$$\frac{A_k^3}{\varepsilon B_k} = \frac{\alpha Q^2}{g}$$

如图 8-2a)所示,桥孔长度为 $L$。

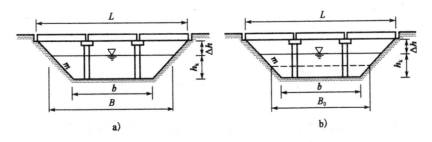

图 8-2 桥孔长度

将 $A_k = \dfrac{Q}{v_k}$, $v_k = \psi v_c = \psi v_{max}$ 代入上式,得:

$$B_k = \frac{gQ}{\alpha \varepsilon v_k^3}$$

(8-7)

$$B = \frac{gQ}{\alpha \varepsilon \psi^3 v_{max}^3} + Nd$$

$$L = B + 2m\Delta h \tag{8-8}$$

式中:$B_k$——临界流时的水面宽度,m;
$\quad B$——桥下水面宽度,m;
$\quad \varepsilon$——侧收缩系数;
$\quad v_{max}$——容许不冲刷流速,m/s;
$\quad m$——桥台边坡系数,矩形桥孔 $m=0$;
$\quad \Delta h$——净空高度,m,按有关规范取值;
$\quad N$——桥墩数,单孔时 $N=0$;
$\quad d$——桥墩宽度,m。

2. 淹没出流

当桥下水流为淹没式出流[图 8-2b)],桥下水深为天然水深,计算孔径时可先求出桥下过水断面的平均宽度(将梯形断面概化为矩形断面):

$$A = \varepsilon \bar{B} h_t$$

$$\bar{B} = \frac{A}{\varepsilon h_t} = \frac{Q}{\varepsilon h_t v_{max}} \tag{8-9}$$

从而得:

$$L = \bar{B} + Nd + 2m\left(\frac{1}{2}h_t + \Delta h\right) \tag{8-10}$$

式中符号意义同式(8-8)。

3. 小桥轴线与流向斜交的桥孔净长 $L_j$

当桥轴线与主流方向斜交,偏角为 $\theta$,桥孔净长需要折算:

$$L_j = \frac{L_a}{\cos\theta} \tag{8-11}$$

式中:$L_a$——有效过流宽度。

需要指出的是,根据上述计算而求得孔径长度后,应参照计算结果选用标准跨径长度,选用标准跨径后的净跨径长度要大于或等于计算出的孔径长度。由于选用的净跨径长度往往与计算值不等,为此还应重新计算 $h_k$,验算桥下出流状态有无变化,如有变化需重新设定,直至满足条件。

## 第二节 涵洞水力计算

涵洞与小桥相比,其特点是孔径小,孔道长,河沟底往往具有较大的纵坡,涵前水深可以高于涵洞高度。涵洞长度随路基填土高度增加而增长,洞身断面尺寸对工程量影响较大。在计算涵洞孔径时,要求跨径与台高有一定的比例关系,按经济比例常取 1:1~1:1.5。因此,涵洞孔径计算除解决跨径尺寸外,还应从经济出发确定涵洞的台高。

通常可采用加固河床、提高容许流速的办法来减小涵洞孔径,但这一措施会使涵前水深增大危及涵洞和路堤的安全。因此,控制涵前水深,满足泄流要求和具有合适断面高、宽比例,是涵洞孔径计算的基本要求。

### 一、涵洞的水流图式

涵洞进口的构造分为升高式和不升高式两种(图 8-3)。升高式洞口的进口升高部分与水流进入涵洞的水面形状相似,泄水能力较强,但其结构比较复杂。进口不升高的涵洞,其全部高度相同,泄水能力较差。

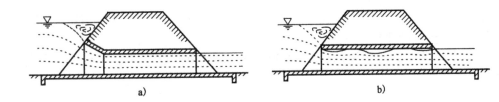

图 8-3 两种进口方式
a)升高式；b)不升高式

根据涵洞进水口的形式与涵前水头高低,可将涵洞的水流图式分为无压力式、半压力式和压力式三种(图 8-4)。

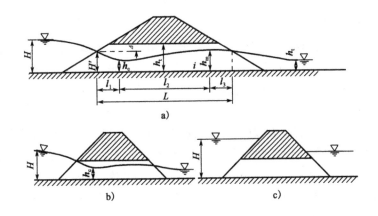

图 8-4 涵洞水流图式
a)无压力式涵洞；b)半压力式涵洞；c)压力涵洞

1. 无压力式涵洞

涵洞上下游和涵洞内部的水面连续不断,保持自由水面,称为无压力式涵洞,如图 8-4a)。设涵前水深为 $H$,下游水深 $h_t$,涵洞净高为 $h_T$,则无压涵洞要求：

(1) $h_t < h_T$;

(2) 洞口不升高, $H < 1.2 h_T$;洞口升高, $H < 1.4 h_T$。

涵洞的孔径一般比涵洞上下游河道的水面宽度要窄得多,水流进入涵洞时水面急剧降落而在进口以后不远处形成一个收缩断面,收缩断面以前的涵洞与无槛宽顶堰相同。收缩以后的涵洞,可看作明渠。因为涵洞底坡 $i$ 一般都大于零,当 $i=0$ 时为平坡涵,涵洞内易积水,影响路基稳定,工程中尽量避免采用。现分以下三种情况说明涵洞内的水流特点。

第一类:缓坡涵洞,$i < i_k$

缓坡涵洞的水流如图 8-5 所示。

图 8-5a)所示是很短的涵洞,水流进入涵洞后水面急剧降落,约在进口后 $1.5H$ 处形成一个收缩断面,收缩断面水深约为 $0.9h_k$。收缩断面以后形成 $c_1$ 型壅水曲线,一直延伸到距出口断面 $2h_k \sim 5h_k$ 为止,然后水面开始下降,出口处的水深约为 $0.75h_k$。出口以后水面继续降落与下游水面相连接。

图 8-5b)所示是稍长一些的涵洞,由于涵洞内阻力增大,水深也随之增大,$c_1$ 型壅水曲线消失,在收缩断面以后直接形成波状水跃,出口前还可能形成一段很短的 $b_1$ 型降水曲线,出口附近的水面与图 8-5a)相同。

图 8-5c)所示是很长的涵洞,收缩断面被淹没,收缩断面以后的全部水面均为 $b_1$ 型降水曲线。

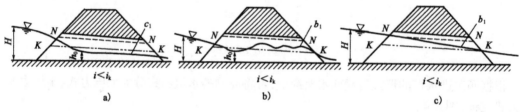

图 8-5 缓坡涵洞

第二类:临界坡涵洞,$i = i_k$

如图 8-6c)所示。收缩断面以后形成 $c_3$ 型壅水曲线。如果涵洞较短,则壅水曲线末端的水深可小于 $h_k$;如果涵洞较长,则涵洞中部可形成一段均匀流,它的水深等于 $h_k$。出口前水面开始下降,直至出口后与下游水面相连接。

第三类:陡坡涵洞,$i > i_k$

如图 8-6a)所示。当涵洞底坡仅略大于 $i_k$,但 $h_0 > h_c$ 时,涵洞的收缩断面后出现 $c_2$ 型壅水曲线。若涵洞较短,壅水曲线可延伸到出口附近,水深接近于 $h_0$ 为止,而后水面略有降低而与下游水面相连接;若涵洞较长,则涵洞中部可出现一段均匀流,它的水深等于 $h_0$。

当涵洞坡度较大,如图 8-6b)所示。$h_0 < h_c$ 时,则涵洞的收缩断面后出现 $b_2$ 型降水曲线,涵洞出口水深等于或略大于 $h_0$,视涵洞长短而定。

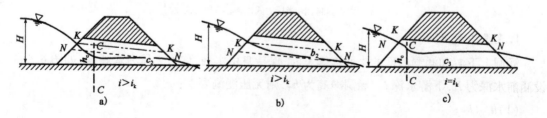

图 8-6 陡坡及临界坡涵洞

## 2. 半压力式涵洞

进口不升高的涵洞,当下游洞口不淹没、涵前水深 $H > 1.2h_T$ 时,仅涵洞进口被水流淹没,称为半压力式涵洞,如图 8-4b)所示。水流进入涵洞时,水面从洞顶脱离并急剧降落,约在进口后 $2h_T \sim 3h_T$ 处形成收缩断面,它的水深小于临界水深,约等于涵洞高度的 60%,收缩断面以前的水流与闸门下的出流相同,收缩断面以后的水流,属于明渠非均匀流。

半压力式涵洞,当底坡 $i < i_k$ 时,涵洞收缩断面以后形成波状水跃,波动的水面与洞顶断续接触,使收缩断面顶部的压强断续出现真空,这种水流很不稳定,工程上一般要避免。当底坡 $i \geqslant i_k$ 时,涵洞收缩断面以后的水流与无压力式涵洞类似,水面是 $c_2$ 或 $b_2$ 型曲线,当涵洞很长时可出现一段均匀流。

## 3. 压力式涵洞

压力式涵洞是水流淹没涵洞进口,整个涵洞的断面都充满水的涵洞,如图 8-4c)所示。

对进口升高的涵洞,当涵前水深 $H > 1.4h_T$ 时,且涵洞底坡不大或下游洞口淹没时才能形成。对进口不升高的涵洞,当进出口都淹没且涵洞很长时,也有可能形成有压力式水流。但这种情况下水流很不稳定,工程上仍按半压力式计算。

下游洞口淹没的涵洞,由于上下游水头差一般不大,因而涵洞的泄水能力不大。下游水位比涵洞顶低时,出口断面的水面可能脱离洞顶而形成半压力式水流。为了保证全断面充满水,应使涵洞的底坡不大于摩擦坡。摩擦坡是涵洞的均匀流水深恰好等于涵洞高度时所具有的底坡,用下式计算:

$$i_w = \frac{Q^2}{C^2 R \omega^2} = \frac{n^2 Q^2}{\omega^2 R^{\frac{4}{3}}} \tag{8-12}$$

## 二、涵洞的水力计算

涵洞的流量一般是已知的,所以涵洞的水力计算目的是要确定涵洞的孔径和高度、涵前和涵洞内的水深和流速、涵洞的底坡等。

### 1. 无压力式涵洞的水力计算

对于无压力式涵洞,当底坡等于或大于临界坡时,收缩断面一般是不淹没的。这种涵洞的孔径和涵前水深都比较小,且不受涵洞内部水流变化的影响,工程上多采用这种涵洞。当坡度较小、致使收缩断面淹没时,涵前和涵洞内的水深都随之增大,要求涵洞的高度增加,或者增大孔径,相应的工程造价也高。为了避免这种情况,工程上通常将涵洞底坡增大到临界坡来解决。因此,工程中小于临界坡的涵洞尽量少采用。

无压力式涵洞的孔径计算,常以进口附近水深恰为 $h_k$ 处(或收缩断面处)的水流断面及涵前断面列出能量方程,来推算过涵流量和涵前水深。

涵洞的过流流量应为:

$$Q = \varepsilon \varphi \omega_k \sqrt{2g(H_0 - h_k)} \tag{8-13}$$

$$v_k = \frac{Q}{\varepsilon \omega_k} \tag{8-14}$$

$$H_0 = h_k + \frac{v_k^2}{2g\phi^2} \tag{8-15}$$

$$H = H_0 - \frac{v_0^2}{2g} \tag{8-16}$$

按进口条件计算：
$$h_k = \frac{2\alpha\varphi^2\psi^2}{1 + 2\alpha\varphi^2\psi^3} H_0 \tag{8-17}$$

按防冲条件计算：
$$h_k = \frac{\alpha\psi^2 v_{max}^2}{g} \tag{8-18}$$

以上式中：$Q$——过涵流量，$m^3/s$；

$\quad\quad h_k$——涵洞进口附近的临界水深，m；

$\quad\quad v_k$——涵洞进口附近的临界流速，m/s；

$\quad\quad \omega_k$——涵洞进口附近的过水面积，$m^2$；

$\quad\quad \varepsilon$——压缩系数，考虑涵洞进口对水流的侧向压缩，无压力式涵洞取 $\varepsilon = 1$；对于拱涵，有进口升高者 $\varepsilon = 1$，无进口升高者取 $\varepsilon = 0.96$；

$\quad\quad \psi$——进口形状系数，常取 $0.9 \sim 1$；

$\quad\quad \alpha$——流速分布系数，取 $\alpha = 1$；

$\quad\quad \varphi$——流速系数，箱涵、盖板涵 $\varphi = 0.95$，圆管涵 $\phi = 0.85$；

$\quad\quad H_0$——涵前总水头，m；

$\quad\quad H$——涵前水深，m；

$\quad\quad v_{max}$——涵底允许最大流速，m/s。

根据已知条件，利用上述公式，可计算涵洞的水力要素。实用上，为了简化计算，涵洞的孔径多数采用标准图的水力计算图表资料，从表中可直接查出主要的水力要素，其中涵前水深常按水面降落系数 $\beta$ 计算：

$$\beta = \frac{H'}{H} = \frac{h_T - \Delta}{H}$$
$$H = \frac{h_T - \Delta}{\beta} \tag{8-19}$$

式中：$H'$——涵洞进口水深，m；

$\quad\quad \Delta$——涵洞净空高度，按设计规范确定。

有关计算表请参考《公路桥涵设计手册·涵洞》。

2. 半压力式涵洞的水力计算

半压力式涵洞的水力计算，常以收缩断面与涵前断面列能量方程求解，其公式为：

$$v_c = \varphi\sqrt{2g(H_0 - \varepsilon h_T)} \tag{8-20}$$
$$H_0 = H + \frac{Q^2}{2g\omega_0^2}$$

式中：各符号的意义同前。

在计算中应检查是否符合进口淹没条件。

3. 压力式涵洞的水力计算

压力式涵洞的过流能力一般按短管水力计算确定，其基本公式为：

$$Q = \omega\phi\sqrt{2g[H - l(i_w - i) - h_T]} \tag{8-21}$$

式中：$l$——涵洞长度，m；

$i$——涵洞底坡；

$i_w$——涵洞的摩擦底坡，按均匀流计算；

其他符号的意义同前。

[**例 8-1**] 涵洞长 $L=10\text{m}$，断面为圆形，$d=2\text{m}$，底坡 $i=0.003$，进口形式具有扩张角 $\theta=30°$ 的垂直八字形翼墙，进口处的洞底高程 $H_0=34\text{m}$，涵洞上游水位 $H_1=35.8\text{m}$，下游水位 $H_t=34.5\text{m}$，洞前水深 $H=1.8\text{m}$，该处河沟的过水面积 $\omega_0=10.8\text{m}^2$。求涵洞的泄水流量。

**解：**(1) 涵洞的泄流类型分析

进口洞顶高程：$H_I = H_0 + d = 34 + 2 = 36\text{m} > H_1 = 35.8\text{m}$，进口不被淹没。

出口洞顶高程：$H_E = H_I - iL = 35.8 - 0.003 \times 10 = 34.77\text{m} > H_t = 34.5\text{m}$，出口不被淹没。

可见涵洞为无压涵洞。

(2) 泄流量计算

取涵洞流量系数 $m=0.35$，

$$Q = mB_k\sqrt{2g}H_0^{3/2}$$

本例属非矩形断面，因 $Q$ 与 $B_k$ 有关，$H_0$ 与 $v_0$ 有关，需试算。

设 $H_{01} = H = 1.8\text{m}$，$B_k = 1.6\text{m}$，经检验，$Q_2$ 的精度满足要求，取涵洞的泄流流量 $Q = 6.07 \text{m}^3/\text{s}$。

$$Q_1 = mB_k\sqrt{2g}H_{01}^{\frac{3}{2}} = 0.35 \times 1.6 \times \sqrt{2g} \times 1.8^{\frac{3}{2}} = 5.987(\text{m}^3/\text{s})$$

$$v_{01} = \frac{Q_1}{\omega_0} = \frac{5.9872}{10.8} = 0.5544(\text{m/s})$$

$$H_{02} = H + \frac{\alpha v_{01}^2}{2g} = 1.8 + \frac{1 \times 0.5544^2}{2 \times 9.81} = 1.8157(\text{m})$$

$$Q_2 = mB_k\sqrt{2g}H_{02}^{\frac{3}{2}} = 6.0657(\text{m}^3/\text{s})$$

## 第三节 跌水和急流槽

山区的小桥涵，由于河流纵坡比较大，常采用跌水或急流槽将水引入桥涵，或将桥涵出口的水流引入下游河道中。

### 一、跌水

跌水的构造及其中的水流如图 8-7 所示，由于上下游渠道的高差比较大，水流从跌水墙跌落后，流速很大，为了减少渠道的加固工程，通常将跌水墙下游的渠道挖深，筑成一个静水池或者直接在渠道上修筑静水墙拦截水流，使水流跌落后，在很短的距离内形成淹没水跃，消去水流的多余能量，并将水流从急流转变为缓流，这样就可使水流平稳地进入下游渠道。

跌水的水力计算一般要确定两个数值，即静水池的深度（或静水墙的高度）和静水池的长度。跌水的宽度一般比渠道稍窄与邻近的桥涵孔径大致相仿，按构造要求确定就可以。至于跌水的高度，一般由桥涵所在位置的地形条件确定，也不属于计算范围。下面以过水断面为矩形的跌水为例,说明静水池的计算方法。

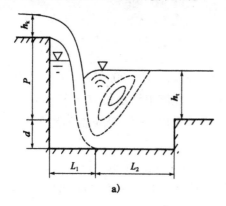 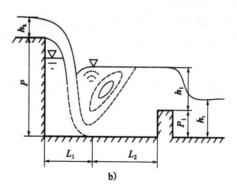

图 8-7 跌水构造
a)静水池; b)静水墙

(1)先估计一个静水池的下挖深度 $d$。

(2)计算收缩断面的水深和流速。写出墙顶断面和收缩断面的能量方程:

$$(d+P) + h_k + \frac{v_k^2}{2g} = h_c + \frac{v_c^2}{2g} + \zeta \frac{v_c^2}{2g}$$

由于小桥涵附近的跌水不大,计算可简略些。墙顶水深可近似采用 $h_k$,这样 $h_k + \frac{v_k^2}{2g} = 1.5 h_k$; $h_c$ 和 $v_c$ 都是未知数,可先假定 $h_c \approx \frac{1}{2} h_k$,待求得 $h_c$ 后再进一步改正;两断面之间水流阻力很小, $\zeta \approx 0$。将这些数值代入上式后可得:

$$v_c = \sqrt{2g(d + P + 1.5 h_k - h_c)} \tag{8-22}$$

式中,
$$h_k = \sqrt[3]{\frac{Q^2}{B^2 g}}$$

由上式可得:
$$h_c = \frac{Q}{B v_c}$$

(3)计算 $h_c$ 的水跃共轭水深 $h_c''$

$$h_c'' = \frac{h_c}{2} \left[ \sqrt{1 + 8\left(\frac{h_k}{h_c}\right)^3} - 1 \right]$$

(4)验算假定的池深是否合适。为了使静水池内的水跃能充分淹没,应使 $h_t + d$ 略大于 $h_c''$,通常采用:

$$h_t + d = 1.1 h_c'' \tag{8-23}$$

若这一式成立,则假定的池深是合适的。

若这一式不成立,则应适当调整池深重新计算,直到等式成立为止,这时的 $d$ 就是所求得池深。

(5)计算射流的射程。射流的射程按平抛物体公式计算:

$$L_1 = v_k t$$

$$d + P + \frac{h_k}{2} = \frac{1}{2}gt^2$$

将上两式中的 $t$ 消去,可得:

$$L_1 = v_k \sqrt{\frac{2d + 2P + h_k}{g}} \tag{8-24}$$

(6)水跃长度计算。静水池内的水跃是一种强迫形成的水跃,它的长度比一般水跃要短一些,可用下式计算:

$$L_2 = 3(h''_c - h_c) \tag{8-25}$$

(7)静水池长度应为上列两个长度之和,即

$$L = L_1 + L_2$$

若采用静水墙以形成淹没水跃时,计算方法与上述类似。静水墙可看做是实用堰,堰顶上的水深 $H_1$ 可按下式计算:

$$H_1 = \left(\frac{Q}{m\sqrt{2g}\,b}\right)^{\frac{2}{3}} \tag{8-26}$$

式中:$m$——堰的流量系数,$m = 0.42$。

静水墙的高度 $P_1$ 应满足下列条件:

$$H_1 + P_1 = 1.1 h''_c \tag{8-27}$$

其他计算与静水池类似($d = 0$)。但静水墙的水流跌落后,水流的能量若仍很大,则需要在下游再筑一道静水墙消能,直至与下游水流平顺连接为止。

## 二、急流槽

急流槽是以陡坡水槽的形式将两条高低不同的渠道相连的构造物,如图8-8。

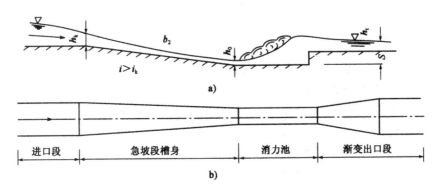

图 8-8 急流槽
a)剖面图;b)平面图

急流槽上游渠道的水流进入陡槽顶部的水深约等于临界水深,以后水面下降形成 $b_2$ 型降水曲线。若急流槽很长,则末端附近可出现均匀流。急流槽末端的水深很小,水流处于急流状态,为了消减水流多余的能量,在急流槽末端设置静水池或静水墙,以形成淹没水跃,然后与下游水流连接。

急流槽的水力计算目的是要确定急流槽内的水深、流速和急流槽末端静水池或静水墙的

尺寸。急流槽的宽度一般与桥涵孔径大致相仿,不属于计算范围。

急流槽顶端的水深可近似定为临界水深,此后水面为 $b_2$ 型降水曲线,最后可能出现均匀流水深,降水曲线范围的各断面水深可按分段求和法计算,即将急流槽沿程分为若干段,每段给定水深,然后按下式计算两断面之间的长度:

$$\Delta L = \frac{E_{s2} - E_{s1}}{i - J} \tag{8-28}$$

但由于急流槽的坡度很大,按上式计算时要注意下列几个问题:

(1)断面比能中的比势能部分要按断面在铅直方向的投影水深计算。

(2)断面中由于流速分布很不均匀,比动能中的动能修正系数 $\alpha = 1.1$。

(3)由于急流槽中流速很大,水流中含有大量气泡。使水深增大,流速减小,这种水流称为掺气水流,曼宁公式的粗糙系数按下式修正:

$$n_c = an \tag{8-29}$$

式中:$n_c$——掺气后的粗糙系数;

$n$——掺气前的粗糙系数;

$a$——掺气系数,当急流槽坡度 $i = 0.1 \sim 0.2$ 时,$a = 1.33$;当 $i = 0.2 \sim 0.4$ 时,$a = 1.33 \sim 2.0$;当 $i = 0.4 \sim 0.6$ 时,$a = 2.0 \sim 3.33$。

(4)若计算降水曲线长度超过急流槽长度,则急流槽末端水深可按降水曲线内插求得。若降水曲线比急流槽短,则急流槽末端水深采用均匀流水深。

急流槽末端以后设置静水池或静水墙,池和墙的尺寸除 $L_1 = 0$ 外,其余与跌水中所述计算方法完全相同。

## 【习题】

8-1 小桥的水流图式有哪几种?其孔径计算的理论依据是什么?

8-2 涵洞的特点是什么?其水流图式有哪几种?

8-3 已知矩形断面的小桥,桥台间净距 $b = 10\text{m}$,$Q = 32\text{m}^3/\text{s}$,$\varepsilon = 0.90$,$\varphi = 0.95$,$h_{tt} = 1.3\text{m}$,求桥前水深 $H$,桥下流速 $v$;若 $h_{tt} = 1.5\text{m}$ 时,求桥前水深 $H$,桥下流速 $v$。

8-4 已知无升高管节的石盖板涵,净跨 $L_0 = 1.5\text{m}$,净高 $h_T = 2\text{m}$,糙率 $n = 0.016$,容许最大出口流速 $v_{max} = 4.5\text{m/s}$,试确定此涵洞的上游积水深度 $H$、流量 $Q$、临界水深 $h_k$、临界流速 $v_k$、临界底坡 $i_k$、收缩断面水深 $h_c$、收缩断面流速 $v_c$ 及出口流速为 $v_{max}$ 的相应底坡 $i_{max}$。

8-5 矩形宽渠道,单宽流量 $q = 1.5\text{m}^3/\text{s}$,上下渠高差 $P = 3\text{m}$,下游渠道正常水深 $h_0 = 1.2 h_k$,试计算跌水静水池深度及长度。

8-6 上题中若改用急流槽($i = 0.40$, $n = 0.017$)结果如何?槽中最大流速是多少?

# 第九章 渗 流

**【学习目的与要求】**
通过"渗流"学习,了解渗流的概念及渗流的理论,熟悉无压均匀渗流的主要特点,掌握无压恒定渐变渗流的基本微分方程及渐变渗流浸润线类型的定性分析,了解渐变渗流在工程中的应用。

## 第一节 概　　述

土壤中的水可以处于下列不同状态:
(1)气态水:以水蒸气的状态存在于土壤的孔隙中。
(2)附着水:凝结于土壤颗粒表面的水,本身不能移动。
(3)薄膜水:以一层薄膜状的水包围着土壤的颗粒表面,可沿颗粒表面缓慢移动。
(4)毛细管水:充满土壤中的部分孔隙,受表面张力和重力的作用可缓慢移动。
(5)重力水:充满土壤孔隙的全部,在重力作用下向低处流动。
在水力学中只研究重力水的流动规律,称为渗流。
渗流的理论对利用或排除地下水及对解决与孔隙中液体流动有关的工程问题具有重要的

意义。但目前只能对比较简单的问题做理论上的近似解决,对于比较复杂的问题只能用半理论或实验的方法解决。

土壤颗粒及其孔隙的形状和尺寸等都极不规则并且随地而异,因此水在这些孔隙中流动情况也极为复杂。但工程上一般并不需要去了解每一个孔隙中液体流动的情况,而只需要知道渗流在一个较大的范围内(如一个断面、一个空间等)的平均规律,这就使渗流的研究工作大为简化。

渗流和地面以上的水流(明渠和管流等)有很多类似之处可以相互对照。

为了研究方便,通常假象渗流是连续的液体,它充满孔隙和土壤颗粒所占的全部空间,根据这一假定得出一个假象的渗流流速 $v$:

$$v = \frac{Q}{\omega} \tag{9-1}$$

式中:$v$——渗流流速;
   $Q$——渗流流量;
   $\omega$——土壤的横断面积,包括孔隙和土壤颗粒所占的全部面积。

显然渗流在土壤孔隙中的真实流速比这一数值大得多。

渗流也可分为恒定流和非恒定流、有压流和无压流动、均匀流和非均匀流、渐变流和急变流、层流和紊流。

层流渗流的基本定律于 1852～1855 年由法国学者达西得出,一般称之为达西定律。这一定律表明渗流流速 $v$ 与渗流的水力坡度 $J$ 的一次方呈正比,即:

$$v = kJ \tag{9-2}$$

式中:$k$——比例常数称为渗透系数,具有与流速相同的因次。

实验证明,达西定律在流速较小或者说在渗流的雷诺数很小的砂土中是正确的,即:

$$Re = \frac{vd}{\mu e^{1/3}} < 5 \tag{9-3}$$

式中:$d$——土壤颗粒的直径;
   $e$——土壤的孔隙率,即孔隙体积与土壤总体积的比值。

当 $Re > 5$ 渗流即属于紊流;当 $Re > 10\,000$ 时,渗流属于完全的紊流(即相当于阻力平方区),这时的渗流流速和水力坡度符合下式的关系:

$$v = k\sqrt{J} \tag{9-4}$$

由于一般土壤的颗粒极小、渗流流速也很小,所以自然界中的渗流几乎全部都属于层流,而完全的紊流只有在人工堆积的大石块堆中才出现。本章中所述的除了特别指明外都指恒定的层流而言。

渗透系数 $k$ 与土壤颗粒和孔隙的大小、形状以及液体的种类和温度有关,可以用下列方法求出:

(1)经验法:由实验或实测资料归纳出来的表或经验公式。表 9-1 列出不同土壤的渗透系数作为参考。

不同土壤的渗透系数 表9-1

| 土 壤 | 主要颗粒组的直径 $d$(mm) | 孔 隙 率 $e$ | 渗透系数 $k$(cm/s) |
|---|---|---|---|
| 粗砂 | 1.0~2.0 | | $(1~6) \times 10^{-2}$ |
| 细砂 | 0.05~0.5 | 0.30~0.40 | $(1~5) \times 10^{-3}$ |
| 砂壤土 | 0.01~0.05 | 0.35~0.45 | $(1~6) \times 10^{-4}$ |
| 黏壤土 | 0.005~0.01 | 0.35~0.50 | $(1~6) \times 10^{-5}$ |
| 黏土 | <0.005 | 0.45~0.55 | $(1~6) \times 10^{-6}$ |

(2)实验室测定法：在现场取土样后，采用达西渗透仪进行测定。但土样有限，难以反映土壤的真实情况。

(3)现场测定法：现场做实验，并且规模较大，费用高，但实验的结果比较精确。常用的方法之一是在钻井中抽水或压水，按有关计算公式计算试验范围内的平均渗透系数。

## 第二节 无压均匀渗流

无压均匀渗流在自然界中是很少存在的，但对研究无压渐变渗流时有重要的参照作用，现将它的主要特点作一些说明。

(1)由于渗流流速很小，流速水头可忽略不计，总水头线和测压管水头线（无压流动时即为水面线）相重合，因此在无压渗流中的水力坡度可用水面坡度来代替。无压均匀渗流的水面又和不透水层表面平行，因此水力坡度可用不透水层表面的坡度来代替，即：

$$J = i \tag{9-5}$$

(2)无压均匀流的所有流线都是平行于水面的直线，所有过水断面都是平行的平面，同一过水断面上的所有点的压强服从静水压强的分布规律，即：

$$z + \frac{p}{\gamma} = 常数 \tag{9-6}$$

(3)所有流速的水力坡度相同，均等于水面坡度或不透水层表面的坡度，因此所有流线的流速均相等，也就是说无压均匀流的流速分布图是矩形。

(4)所有过水断面的平均流速均等于点流速 $v = u = ki$，流量 $Q = \omega v = \omega ki$。

(5)渗流一般分布很宽，可以认为是平面问题，可以用单位宽度的特性数值来表示，即：

$$q = \frac{Q}{B} = h_0 ki \tag{9-7}$$

式中：$q$——单位宽度的流量；

$h_0$——均匀渗流的水深，当不透水层表面坡度不大时可用铅直水深来表示。

## 第三节 无压渐变渗流

### 一、渐变渗流的基本微分方程

渐变渗流是渗流在自然界中存在的普遍形式。无压渗流重力水的自由表面，称为浸润面。在平面问题中，称为浸润线。渐变渗流的流线是接近于平行的平缓曲线，过水断面接近于平

行,并且接近于一个平面,因此在同一断面中所有流线的水力坡度接近于相等,即:

$$J = -\frac{dH}{dl} \cong 常数 \tag{9-8}$$

式中:$H$——断面测压管水头;

$J$——水力坡度;

$l$——渗流的流程。

同一过水断面中所有点的流速接近相等,流速分布图接近于矩形,断面的平均流速可近似地用下式表示:

$$v = kJ \tag{9-9}$$

上式与达西定律的形式是完全相同的,但在渐变流中常称为裘皮尔公式,它于1863年提出,是渐变渗流的基本公式。

但应该注意渐变渗流的水力坡度$J$是沿程变更的,因此不同断面的流速不相同。

当不透水层表面坡度不很大时,渗流的水深可用铅直深度$h$代替。如图9-1所示有:

$$H = z + h$$

$$J = -\frac{dH}{dl} = -\left(\frac{dz}{dl} + \frac{dh}{dl}\right) = i - \frac{dh}{dl}$$

代入裘皮尔公式得:

$$v = k\left(i - \frac{dh}{dl}\right) \tag{9-10}$$

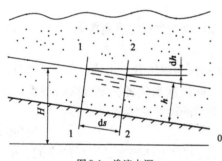

图9-1 渗流水深

$$q = khJ = kh\left(i - \frac{dh}{dl}\right) \tag{9-11}$$

式中:$i$——不透水层基底坡度;

$h$——渗流水深。

式(9-10)、式(9-11)即无压恒定渐变渗流的基本微分方程。

## 二、渐变渗流浸润线的基本特性

(1)渗流中,由于流速很小,流速水头可以忽略,测压管水头线与总水头线重合,有:

$$E_s = h + \frac{\alpha v^2}{2g} \approx h \tag{9-12}$$

上式表明,在渐变渗流中,断面比能等于水深,渗流中不存在临界水深$h_k$,但可有正常水深$h_0$。

(2)由于沿程有能量损失,浸润线恒沿程下降。

(3)当为均匀渗流时,有$J = J_p = i$,即水力坡度、测压管坡度和不透水层基底坡度三者相等,总水头线与测压管水头线重合,其浸润线是一条平行于不透水层基底的直线,沿程水深即正常水深$h_0$。

(4)均匀渗流只可能发生在顺坡($i > 0$)条件。

(5)由于渗流中不存在$h_k$,只有正常水深$h_0$,即只有$N$-$N$线,故渗流中只有$a$区与$b$区,即只有$a$型壅水曲线与$b$型降水曲线。

### 三、渐变渗流浸润线类型

1. 顺坡渗流 ($i>0$)

以 $q=h_0 ki$ 代入式(9-11)得：

$$\frac{dh}{dl}=i\left(1-\frac{h_0}{h}\right) \quad (9\text{-}13)$$

式(9-13)即顺坡渗流的浸润线方程。如图 9-2 所示可绘出 $N$-$N$ 线，有 $a_1$、$b_1$ 两区，浸润线只有 $a_1$ 和 $b_1$ 型。

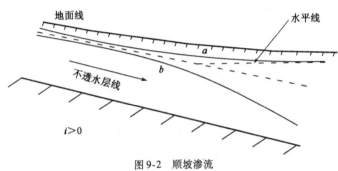

图 9-2 顺坡渗流

(1) $a_1$ 型浸润曲线

在 $a_1$ 区中，$h>h_0$，按式(9-13)有：

$$\frac{dh}{dl}>0$$

表明水深沿程增大，即 $a_1$ 型浸润曲线为壅水曲线。其上游端 $h\to h_0$，$dh/dl\to 0$，浸润线以 $N$-$N$ 线为渐近线；其下游端 $h\to\infty$，$dh/dl\to i$，浸润线以水平线为渐近线。

(2) $b_1$ 型浸润曲线

在 $b_1$ 区中，$h<h_0$，按式(9-13)有：

$$\frac{dh}{dl}<0$$

表明水深沿程减小，即 $b_1$ 型浸润曲线为降水曲线。其上游端 $h\to h_0$，$\frac{dh}{dl}\to 0$，浸润线以 $N$-$N$ 线为渐近线；其下游端 $h\to 0$，$dh/dl\to -\infty$，即浸润线与不透水层表面垂直。但当浸润线接近于不透水层时，曲线曲率半径很小，流线急剧弯曲，不属于渐变渗流，式(9-13)已不适用，$b_1$ 型浸润曲线末端变化情况由边界条件决定。

2. 平坡渗流 ($i=0$)

如图 9-3a)所示，当 $i=0$ 时，按式(9-11)有：

$$\frac{dh}{dl}=-\frac{q}{kh} \quad (9\text{-}14)$$

式(9-14)即平坡渗流的浸润线方程，属 $b_0$ 型降水曲线。其上游端 $h\to\infty$，$dh/dl\to i$，浸润线以水平线为渐近线；其下游端 $h\to 0$，$dh/dl\to -\infty$，即浸润线与不透水层表面垂直，但当浸润线接近于不透水层时，不属于渐变渗流，式(9-14)已不适用，$b_0$ 型浸润曲线末端变化情况由边界条件决定。

## 3. 逆坡渗流($i<0$)

令逆坡坡度的绝对值为 $i'$ 和水流作逆向流动的均匀流水深为 $h'_0$，代入式(9-11)得：

$$\frac{\mathrm{d}h}{\mathrm{d}l} = -i'\left(1 + \frac{h'_0}{h}\right) \tag{9-15}$$

因 $i<0$，故为 $b'$ 降水浸润线，如图 9-3b) 所示。其上游端 $h\to\infty$，$\mathrm{d}h/\mathrm{d}l\to i$，浸润线以水平线为渐近线；其下游端 $h\to 0$，$\mathrm{d}h/\mathrm{d}l\to -\infty$，即浸润线与不透水层表面垂直，其变化情况由边界条件决定。

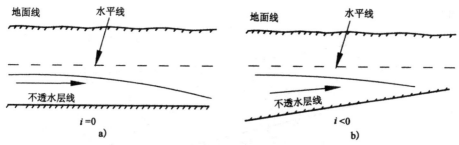

图 9-3 平坡渗流和逆坡渗流

综上所述，三种底坡情况下的渐变渗流浸润线只有四条，即 $a_1$、$b_1$、$b_0$ 和 $b'$ 型四种，这是渗流服从达西定律的结果。

### 四、渐变渗流浸润线长度计算公式

上述三种不同坡度的浸润线长度可根据它们的微分方程积分而得。令 $\eta = \dfrac{h}{h_0}$，$\eta' = \dfrac{h'}{h_0}$，则得：

当 $i>0$ 时，

$$l = \frac{h_0}{i}\left(\eta_2 - \eta_1 + 2.3\lg\frac{\eta_2-1}{\eta_1-1}\right) \tag{9-16}$$

当 $i=0$ 时，

$$l = \frac{k}{2q}(h_1^2 - h_2^2) \tag{9-17}$$

当 $i<0$ 时，

$$l = \frac{h'_0}{i'}\left(\eta'_1 - \eta'_2 + 2.3\lg\frac{\eta'_2-1}{\eta'_1-1}\right) \tag{9-18}$$

根据上列三式可以绘出浸润曲线。

## 第四节 渐变渗流的实例

### 一、水平不透水层上的完全井

底部直达不透水层的水井称为完全井，自井中向外抽水者为集水井，如图 9-4a) 所示，向井中灌水者称为渗水井，如图 9-4b) 所示。

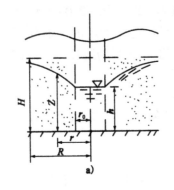 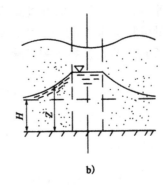

图 9-4  完全井
a) 集水井；b) 渗水井

自集水井向外均匀抽水（$Q$ = 常数），则井中水面逐渐下降，一直到渗入的和抽出的流量相等时，井中水深 $h$ 和井四周的渗流水面即不再变动（恒定流）。渗流水面向井的方向逐渐降落形成一个对称的漏斗状曲面称为浸润漏斗。浸润漏斗的顶缘半径按理应为无穷大，但实际上采用一个有限值 $R$，该处的水面可以认为与地下水的原水面接近于重合，$R$ 称为影响半径或作用半径。

集水井的产水量 $Q$ 和浸润漏斗的形状可按渐变渗流的理论求得。

设距井轴 $r$ 处的一个圆柱面[图 9-4a)]，该圆柱面所有点的水力坡度 $J = +\dfrac{\mathrm{d}z}{\mathrm{d}r}$ 和流速 $u = v = kJ$ 相等，通过该圆柱面的总流量为：

$$Q = \omega v = 2\pi rzk\left(+\dfrac{\mathrm{d}z}{\mathrm{d}r}\right)$$

分离变数得：

$$z\mathrm{d}z = \dfrac{Q}{2\pi k}\dfrac{\mathrm{d}r}{r}$$

积分并整理得：

$$z^2 - h^2 = 0.73\dfrac{Q}{k}\lg\dfrac{r}{r_0} \tag{9-19}$$

式中：$r_0$——井的半径；
  $h$——井中水深；
  $z$——距井轴线 $r$ 处的浸润线高度。

根据上式可以绘制浸润曲线。但是根据实验，在 $r < (1.6z + r_0)$ 的范围内实际水面比理论的水面要高一些（图 9-4 的实线为理论水面），因为在这一范围内流线曲度很大不属于渐变流。

集水井和渗水井的流量公式，可将上式的 $z$ 和 $r$ 代以 $H$ 和 $R$ 可得：

$$Q = 1.36\dfrac{k(H^2 - h^2)}{\lg\left(\dfrac{R}{r_0}\right)}（集水井） \tag{9-20}$$

$$Q = 1.36\dfrac{k(h^2 - H^2)}{\lg\left(\dfrac{R}{r_0}\right)}（渗水井） \tag{9-21}$$

式中：$R$——影响半径，以 m 计，$R$ 的近似值：细砂 100~200，中砂 250~500，粗砂 750~1 000。

基础坑的流量可将集水井的公式稍做修正而得，但基础坑的平面外形一般为矩形，如图 9-5 所示，式(9-20)中的 $r_0$ 应按下列经验公式求出，设矩形的边长为 $2a$ 和 $2b$，则：

$$r_0 = 0.52a\sqrt{\frac{b}{a}+0.24} \tag{9-22}$$

井底部不到达不透水层者称为不完全井。不完全井一般按经验公式计算。

### 二、集水廊（排水沟）

位于水平不透水层上的集水廊，横断面为矩形，如图 9-6 所示，集水廊内的水流方向垂直于纸面。下面研究一侧的浸润曲线和流量。

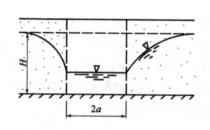

图 9-5　矩形基础坑

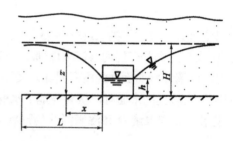

图 9-6　矩形集水廊

设不透水层基底坡度 $i=0$，过水断面为矩形，$A=bh$，根据式(9-14)得：

$$\frac{q}{k}\mathrm{d}l = -h\mathrm{d}h$$

对廊道一边自 $(0,h)$ 至 $(x,z)$ 两端面积分上式，得浸润线方程为：

$$z^2 - h^2 = \frac{2q}{k}x \tag{9-23}$$

因 $i=0$，地下天然水面至含水层底的水头 $H$，即地下含水层厚度。设廊道抽水引起降水浸润线的影响半径为 $R$，则当 $x=R, z=H$ 时，代入式(9-23)可得集水廊的单侧单位长度上的流量公式：

$$q = \frac{k(H^2 - h^2)}{2R} \tag{9-24}$$

令浸润线的平均坡度 $\bar{i} = \frac{H-h}{R}$，则式(9-24)可写成：

$$q = \frac{k(H+h)}{2}\bar{i} \tag{9-25}$$

或

$$\bar{i} \approx \frac{H}{R}$$

$$q = \frac{kH}{2}\bar{i} = \frac{kH^2}{2R} \tag{9-26}$$

式中：$q$——单侧单位长度上的流量；

$\bar{i}$——浸润线的平均坡度，见表 9-2；

$k$——渗透系数。

**浸润线平均坡度 $\bar{i}$** 表9-2

| 土 壤 类 别 | $\bar{i}$ | 土 壤 类 别 | $\bar{i}$ |
|---|---|---|---|
| 粗砂、卵石 | 0.003 ~ 0.005 | 亚黏土 | 0.05 ~ 0.10 |
| 砂土 | 0.005 ~ 0.015 | 黏土 | 0.15 |
| 微弱黏性砂土 | 0.03 | | |

[**例 9-1**] 拟在公路沿线修建一条排水沟以降低路基的地下水位。已知含水层层厚度 $H = 1.5\text{m}$，微弱黏性砂土，其渗透系数 $k = 0.012\text{cm/s}$，排水沟长 $l = 100\text{m}$。试求两侧流向排水沟的渗透流量。

**解**：查表 9-2, $\bar{i} = 0.03$，由式(9-26)得：

$$q = \frac{kH}{2}\bar{i} = \frac{0.00012 \times 1.5}{2} \times 0.03 = 2.7 \times 10^{-6}(\text{m}^3/\text{s} \cdot \text{m})$$

则，两侧流向排水沟的渗透流量为：

$$Q = 2lq = 2 \times 100 \times 2.7 \times 10^{-6} = 5.4 \times 10^{-4}(\text{m}^3/\text{s})$$

## 【习题】

9-1 有一完全井，其直径 $d = 20\text{cm}$，向井供水 $Q = 0.2 \times 10^{-3}\text{m/s}$，含水层厚度 $H = 3.5\text{m}$，井中稳定后的水深 $h = 5\text{m}$，$R = 150\text{m}$，求渗透系数 $k$。

9-2 集水廊 $R = 50\text{m}$，含水层厚度 $H = 4\text{m}$，廊道中水深 $h = 1\text{m}$，土的渗透系数 $k = 5 \times 10^{-3}$ cm/s，求廊道集水流量。

9-3 不透水层基底 $i = 0$，渗透宽度 $b = 600\text{m}$，渗透系数 $k = 0.0003\text{m/s}$，在沿程相距 1000 m 的两观察井中，分别测得其水深 10m 和 8m，求渗透流量 $Q$。

9-4 有一普通完全井，其半径 $r_0 = 0.5\text{m}$，含水层厚度 $H = 6\text{m}$，土的渗透系数 $k = 6 \times 10^{-3}$ cm/s，抽水时井中水深 $h = 3\text{m}$。试求井的渗流流量。

# 参 考 文 献

[1] 清华大学水力学教研组编.水力学(下册).北京:高等教育出版社,1981.
[2] 周善生.水力学.北京:人民交通出版社,1980.
[3] E. John Finnenmore, Joseph B. Franzini. Fluid Mechanics with Engineering Applications. © 2002 by McGraw-Hill Companies,Inc.
[4] 张学龄.桥涵水文.北京:人民交通出版社,1996.
[5] 叶镇国.实用桥涵水力水文计算原理与习题解法指南.北京:人民交通出版社,2001.
[6] 华东水利学院,水力学(上册).北京:科学出版社,1979.
[7] 顾克明,苏清洪,赵嘉行.公路桥涵设计手册——涵洞.北京:人民交通出版社,1993.
[8] 肖明葵.水力学.重庆:重庆大学出版社,2001.
[9] 叶镇国.水力学与桥涵水文.2版.北京:人民交通出版社,2011.
[10] 刘德进.水力学.西安公路学院(讲义),1987.

## 人民交通出版社股份有限公司 公路出版中心
## 土木工程/道路桥梁与渡河工程类教材

### 一、专业基础课

1. 材料力学(郭应征) ⋯⋯⋯⋯⋯⋯⋯ 25 元
2. 理论力学(周志红) ⋯⋯⋯⋯⋯⋯⋯ 29 元
3. 工程力学(郭应征) ⋯⋯⋯⋯⋯⋯⋯ 25 元
4. 结构力学(肖永刚) ⋯⋯⋯⋯⋯⋯⋯ 32 元
5. 材料力学(上册)(李银山) ⋯⋯⋯ 49 元
6. 弹性力学(孔德森) ⋯⋯⋯⋯⋯⋯⋯ 20 元
7. 水力学(第二版)(王亚玲) ⋯⋯⋯ 25 元
8. 土质学与土力学(第四版)(袁聚云) ⋯⋯⋯ 30 元
9. 土木工程制图(第三版)(林国华) ⋯⋯ 39 元
10. 土木工程制图习题集(第三版)(林国华) ⋯⋯ 25 元
11. 土木工程制图(第二版)(丁建梅) ⋯⋯ 39 元
12. 土木工程制图习题集(第二版)(丁建梅) ⋯⋯ 22 元
13. ◆土木工程计算机绘图基础(第二版)
    (袁 果) ⋯⋯⋯⋯⋯⋯⋯⋯⋯⋯⋯ 45 元
14. ▲道路工程制图(第四版)(谢步瀛) ⋯⋯ 36 元
15. ▲道路工程制图习题集(第四版)(袁 果) ⋯⋯ 26 元
16. 交通土建工程制图(第二版)(和丕壮) ⋯⋯ 39 元
17. 交通土建工程制图习题集(第二版)
    (和丕壮) ⋯⋯⋯⋯⋯⋯⋯⋯⋯⋯⋯ 22 元
18. 现代土木工程(付宏渊) ⋯⋯⋯⋯⋯ 36 元
19. 土木工程概论(项海帆) ⋯⋯⋯⋯⋯ 32 元
20. 道路概论(第二版)(孙家驷) ⋯⋯⋯ 20 元
21. 桥梁工程概论(第三版)(罗 娜) ⋯⋯ 32 元
22. 道路与桥梁工程概论(第二版)(黄晓明) ⋯⋯ 40 元
23. 道路与桥梁工程概论(苏志忠) ⋯⋯⋯ 33 元
24. 公路工程地质(第三版)(窦明健) ⋯⋯ 23 元
25. 工程测量(胡伍生) ⋯⋯⋯⋯⋯⋯⋯ 25 元
26. 交通土木工程测量(第四版)(张坤宜) ⋯⋯ 48 元
27. ◆测量学(第四版)(许娅娅) ⋯⋯⋯ 45 元
28. 测量学(姬玲华) ⋯⋯⋯⋯⋯⋯⋯⋯ 34 元
29. 测量学实验及应用(孙国芳) ⋯⋯⋯ 20 元
30. ◆道路工程材料(第五版)(李立寒) ⋯⋯ 45 元
31. ◆道路工程材料(申爱琴) ⋯⋯⋯⋯ 45 元
32. ◆基础工程(第四版)(王晓谋) ⋯⋯ 37 元
33. 基础工程(丁剑霆) ⋯⋯⋯⋯⋯⋯⋯ 40 元
34. ◆基础工程设计原理(第二版)(袁聚云) ⋯⋯ 36 元
35. 桥梁墩台与基础工程(第二版)(盛洪飞) ⋯⋯ 49 元
36. ▲结构设计原理(第三版)(叶见曙) ⋯⋯ 59 元
37. ◆Principle of Structural Design(结构设计原理)
    (第二版)(张建仁) ⋯⋯⋯⋯⋯⋯ 60 元
38. ◆预应力混凝土结构设计原理(第二版)
    (李国平) ⋯⋯⋯⋯⋯⋯⋯⋯⋯⋯⋯ 30 元
39. 专业英语(第三版)(李 嘉) ⋯⋯⋯ 39 元
40. 土木工程材料(孙 凌) ⋯⋯⋯⋯⋯ 48 元

### 二、专业核心课

1. ◆路基路面工程(第四版)(黄晓明) ⋯⋯ 59 元
2. 路基路面工程(何兆益) ⋯⋯⋯⋯⋯ 45 元
3. ◆▲路基工程(第二版)(凌建明) ⋯⋯ 25 元
4. ◆道路勘测设计(第三版)(杨少伟) ⋯⋯ 42 元
5. ◆道路勘测设计(第三版)(孙家驷) ⋯⋯ 52 元
6. 道路勘测设计(裴玉龙) ⋯⋯⋯⋯⋯ 38 元
7. ◆公路施工组织及概预算(第三版)(王首绪) ⋯⋯ 32 元
8. 公路施工组织与概预算(靳卫东) ⋯⋯ 45 元
9. 公路施工组织与管理(赖少武) ⋯⋯ 35 元
10. 公路工程施工组织学(第二版)(姚玉玲) ⋯⋯ 38 元
11. ◆桥梁工程(第二版)(姚玲森) ⋯⋯ 62 元
12. 桥梁工程(土木、交通工程)(第三版)
    (邵旭东) ⋯⋯⋯⋯⋯⋯⋯⋯⋯⋯⋯ 59 元
13. ◆桥梁工程(上册)(第二版)(范立础) ⋯⋯ 54 元
14. ◆桥梁工程(下册)(第二版)(顾安邦) ⋯⋯ 49 元
15. 桥梁工程(第二版)(陈宝春) ⋯⋯⋯ 49 元
16. ◆桥涵水文(第四版)(高冬光) ⋯⋯ 28 元
17. 水力学与桥涵水文(第二版)(叶镇国) ⋯⋯ 46 元
18. ◆公路小桥涵勘测设计(第四版)(孙家驷) ⋯⋯ 31 元
19. ◆现代钢桥(上)(吴 冲) ⋯⋯⋯⋯ 34 元
20. ◆钢桥(第二版)(徐君兰) ⋯⋯⋯⋯ 45 元
21. ▲桥梁施工及组织管理(上)(第二版)
    (魏红一) ⋯⋯⋯⋯⋯⋯⋯⋯⋯⋯⋯ 39 元
22. ▲桥梁施工及组织管理(下)(第二版)
    (邬晓光) ⋯⋯⋯⋯⋯⋯⋯⋯⋯⋯⋯ 39 元
23. ◆隧道工程(第二版)(上)(王毅才) ⋯⋯ 65 元
24. 公路工程施工技术(第二版)(盛可鉴) ⋯⋯ 38 元
25. 桥梁施工(第二版)(徐 伟) ⋯⋯⋯ 49 元
26. ▲隧道工程(杨林德) ⋯⋯⋯⋯⋯⋯ 55 元
27. 道路与桥梁设计概论(程国柱) ⋯⋯ 42 元
28. ◆桥梁工程控制(向中富) ⋯⋯⋯⋯ 38 元
29. 桥梁结构电算(周水兴) ⋯⋯⋯⋯⋯ 35 元
30. 桥梁结构电算(第二版)(石志源) ⋯⋯ 35 元
31. 土木工程施工(王丽荣) ⋯⋯⋯⋯⋯ 58 元

### 三、专业选修课

1. 土木规划学(石 京) ⋯⋯⋯⋯⋯⋯ 38 元
2. 道路规划与设计(符锌砂) ⋯⋯⋯⋯ 46 元
3. ◆道路工程(第二版)(严作人) ⋯⋯ 46 元
4. 道路工程(第二版)(凌天清) ⋯⋯⋯ 35 元
5. ◆高速公路(第三版)(方守恩) ⋯⋯ 34 元
6. 高速公路设计(赵一飞) ⋯⋯⋯⋯⋯ 38 元
7. 城市道路设计(第二版)(吴瑞麟) ⋯⋯ 26 元
8. 公路施工技术与管理(第二版)(廖正环) ⋯⋯ 40 元

注:◆教育部普通高等教育"十一五"、"十二五"国家级规划教材
　▲建设部土建学科专业"十一五"规划教材

9. ◆公路养护与管理(马松林)⋯⋯⋯⋯⋯ 28元
10. 路基支挡工程(陈忠达) 42元
11. 路面养护管理与维修技术(刘朝晖) 42元
12. 路面养护管理系统(武建民) 30元
13. 道路与桥梁工程计算机绘图(许金良) 31元
14. 公路计算机辅助设计(符锌砂) 30元
15. 交通计算机辅助工程(任　刚) 25元
16. 测绘工程基础(李芹芳) 36元
17. GPS测量原理及其应用(胡伍生) 28元
18. 现代道路交通检测原理及应用(孙朝云) 38元
19. 公路测设新技术(维　应) 36元
20. 道路与桥梁检测技术(第二版)(胡昌斌) 40元
21. 特殊地区基础工程(冯忠居) 29元
22. 软土环境工程地质学(唐益群) 35元
23. 地质灾害及其防治(简文彬) 28元
24. ◆环境经济学(第二版)(董小林) 40元
25. 桥位勘测设计(高冬光) 20元
26. 桥梁钢—混凝土组合结构设计原理
 (黄　侨) 26元
27. 桥梁结构理论与计算方法(贺拴海) 58元
28. ◆桥梁建筑美学(第二版)(盛洪飞) 30元
29. 桥梁美学(和丕壮) 40元
30. 桥梁检测与加固(王国鼎) 27元
31. 桥梁抗震(第二版)(叶爱君) 20元
32. 钢管混凝土(胡曙光) 38元
33. 大跨度桥梁结构计算理论(李传习) 18元
34. ◆浮桥工程(王建平) 36元
35. 隧道结构力学计算(第二版)(夏永旭) 34元
36. 公路隧道运营管理(吕康成) 22元
37. 隧道与地下工程灾害防护(张庆贺) 45元
38. 公路隧道机电工程(赵忠杰) 40元
39. 地下空间利用概论(叶　飞) 30元
40. 建设工程监理概论(张　爽) 35元
41. 建筑设备工程(刘丽娜) 39元
42. 机场规划与设计(谈至明) 35元

四、实践环节教材及教参教辅
1. 土木工程试验(张建仁) 38元
2. 土工试验指导书(袁聚云) 16元
3. 桥梁结构试验(第二版)(章关永) 30元
4. 桥梁计算示例丛书—桥梁地基与基础(第二版)
 (赵明华) 18元
5. 桥梁计算示例丛书—混凝土简支梁(板)桥
 (第三版)(易建国) 26元
6. 桥梁计算示例丛书—连续梁桥(邹毅松) 58元
7. 结构设计原理计算示例(叶见曙) 40元
8. 土力学与基础工程习题集(张　宏) 20元
9. 道路工程毕业设计指南(应荣华) 34元
10. 桥梁工程毕业设计指南(向中富) 35元

五、研究生教材
1. 路面设计原理与方法(第三版)(黄晓明) 68元
2. 沥青与沥青混合料(郝培文) 35元
3. 水泥与水泥混凝土(申爱琴) 30元
4. 现代无机道路工程材料(梁乃兴) 42元
5. 现代加筋土理论与技术(雷胜友) 24元
6. 道路规划与几何设计(朱照宏) 32元
7. 高等桥梁结构理论(第二版)(项海帆) 70元
8. 桥梁概念设计(项海帆) 68元
9. 桥梁结构体系(肖汝诚) 78元
10. 高等钢筋混凝土结构(周志祥) 27元
11. 结构分析的有限元法与MATLAB程序设计
 (徐荣桥) 28元
12. 工程结构数值分析方法(夏永旭) 27元
13. 箱形梁设计理论(第二版)(房贞政) 32元

六、应用型本科教材
1. 结构力学(第二版)(万德臣) 30元
2. 结构力学学习指导(于克萍) 22元
3. 结构设计原理(黄平明) 47元
4. 结构设计原理学习指导(安静波) 35元
5. 结构设计原理计算示例(赵志蒙) 40元
6. 工程力学(喻小明) 55元
7. 土质学与土力学(赵州阶) 30元
8. 水力学与桥涵水文(王丽荣) 27元
9. 道路工程制图(谭海洋) 28元
10. 道路工程制图习题集(谭海洋) 24元
11. 土木工程材料(张爱勤) 39元
12. 道路建筑材料(伍必庆) 37元
13. 路桥工程专业英语(赵永平) 44元
14. 工程测量(朱爱民) 30元
15. 道路工程(资建民) 30元
16. 路基路面工程(陈忠达) 46元
17. 道路勘测设计(张维全) 32元
18. 基础工程(刘　辉) 26元
19. 桥梁工程(第二版)(刘龄嘉) 49元
20. 工程招投标与合同管理(第二版)(刘　燕) 39元
21. 道路工程CAD(杨宏志) 23元
22. 工程项目管理(李佳升) 32元
23. 公路施工技术(杨渡军) 64元
24. 公路工程试验检测(乔志琴) 47元
25. 工程结构检测技术(刘培文) 52元
26. 公路工程经济(周福田) 22元
27. 公路工程监理(朱爱民) 33元
28. 公路工程机械化施工技术(徐永杰) 22元
29. 城市道路工程(徐　亮) 29元
30. 公路养护技术与管理(武　鹤) 58元
31. 公路工程预算与工程量清单计价(第二版)
 (雷书华) 40元

教材详细信息,请查阅"中国交通书城"(www.jtbook.com.cn)
咨询电话:(010)85285867,85285984
道路工程课群教学研讨QQ群(教师)　328662128
桥梁工程课群教学研讨QQ群(教师)　138253421
交通工程课群教学研讨QQ群(教师)　185830343
交通专业学生讨论QQ群　　　　　　433402035